용접생산공학

박주용 저

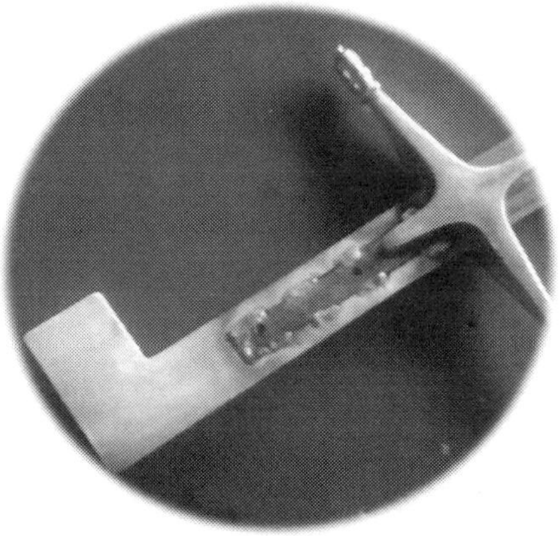

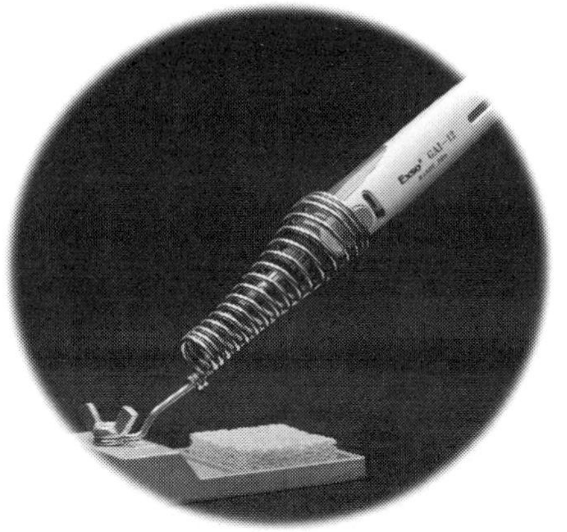

도서출판 GS인터비전

머 리 말

용접기술은 대표적인 생산기반기술로서 조선, 해양플랜트, 건설, 플랜트, 자동차, 우주항공, 기계 등 거의 모든 산업분야에 적용되는 기술이다. 특히 선박이나 해양구조물과 같은 대형 강구조물의 제작에 있어서 용접기술은 핵심적인 기술로서 동 분야의 경쟁력을 결정짓는 중요한 요소에 속한다.

용접공학은 학문적 측면에서 금속, 기계, 전기 및 전자, 물리 등 여러 분야가 복합된 기술이다. 즉, 용접공학을 깊이 있게 공부하기 위해서는 상기한 분야의 기초적인 지식의 습득을 전제로 한다. 그러나 국내의 대학에서는 용접공학의 전반을 전문적으로 다루는 용접공학과가 없어 금속공학, 기계공학, 조선해양공학, 전기공학, 토목공학 등의 학과에서 용접공학을 한 학기 과목으로 다루는 경우가 대부분이다. 따라서 광범위한 용접공학 분야를 모두 깊이 있게 다루기는 불가능하므로 각 학과별로 연관이 깊은 분야를 좀 더 상세히 다루고 나머지 분야는 간략하게 언급할 수 밖에 없는 것이 현실이다.

본서 역시 용접공학의 전반적인 분야를 언급하고 있지만 대형 강구조물 제작에 널리 적용되는 용접기술을 중심으로 기초용접물리, 용접공정 및 용접자동화에 중점을 두어 생산공정으로서의 용접기술이라는 측면을 강조하여 본서의 제목도 용접생산공학으로 명명하였다. 그리고 용접열전달, 용접야금학, 용접잔류응력과 용접변형 및 용접기호에 관한 핵심적인 내용을 포함하고 있어 조선해양공학 및 해양플랜트 관련학과의 학생들을 위한 용접교육에 초점을 맞추었다. 하지만 현장에 사용되는 용어와 지식들을 많이 포함하고 있어 현장 기술자들에게도 도움이 될 것으로 생각하며 기계공학, 금속공학, 전기공학 분야에서 용접 기술을 배우고자 하는 학생 및 현장 기술자들에게도 유익한 교재가 될 수 있을 것으로 생각한다.

나름대로 심혈을 기울였으나 아직은 부족함이 많은 관계로 혹시 있을지도 모르는 오류나 오기가 있을 경우 지적해주시면 깊은 감사와 함께 즉시 바로 잡을 것임을 약속드린다.

본서를 저술하는데 많은 자료와 도움을 주신 조선소 관계자들에게 깊은 감사를 드리고 본서의 그림 편집과 자료 수집에 도움을 준 제자들에게도 감사를 드린다. 또한 세련된 편집으로 멋진 서적으로 탄생시켜주신 GS인터비전 송기수 사장께도 심심한 사의를 드린다.

2010년 5월

박 주용

차 례

Chapter 1

Chapter 2

Chapter 3

Chapter 4

Chapter 5

Chapter 6

Chapter 7

Chapter 8

Chapter 9

Chapter 10

Chapter 11

Chapter 12

Chapter 1

용접의 기초 (Fundamentals of Welding)

1.1 용접기술의 배경

1.2 용접법의 분류

1.3 용접용어와 정의

1.1 용접기술의 배경

1.1.1 생산공정기술의 분류

생산공정기술은 성형, 절단, 열처리, 접합 등이 있으며 용접기술은 기술 분류상 생산공정기술의 접합에 속한다. 그림 1.1은 독일 산업규격인 DIN8580에 따른 생산공정기술의 분류를 보여주고 있으며 용접기술은 그룹 4의 접합기술 중 용융용접과 압접에 해당한다.

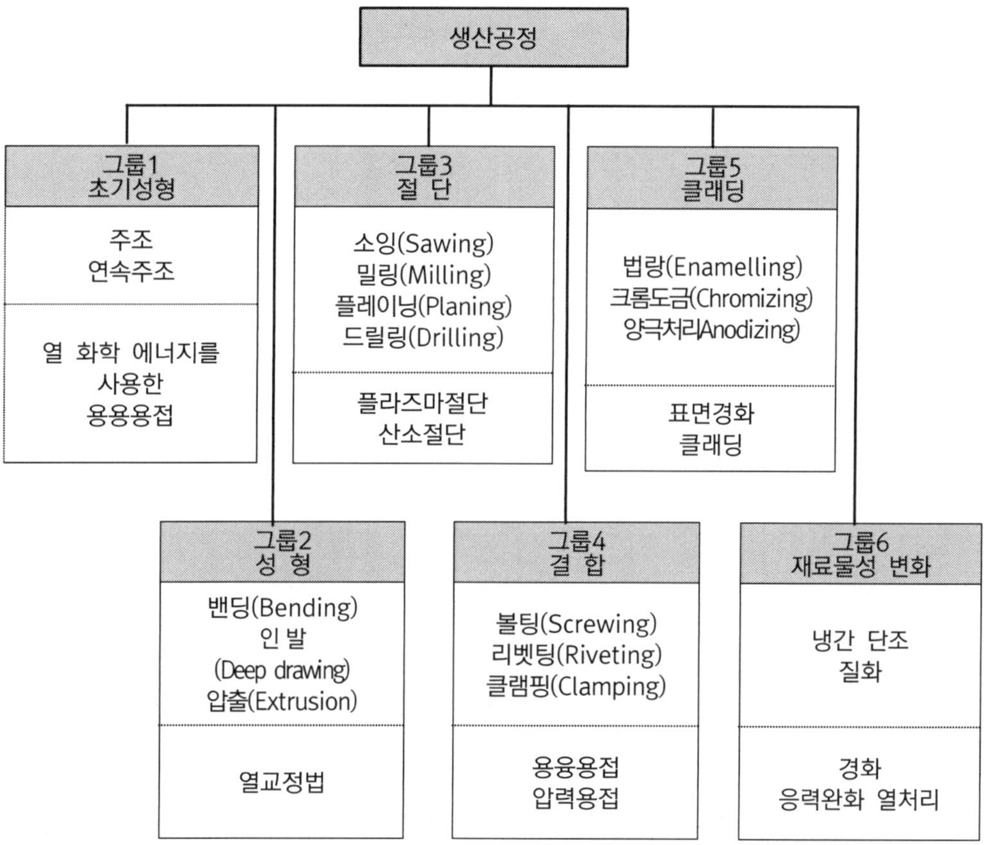

그림 1.1 생산공정기술의 분류(DIN8580)

또한 절단기술도 용접기술과 에너지원 및 공정과정의 유사함으로 인해 일반적으로 용접기술과 함께 취급하는 경우가 대부분이다.

1.1.2 용접의 역사

용접은 기원전 3200년 경부터 적용되기 시작하였으며 현재까지도 지속적인 발전을 계속하고 있다. 표 1.1은 용접기술의 발전과정을 나타내고 있다.

표 1.1 용접의 역사

BC3200년경	보석류의 경납접
약 BC1500년경	열간 단접품 첫 발견
1809	영국의 Davy가 광원으로 전기아크 이용
1885	러시아의 Bernados와 Olszewski가 탄소 전극과 모재 사이에서 아크용접과정 입증
1886	미국의 Thomsen 저항 용접 성공
1890	Slavianoff는 소모성 전극을 이용한 아크용접 실시
1891	아세틸렌의 발견
1895	프랑스의 Chatelier가 고온의 산소아세틸렌 연소불꽃 발견
1901	아세톤에 용해된 아세틸렌 최초 사용
1908	Sweden의 Kjellberg가 보수용접에 피복 아크용접봉 사용
1937	독일에서 최초로 서브머지드 아크용접법 사용
1940	미국에서 보호가스로 헬륨을 사용한 TIG용접 시작
1948	독일에서 아르곤 분위기내에 가스용접 시작

1952	CO_2 보호가스 아크용접 시작
1953	미국에서 플라즈마 아크용접법 개발 USSR에서 일렉트로슬래그 용접법 개발
1956	스트립 전극을 이용한 육성용접 특허 출원
1961	전자빔 장비 특허 등록
1962	최초 플라즈마 아크용접 실시
1965	USSR에서 플럭스 코어드 와이어 전극 개발
1965	가스와 액체 레이저의 개발

1.1.3 용접기술의 장단점

1) 접합의 종류

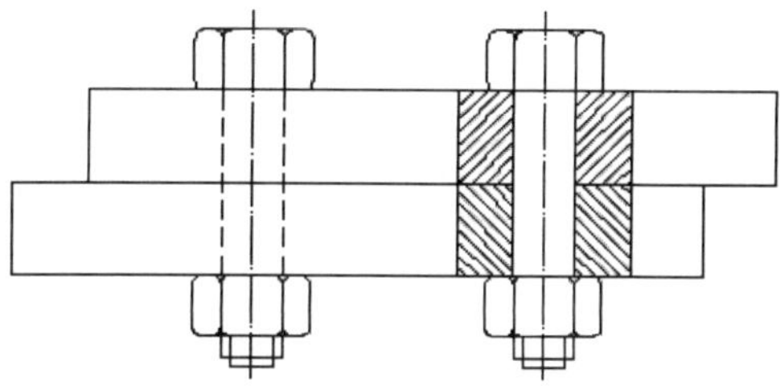

볼팅(Screwing)

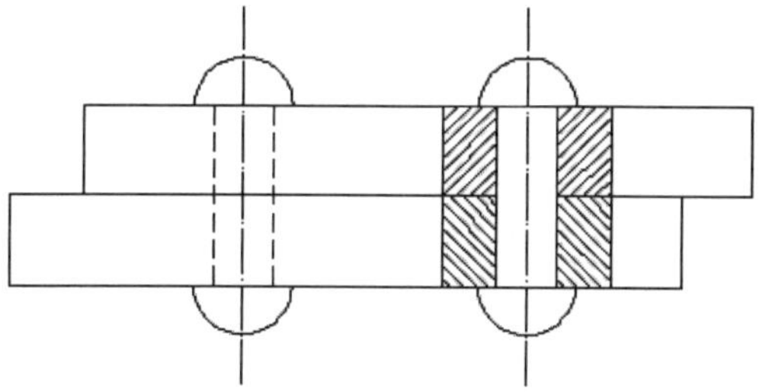

리벳팅(Rivetting)

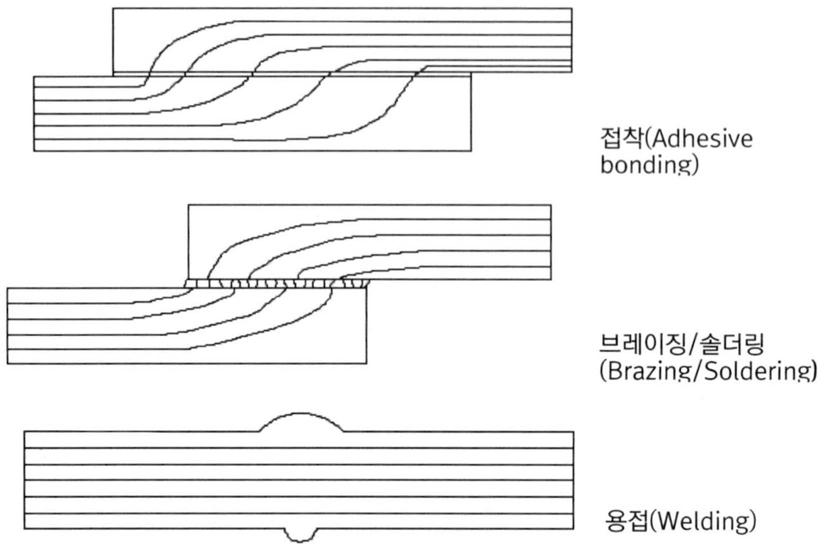

그림 1.2 접합의 종류

- 기계적인 죔에 의한 접합(Mechanical fastening): 볼팅, 리벳팅
- 접착제를 이용한 접합(Adhesive bonding)
- 납땜 접합(Brazing/Soldering)
- 용접(Welding)

2) 타 접합기술에 대한 용접의 장단점

- 용접의 장점
  - 용접부의 강도는 모재와 거의 동일함
  - 용접법이 다양함
  - 다양한 동종 및 이종재질의 접합에 적용 가능함
  - 자동화가 용이함

- 용접장비의 휴대성이 좋음
- 이음부의 기밀성이 우수함
- 용접장비의 가격이 비교적 저렴함
- 구조물의 설계에 제약이 별로 없음

■ 용접의 단점

- 용접시 빛, 매연, 스패터 등의 유해 물질이 발생함
- 해체가 불가함
- 용접열에 의해 재료의 특성이 변함
- 열의 불균형에 따른 변형 및 잔류응력 발생
- 적절한 수준의 작업자의 숙련이 요구됨
- 용접전 이음부 가공이 요구되거나 용접시 치구가 필요한 경우가 많음

1.1.4 용접기술의 적용분야

- 일반기계공학
- 자동차 및 철도 차량
- 조선, 해양구조물 및 항공
- 보일러, 탱크 및 파이프라인
- 강구조물, 교량
- 전기전자부품
- 기타 제조업 분야

1.2 용접법의 분류 (Classification of Welding Processes)

용접법은 많은 종류가 있으며 일반적으로 ISO 4063이나 미국의 AWS (American Welding Society) 기준에 따라 분류한다. 이 중 배경색이 있는 용접법이 일반적으로 널리 쓰이는 용접법이다.

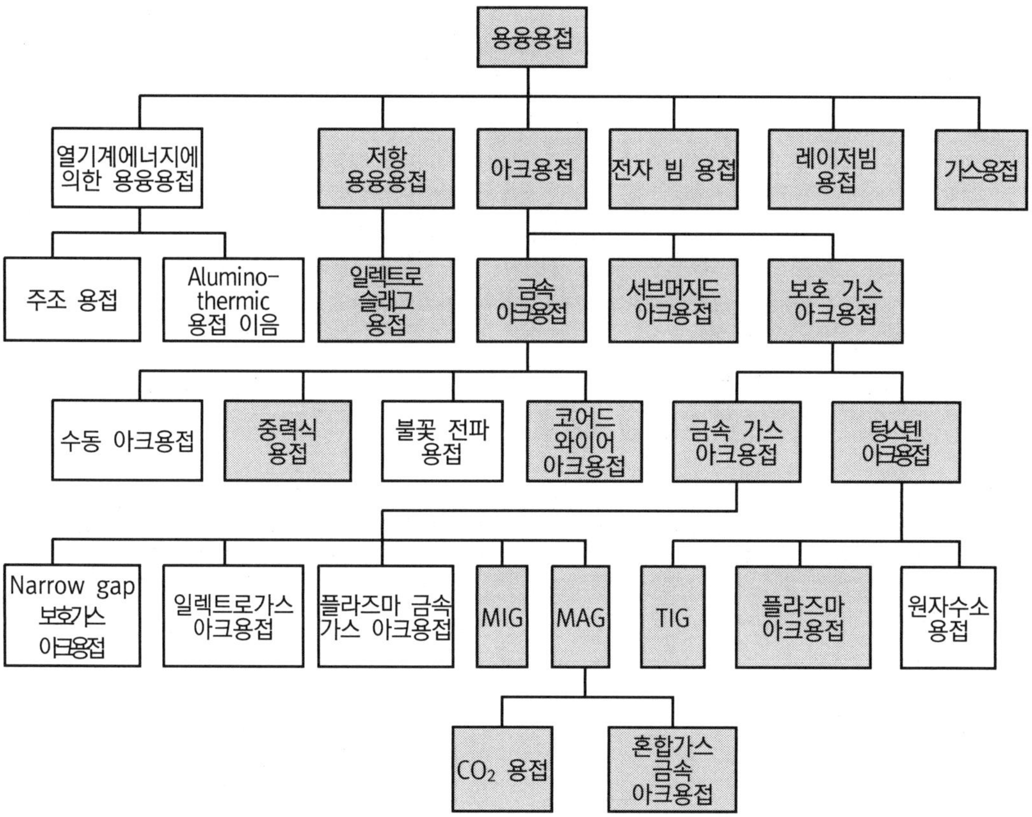

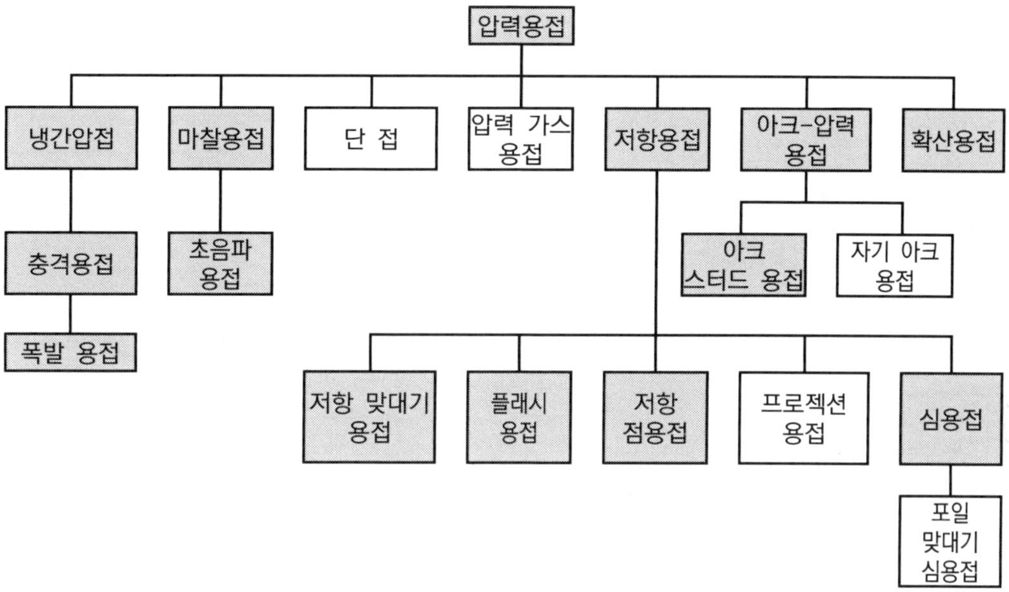

그림 1.3 ISO 4063에 따른 용접법 분류

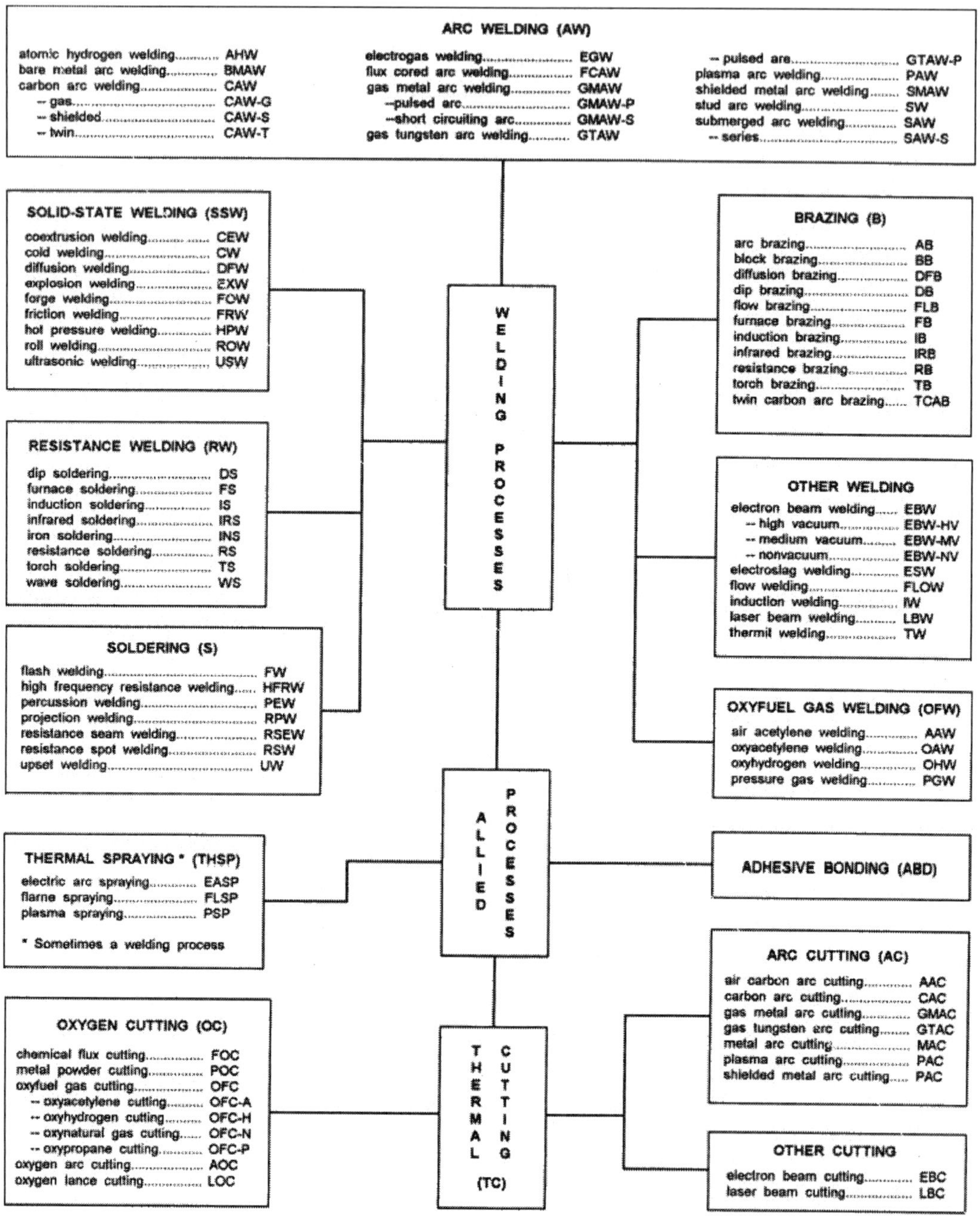

그림 1.4 AWS에 따른 용접법 분류

1.3 용접용어와 정의

1.3.1 이음부(Joint)와 그루브(Groove)

판재의 이음부는 그림 1.5 와 같이 5가지 형태로 구분된다.

그림 1.5의 이음부 형태 중 T-, 모서리 및 겹치기 이음부에서 나타나는 직각형태의 이음부를 필릿 이음부(Fillet joint)라고 부르며 그 형상은 그림 1.6과 같다.

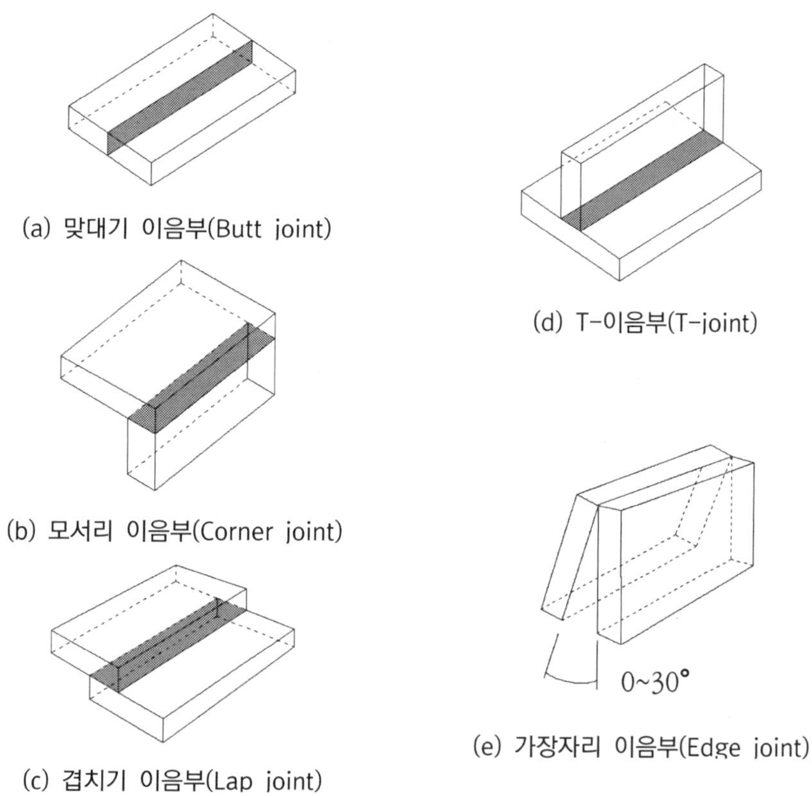

(a) 맞대기 이음부(Butt joint)

(b) 모서리 이음부(Corner joint)

(c) 겹치기 이음부(Lap joint)

(d) T-이음부(T-joint)

(e) 가장자리 이음부(Edge joint)

그림 1.5 이음부의 종류

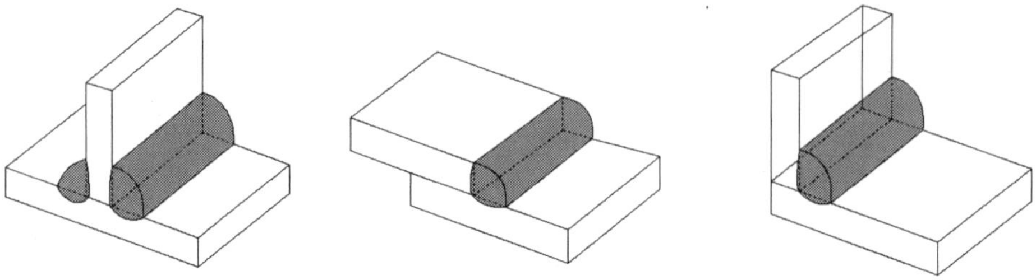

그림 1.6 필릿 이음부

표 1.1 판재 두께에 따른 적절한 그루브 형상

판두께	박판 ⟷ 후판
그루브형상	스퀘어 - 베벨 - V - J - U

그루브는 판재의 이음 시 용접열이 두께방향으로 밑부분까지 전달될 수 있도록 이음부에 만든 홈으로 그림 1.7과 같이 다양한 형상이 있다. 그루브는 용접이 한면에서만 이루어지는 편면 그루브(single groove)와 양면에서 이루어지는 양면 그루브(double groove)로 구분되며 판재가 두꺼워짐에 따라 적절한 그루브 형상도 표 1.1과 같이 달라진다.

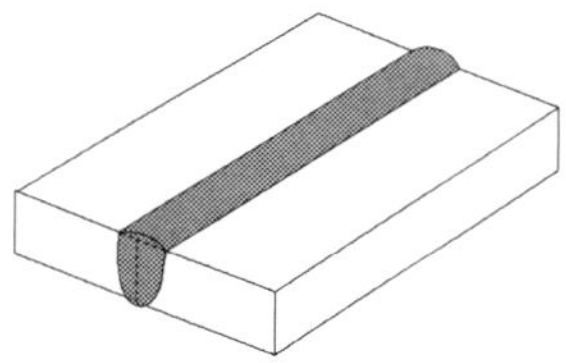

(a) 편면 스퀘어 그루브

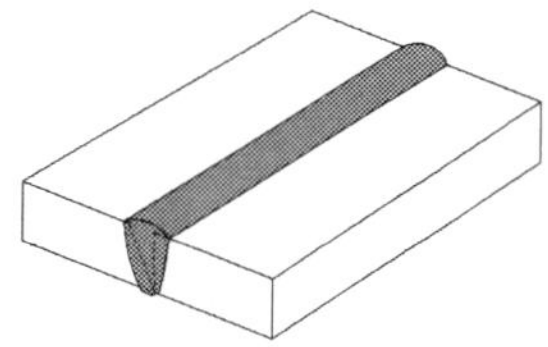

(b) 편면 베벨 그루브

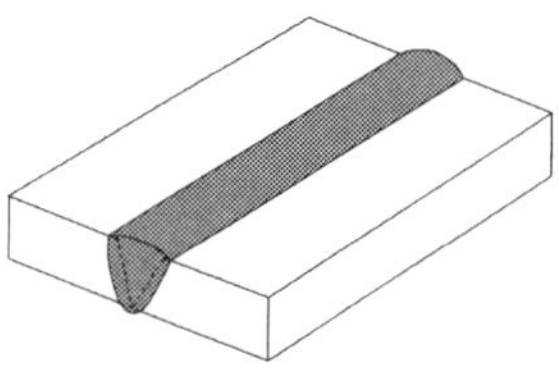

(c) 편면 V-그루브

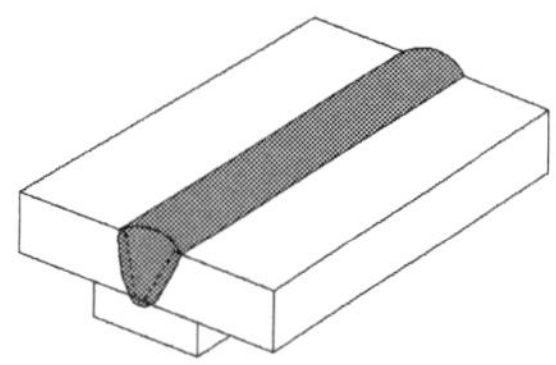

(d) 백킹있는 편면 V-그루브

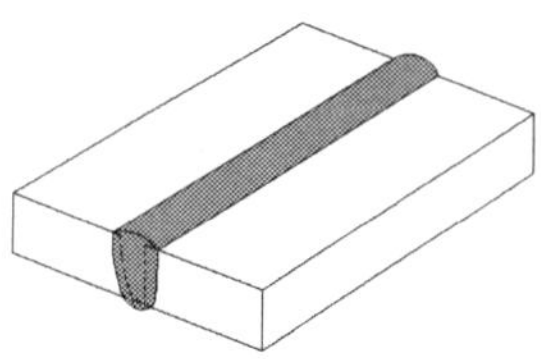

(e) 편면 J-그루브

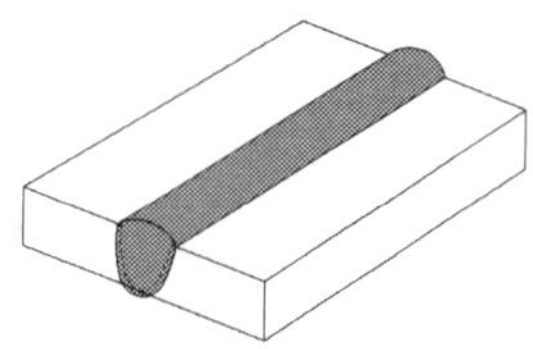

(f) 편면 U-그루브

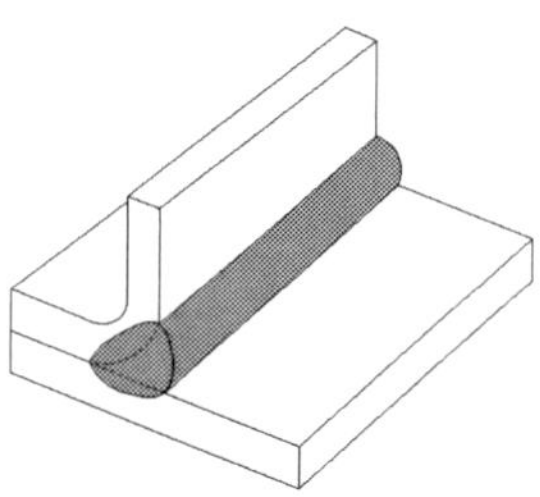

(g) 편면 플레어 베벨 그루브

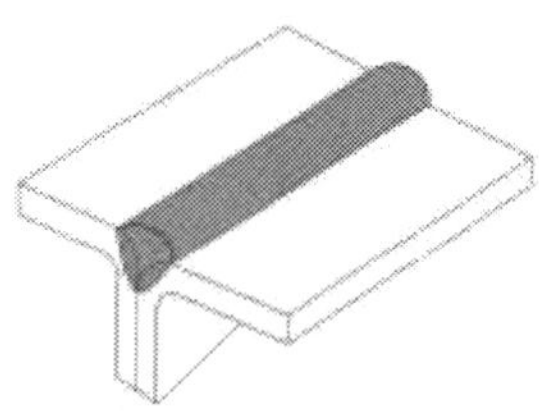

(h) 편면 플레어 V-그루브

그림 1.7 편면 그루브의 종류

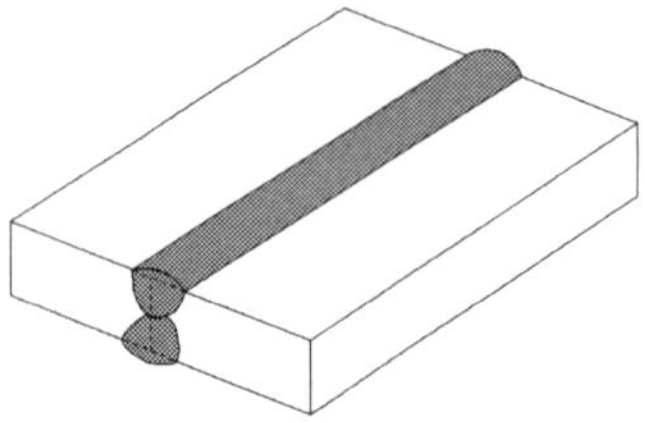

(i) 양면 스퀘어 그루브

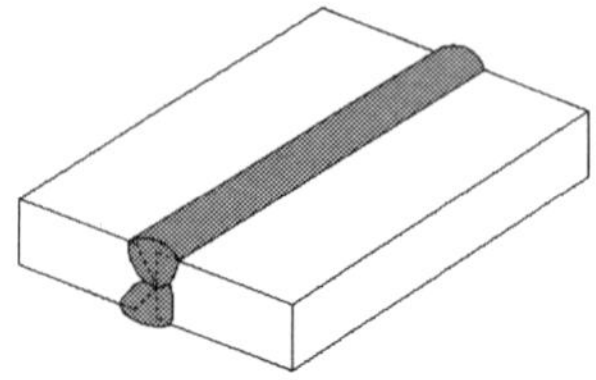

(j) 양면 베벨 그루브

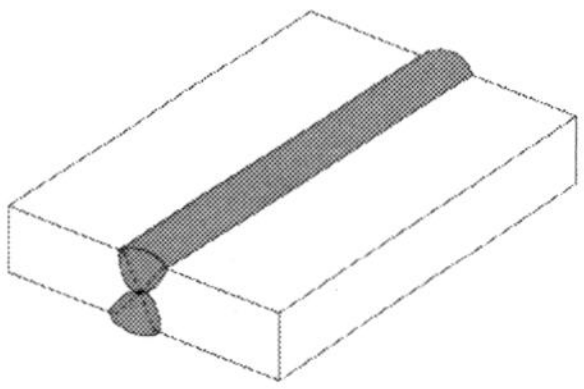

(k) 양면 V-그루브

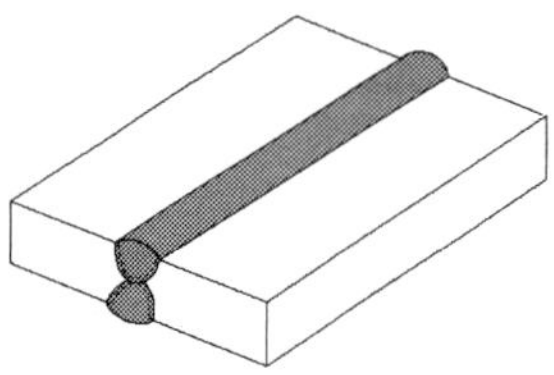

(l) 양면 U-그루브

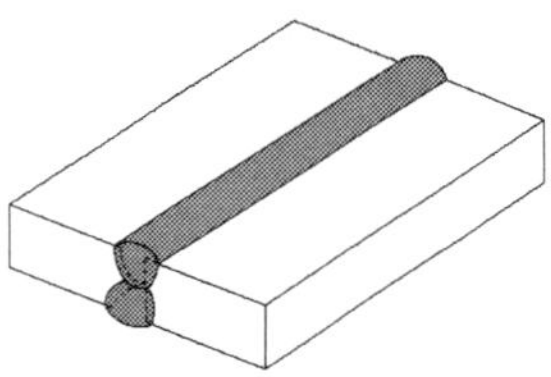

(m)양면 J-그루브

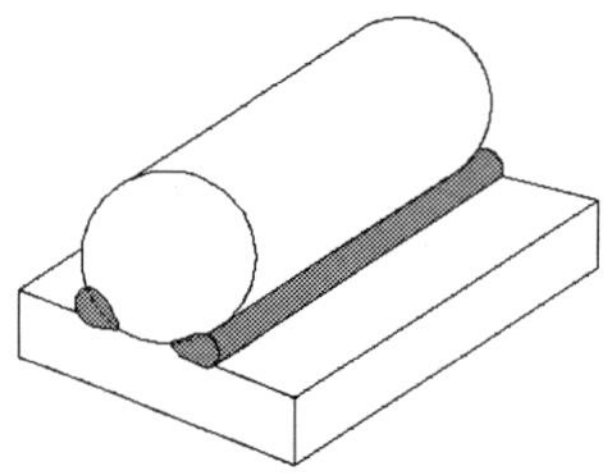

(n) 양면 플레어 베벨 그루브

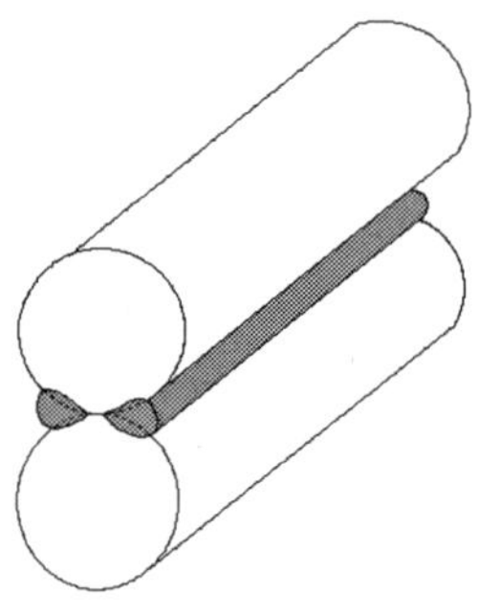

(o) 양면 플레어 V-그루브

그림 1.8 양면 그루브의 종류

1.3.2 용접자세(Welding Positions)

기호	판재(Plate)		파이프(Pipe)	
	맞대기 이음부 (Butt Joint)	필릿 이음부 (Fillet Joint)	맞대기 이음부 (Butt Joint)	필릿 이음부 Fillet Joint
PA	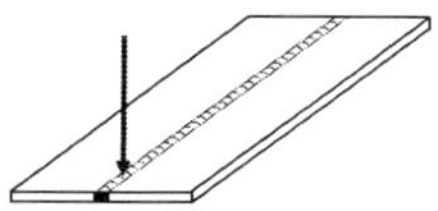	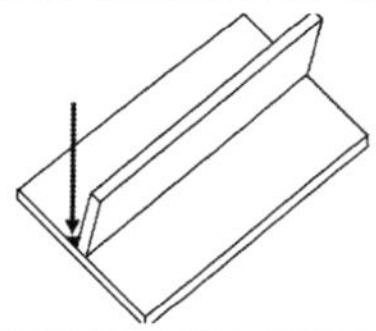	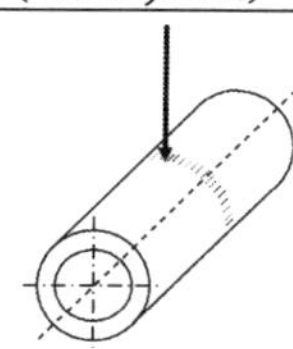	*
PB	*	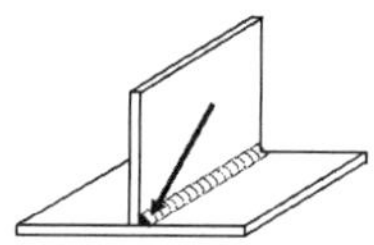	*	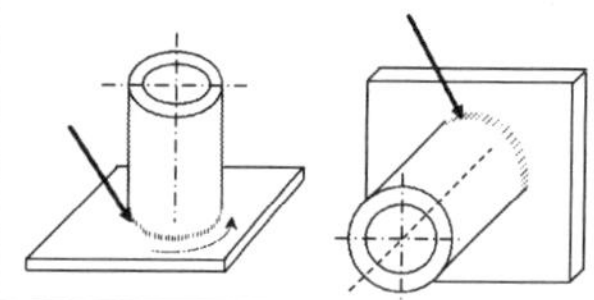
PB	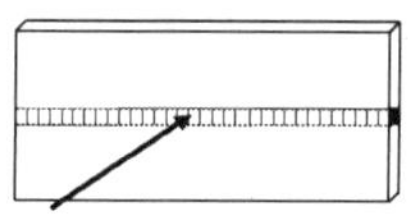	*	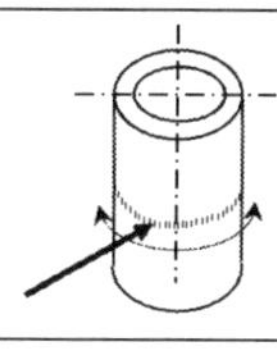	*
PD	*	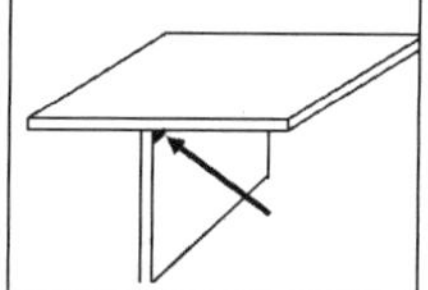	*	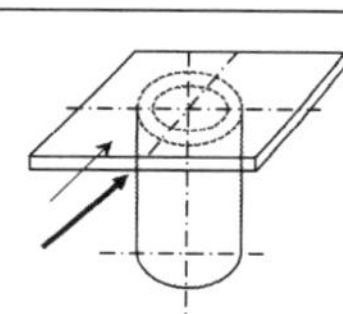
PE	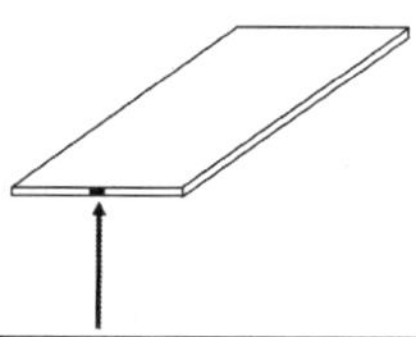	*	*	*
PF	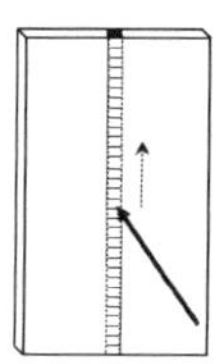	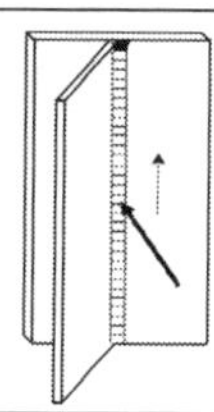	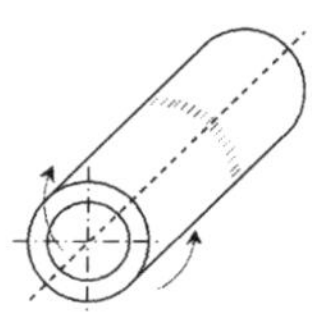	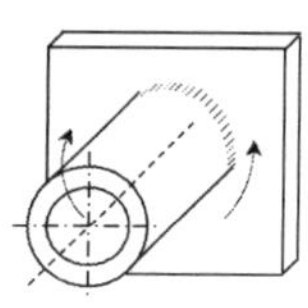

PG	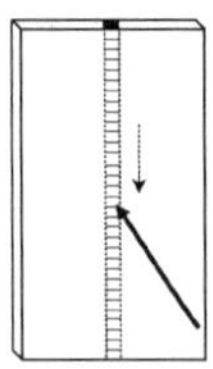	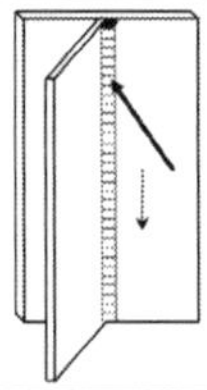	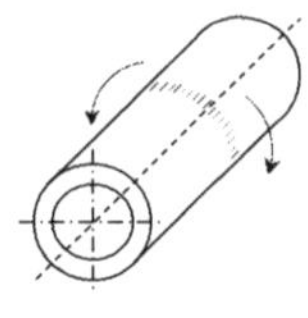	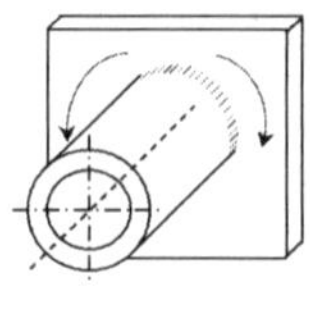
H-L 045	*	*	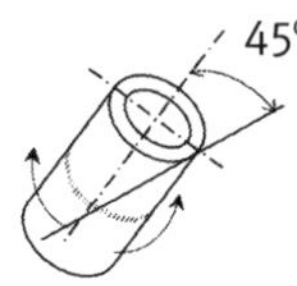	*

그림 1.9 ISO 6947 기준에 따른 용접자세

용접자세는 용접열이 용접부재에 가해지는 방향으로 다양한 용접자세가 존재한다. 용접자세는 ISO 6947에서 그림 1.9와 같이 정의하고 있으며 AWS에서도 그림 1.10과 같이 정의하고 있다. ISO 6947 및 AWS에서 정의하고 있는 각각의 용접자세 이름을 우리말 용어로 나타내면 표 1.2와 같다.

표 1.2 용접자세의 용어 비교

ISO 6947	AWS	약칭	우리말
PA	Flat	F	아래보기
PB	Horizontal-Fillet	H-Fil	수평필릿
PC	Horizontal	H	수평
PD	Overhead-Fillet	OH-Fil	위보기필릿
PE	Overhead	OH	위보기
PF	Vertical-up	V-up	수직상향
PG	Vertical-down	V-down	수직하향

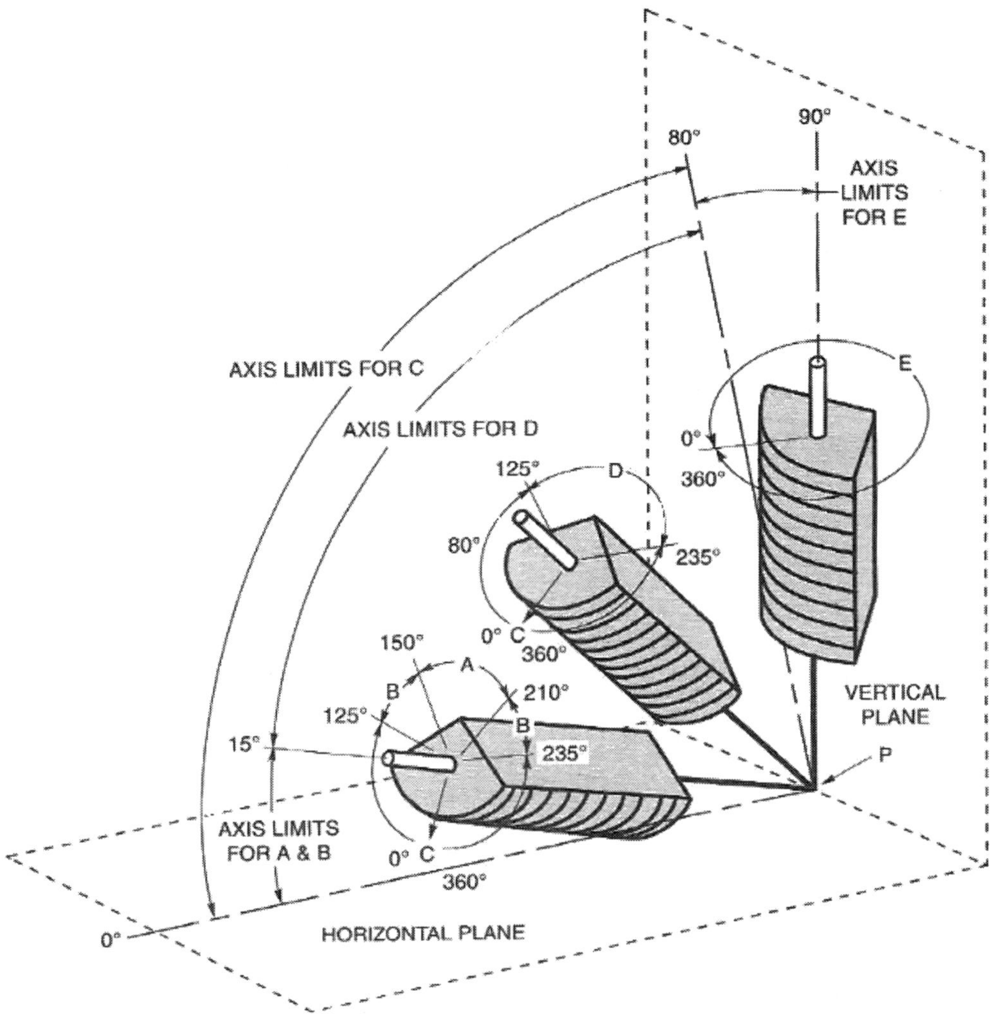
90°
80°
AXIS
LIMITS
FOR E
AXIS LIMITS FOR C
AXIS LIMITS FOR D
E
0°
360°
125°
D
80°
235°
0° C
360°
150°
A
B
210°
125°
B
15°
235°
VERTICAL
PLANE
P
AXIS LIMITS
FOR A & B
0° C
360°
0°
HORIZONTAL PLANE

계속

용접자세 (Position)	그림상의 기호 (Diagram Reference)	축 경사각 (Inclination of Axis)	용접면 회전각 (Rotation of Face)
Flat	A	0 - 15°	150-210°
Horizontal	B	0 - 15°	125-150° 210-235°
Overhead	C	0 - 80°	0-125° 235-360°
Vertical	D E	15 - 80° 80 - 90°	125-235° 0-360°

그림 1.10 AWS 기준에 따른 판재 그루브 용접의 용접자세

용접자세 (Position)	그림상의 기호 (Diagram Reference)	축 경사각 (Inclination of Axis)	용접면 회전각 (Rotation of Face)
Flat	A	0 - 15°	150-210°
Horizontal	B	0 - 15°	80-150° 210-280°
Overhead	C	0 - 80°	0-80° 280-360°
Vertical	D E	15 - 80° 80 - 90°	80-280° 0-360°

계속

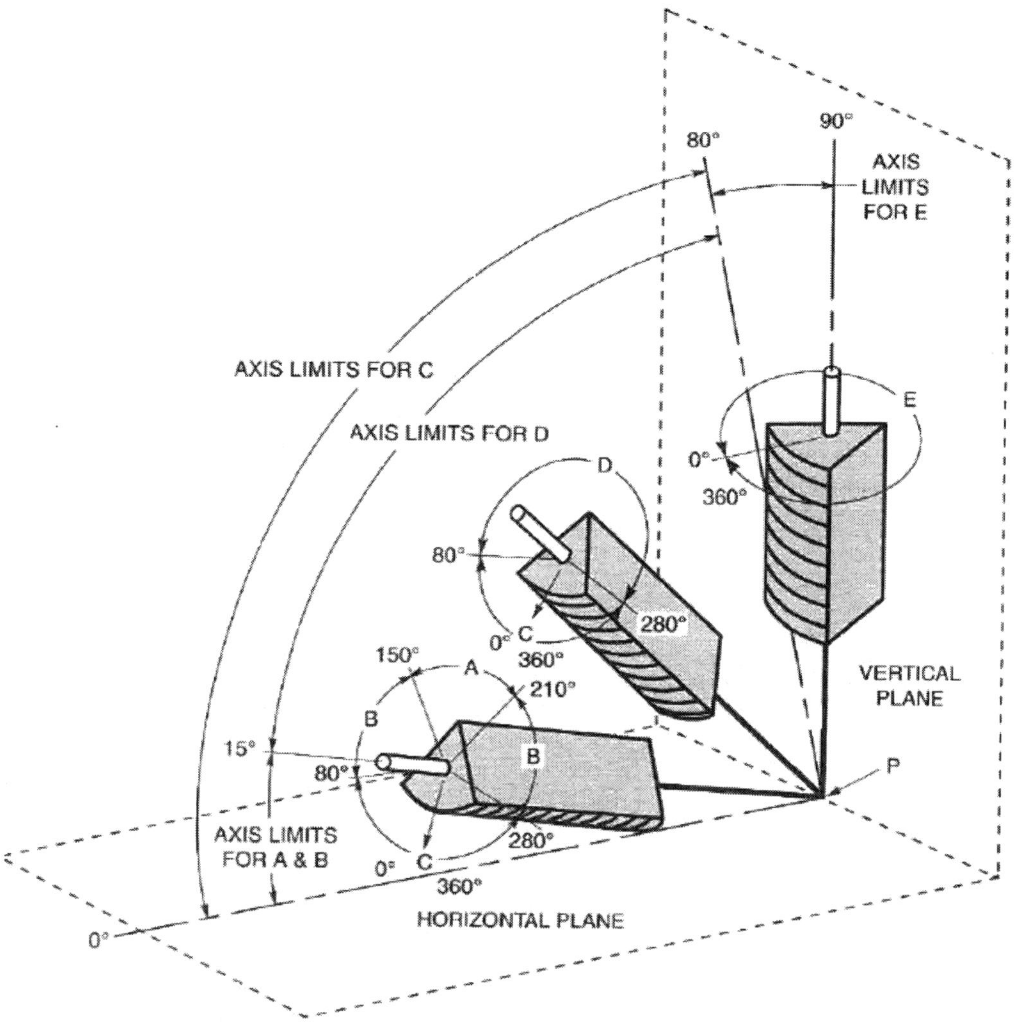

그림 1.11 AWS 기준에 따른 판재 필릿 용접의 용접자세

(1) 파이프 그루브 용접 시 용접자세		
(a) Flat position (1G)	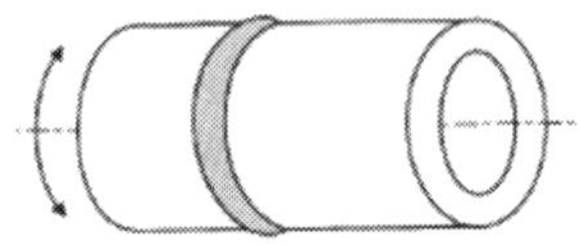	파이프 : 수평위치에서 회전 용가재 : 관이음부 위쪽에서 아래보기 자세
(b) Horizontal position (2G)	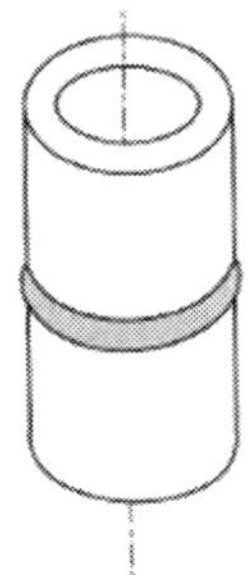	파이프 : 수직위치에서 고정 용가재 : 관이음부에서 수평보기 자세
(c) Multiple position (5G)	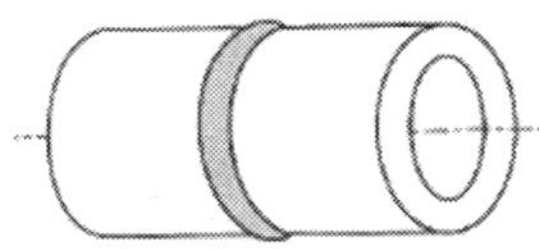	파이프 : 수평위치에서 고정 용가재 : 관이음부에서 아래보기, 수직 및 위보기 자세
(d) Multiple position (6G)	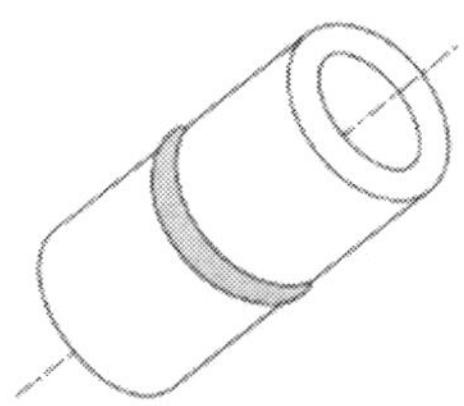	파이프 : 용접 시 경사상태가 고정되지 않고 회전하지 않음
(e) Multiple position with restriction ring (6GR)	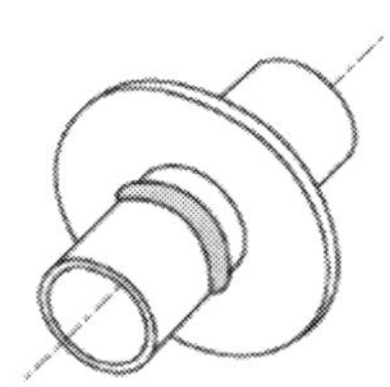	파이프 : 용접 시 경사상태가 고정되고 회전하지 않음

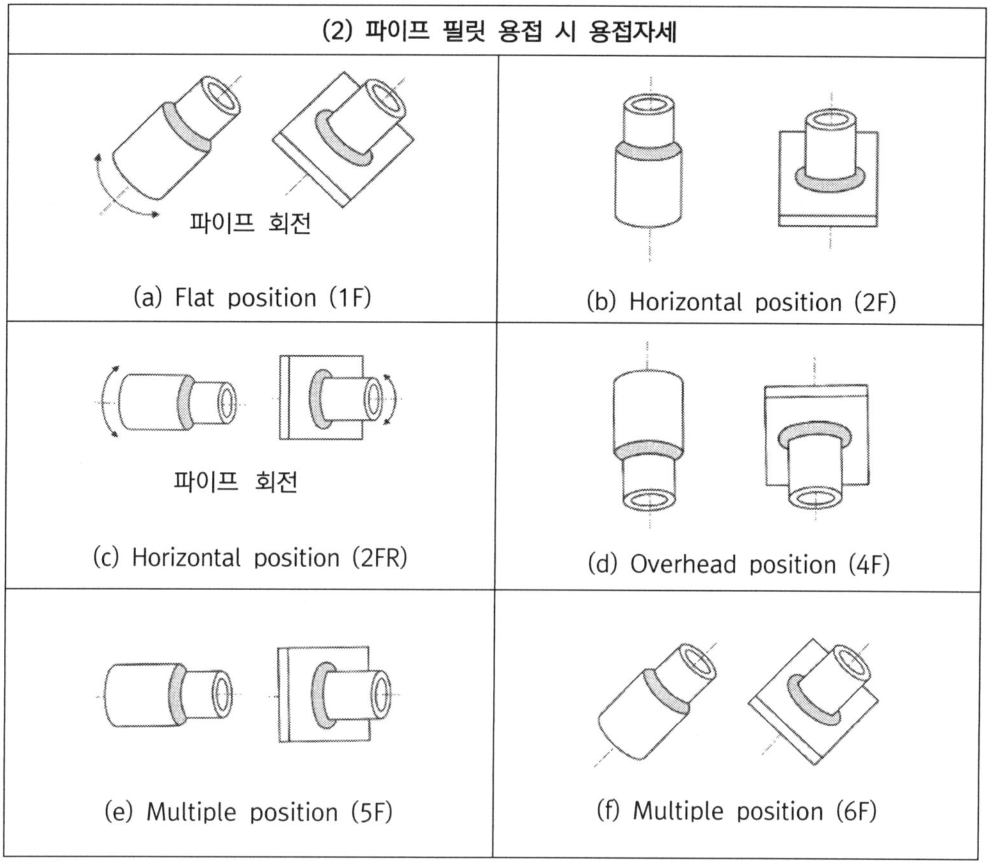

그림 1.12 AWS 기준에 따른 파이프 용접의 용접자세

1.3.3 이음부 및 용접부의 각 부분의 명칭

그림 1.13은 이음부와 용접부의 각 부분의 명칭을 나타내고 있다. 영어 명칭은 AWS의 용어기준에 따른 것이며 우리말 명칭은 대한용접·접합학회의 용접·접합용어사전에 의거하였다.

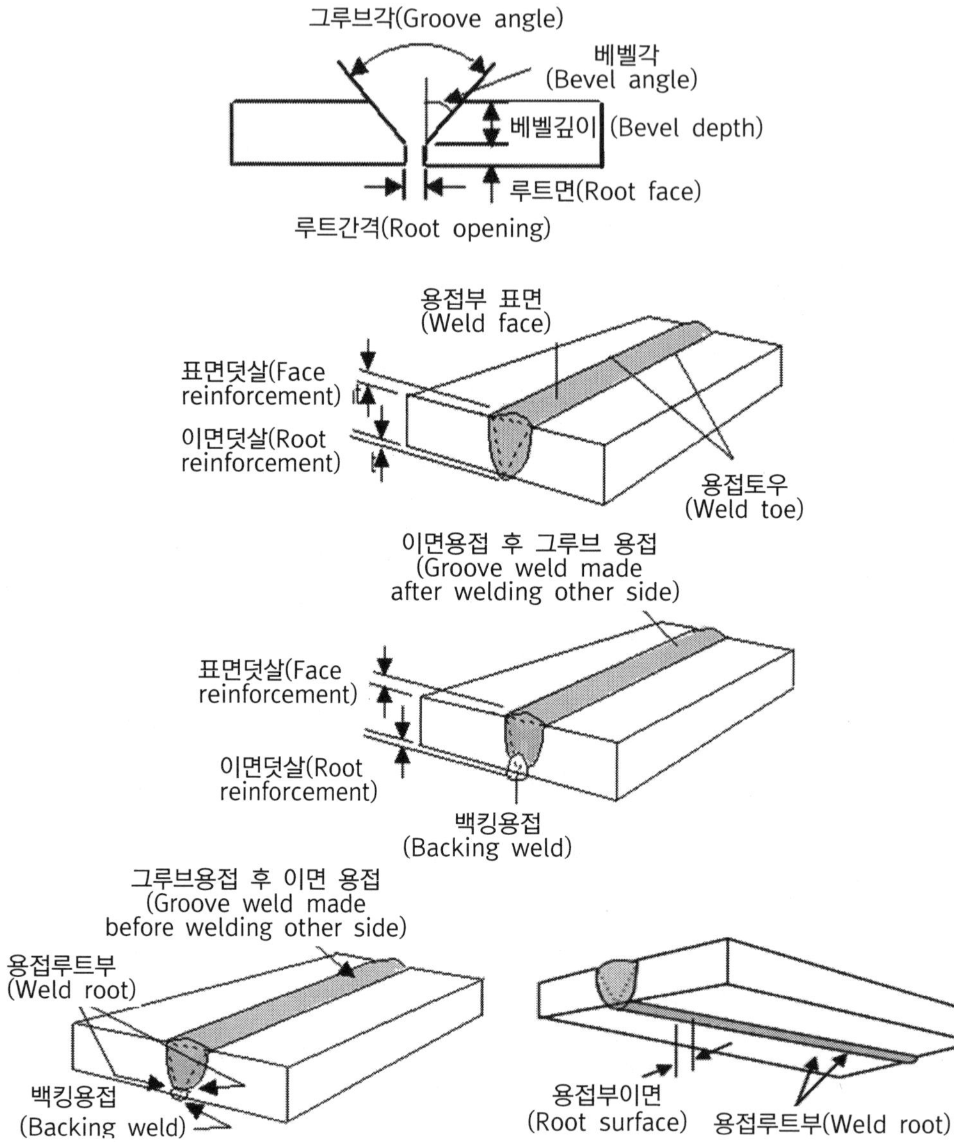

그림 1.13 이음부 및 용접부 각 부분의 명칭(1)

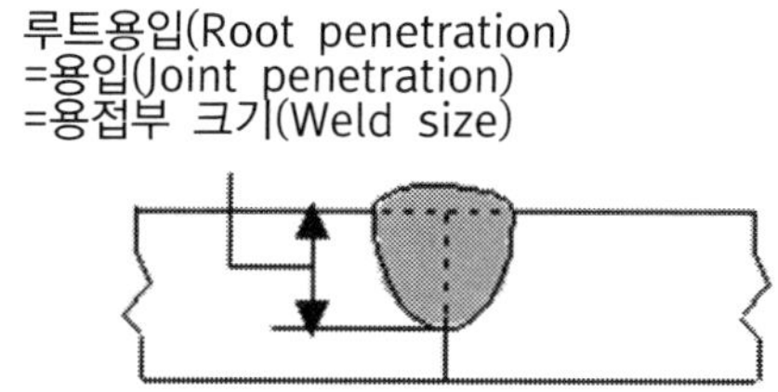

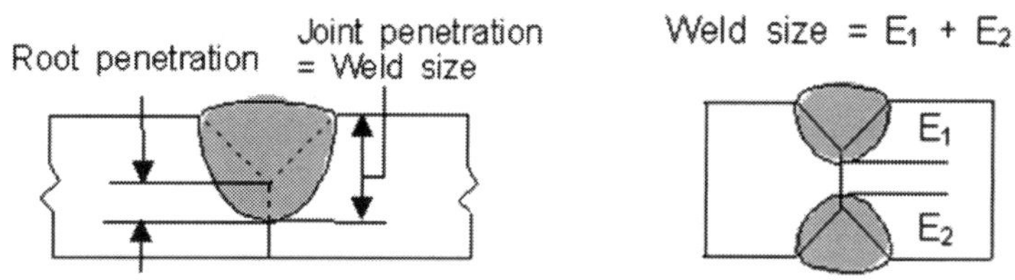

불완전 용입 또는 부분용입
(Incomplete joint penetration or partial joint penetration)

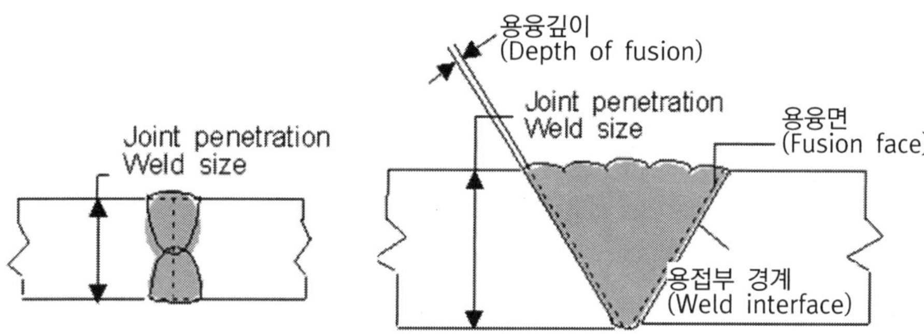

완전용입
(Complete joint penetration or Full penetration)

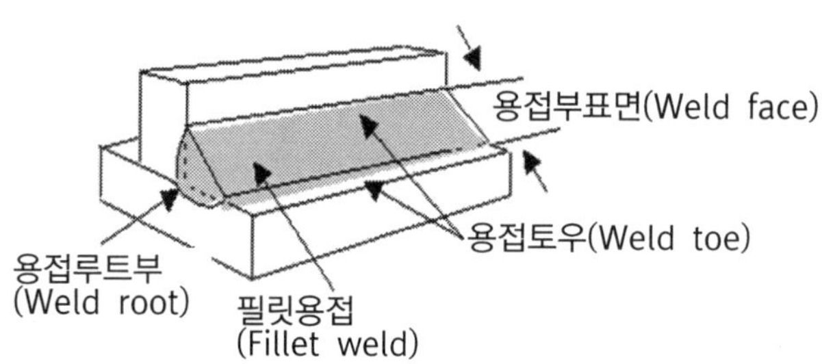

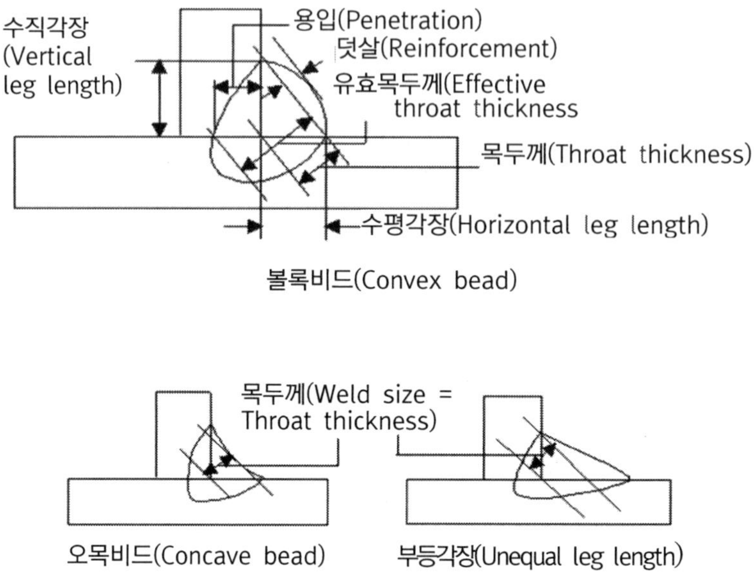

그림 1.13 이음부 및 용접부 각 부분의 명칭(2)

1.3.4 기타 주요 용접용어

다음은 용접에서 널리 쓰이는 용어로서 반드시 숙지해야 할 용어이다.

- **가우징**(Gouging): 가스 불꽃 또는 아크열로 국부적으로 용융시킨 부분을 압축공기나 산소로 불어 날려서 금속 표면에 홈을 파는 작업
- **가접 또는 가용접**(Tack welding): 본 용접을 하기 전에 부재를 고정시키기 위해서 지정된 위치에 지정된 길이로 짧게 용접하는 것
- **개선**(Groove): 그루브의 일본식 용어
- **경화**(Hardening): 가열과 냉각을 포함한 열처리 및 가공에 의해 금속의 강도를 증가시키는 처리
- **구속도**(Restrain factor): 가열, 냉각 등에 의한 재료의 자유로운 팽창과 수축을 억제하는 정도를 나타냄

- **기계적 성질**(Mechanical properties): 강도, 인성, 연성 등과 같은 재료의 기본적인 성질로 탄성계수, 항복점, 인장 및 압축강도, 연신율, 파괴강도, 충격치, 피로강도 등을 포함함
- **매크로 조직**(Macro structure): 모재 또는 용접부의 단면을 연마한 후 부식시키면 나타나는 금속 조직. 비교적 큰 균열, 기공, 불순물, 용입의 양부, 결정립의 대소와 방향을 알아내는데 사용됨
- **모재**(Base metal): 용접되는 금속을 의미하며 용접부재(workpiece), 피용접물이라고도 함
- **비드**(Bead): 1패스로 용접한 용접금속
- **비파괴시험**(NDT, Non-Destructive Test): 재료나 재품의 재질과 형상을 손상시키거나 파괴하지 않은 상태에서 수행하는 시험으로 방사선투과시험, 초음파탐상시험, 음향 탐성시험, 침투탐상시험, 자분탐상시험 등이 있음
- **스패터**(Spatter): 용접 중에 용착되지 않고 주위 사방으로 흩어져 튀는 용융금속 입자
- **슬래그**(Slag): 용착금속의 표면을 덮는 비금속 물질
- **시공승인기록**(PQR, Procedure Qualification Record): 용접시공설명서(WPS)를 승인 받기 위해 시험한 내용을 기록한 서류로 용접조건과 용접부에 적용된 시험결과 값이 포함되어 있음(부록 참조)
- **시공승인시험**(PQT, Procedure Qualification Test): 용접시공설명서를 승인 받기 위해 용접부에 대해 실시하는 각종 시험으로 인장시험, 경도시험, 비파괴검사, 굽힘시험, 단면 마모도시험 및 충격시험 등이 포함
- **심**(Seam): 판재 또는 파이프를 길이방향으로 접합한 용접 이음부
- **언더컷**(Undercut): 용접선의 가장자리에 용융금속이 채워지지 않은 홈
- **여성**(Reinforcement): 덧살의 일본식 표현

- **연성**(Ductility): 파괴되지 않으면서 어느 정도까지 영구 소성변형을 일으키는 재료의 성질
- **연성파괴**(Ductile fracture): 균열의 전파속도가 느리며 연성을 동반한 파괴
- **용가재**(Filler material): 용융되어 모재로 들어가 이음부를 채우는 물질을 의미하며 봉, 와이어 및 분말 플럭스의 형태로 되어 있음
- **용락**(Burn-through): 과전류 또는 과대한 루트갭으로 용융물이 모재에서 이탈되어 밑으로 떨어지는 현상
- **용접구조물**(Weldment): 용접에 의해 조립된 구조물로 용접물이라고도 함
- **용접시공**(Welding procedure): 용접구조물을 제작할 때 용접을 하기 위한 모든 공정 및 방법을 의미함
- **용접시공설명서**(WPS, Welding Procedure Specification): 용접시공에 관련된 정보를 기록한 설명서(부록 참조)
- **용접조건**(Welding condition): 용접을 실시할 때의 모든 작업조건을 의미하며 용접품질에 직접적인 영향을 끼치는 인자임. 용접전류, 용접전압, 용접속도, 용접봉 또는 전극와이어 크기, 토치각, 그루브 형상 등이 여기에 속함
- **용접퓸**(Welding fume): 용접 또는 열절단시에 열에 의해 증발한 물질이 산화하여 응집한 고체 미립자로 용접매연이라고도 함
- **용접후열처리**(PWHT, Post Weld Heat Treatment): 용접 후 용접잔류응력 및 용접열영향부의 조직을 개선하기 위하여 실시하는 열처리
- **용착**(Deposition): 용가재가 용융되어 모재를 채우는 현상
- **위빙**(Weaving): 용접봉 또는 와이어가 용접진행 방향에 대하여 수직으로 좌우로 움직이면서 용접하는 운봉법
- **인성**(Toughness): 재료의 질긴성질로 충격시험에서 시험편이 파단될 때까지의 흡수된 에너지로 나타냄

- **천이 온도**(Transition temperature): 재료의 파괴상태가 연성파괴로부터 취성파괴로 천이하는 온도범위
- **취성**(Brittleness): 연성과 반대되는 용어로 재료가 소성변형을 동반하지 않고 순간적으로 파괴되는 성질
- **취성파괴**(Brittle fracture): 최종 파단까지 변형 또는 에너지의 흡수가 거의 없이 급속하게 일어나는 파괴
- **층**(Layer): 두께방향으로 동일한 평면 상에서 한 패스 또는 그 이상의 패스로 이루어지는 용접금속
- **크레이터**(Crater): 아크용접의 비드의 끝부분에서 용융지가 그대로 응고함으로써 생기는 옴푹 패인 현상. 내부결함이나 균열이 발생할 가능성이 큰 부분임
- **탈산제**(Deoxidizer, deoxidizing agent): 용융금속 속에 용해된 산소와 결합함으로써 용융금속 내의 산소를 제거하고 건전한 용융금속을 만드는 작용을 하는 물질. Fe-Mn, Fe-Si, Fe-Al 및 Mn, Si, Ti,

  Al 등이 이에 속함
- **파괴시험**(Destructive test): 모재, 용접금속 또는 용접이음부를 절단, 굽힘, 인장 또는 기타의 방법으로 변형시켜 파괴하여 시험하는 방법
- **패스**(Pass, run): 용접선을 따라 실시하는 1회의 용접작업 또는 그 궤적을 뜻함
- **패스간 온도**(Interpass temperature): 멀티패스 용접에서 다음 패스를 용접하기 직전의 전 패스의 온도로서 층간온도(Interlayer temperature)와 같은 의미임
- **피닝**(Peening): 해머로 용접부를 연속적으로 내려쳐서 표면층에 소성변형을 가하는 작업으로 인장잔류응력을 완화하는 효과가 있음
- **피트**(Pit): 용접결함의 일종으로 용접부 표면에 발생한 작은 구멍

Chapter 2

용접물리
(Physics of Welding)

용접은 크게 용융용접과 고상용접으로 구분된다. 용융용접이란 외부 열원에서 얻어진 열에 의해 모재가 용융되었다가 응고되어 접합되거나 용융상태에서 용융된 용가재와 혼합된 후 응고되어 접합되는 용접이다. 한편 고상용접은 기계적 운동 또는 원자 확산을 통해 용융점 이하에서 모재의 접촉면에서 이루어지는 접합이다.

2.1 용융용접(Fusion Welding)

2.1.1 입열(Energy Input)

입열은 용접부에 가해지는 에너지양을 의미한다. 즉,

$$H=\frac{P}{v} \tag{2.1}$$

단, H = 입열 [J/mm]
P = 열원의 전체 에너지 [W]
v = 열원의 이동속도 [mm/s]

열원이 아크인 경우,

$$H=\frac{E \cdot I}{v} \tag{2.2}$$

단, E = 용접전압 [V]
I = 용접전류 [A]
v = 용접속도 [mm/s]

2.1.2 아크효율(Arc Efficiency)

아크효율은 아크에 의해 발생된 전체 에너지 중 실제로 모재에 유입된 에너지의 비를 의미한다. 즉,

$$H_n = f_a H = \frac{f_a P}{v} = \frac{f_a E \cdot I}{v} \tag{2.3}$$

단, H_n = 순입열 [J/mm]
f_a = 아크효율

아크효율은 용접법에 따라 다르며 그림 2.1은 용접법에 따른 아크효율을 나타낸다.

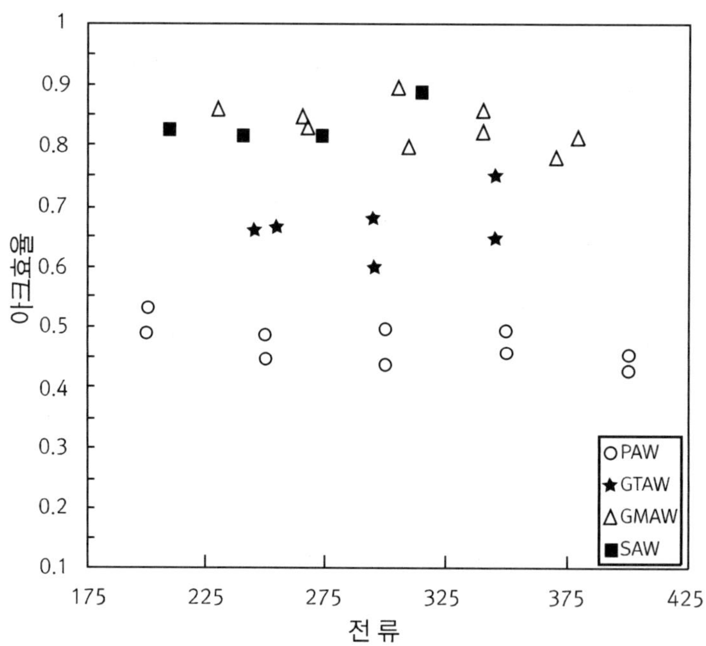

그림 2.1 각 용접법에 따른 아크효율

2.1.3 용융효율(Melting Efficiency)

용융효율은 모재에 유입된 에너지 중 금속을 용융시키는데 사용된 에너지의 비를 의미한다. 즉,

$$Q = \frac{(T_m + 273)^2}{300,000} \tag{2.4}$$

단, Q = 용융 엔탈피[J/mm^3] (강의 경우 약 10.5 J/mm^3)

T_m= 모재의 용융온도 [℃]

아크용접의 경우는 다음과 같다.

$$f_m = \frac{QA_w}{H_n} = \frac{QA_w v}{f_a P} = \frac{QA_w v}{f_a EI} \tag{2.5}$$

단, f_m = 용융효율

Q = 용융 엔탈피

$A_w = A_m + A_r$ [mm^2](그림 2.2 참조)

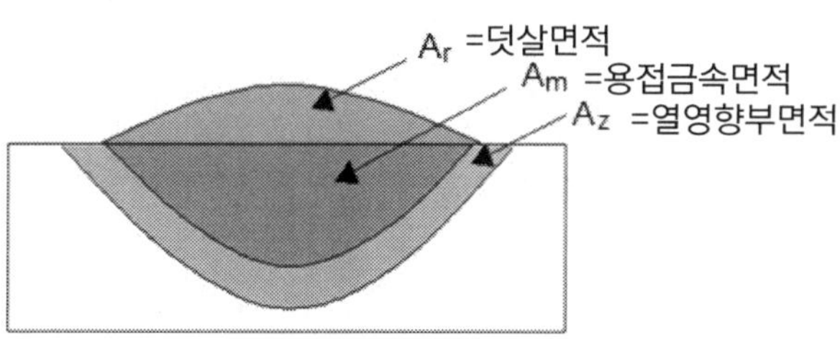

그림 2.2 용접부 단면

평판용접에서 그림 2.2와 같은 용접부를 얻었다면 금속을 용융시키는데 사용된 에너지는 모재 용융부와 용착금속을 합한 부분 Aw를 용융시키는데 사용된 에너지의 양에 해당된다. 용융효율은 열원과 모재의 열전달 특성에 따라 달라지며 아크용접의 경우 판 두께가 작을수록, 용접속도가 높을수록 용융효율은 높아진다. 그림 2.3은 여러 가지 용접법에 대해 용접속도에 따른 용융효율을 보여주고 있다.

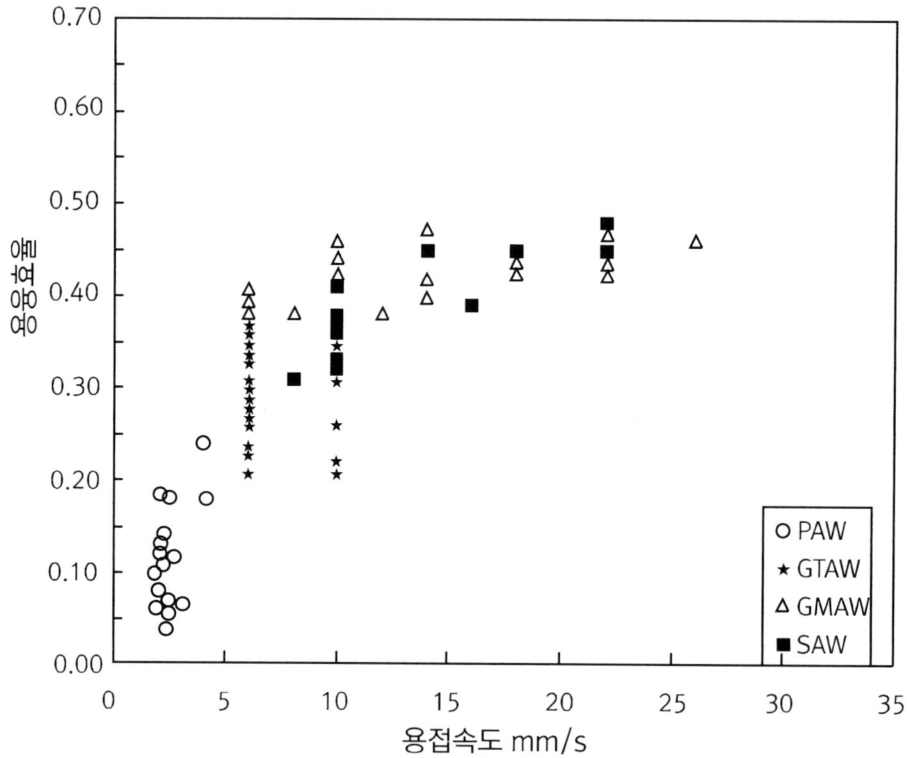

그림 2.3 용융효율

2.2 고상용접(Solid-State Welding)

고상용접은 금속의 용융점 이하에서 재질의 접합이 이루어지는 용접으로 접합되는 접촉면에서 거시적으로 또는 미시적으로 접합부가 만들어진다. 에너지원은 통상 기계적인 에너지에 의한 부재의 움직임으로 생성되는 열이 사용된다.

용접에 필요한 에너지를 생성하는 기계적인 운동의 형태로는 마찰과 진동이 있다. 마찰용접과 초음파용접이 이 에너지 형태를 이용하는 용접이다. 폭발용접의 경우는 충격에 의해 발생하는 열을 이용한다. 냉간용접은 열의 발생은 거의 없이 접합면 사이에 서서히 일어나는 소성변형을 통해 접합되는 용접이다. 한편 확산용접은 미시적으로 접촉면 사이에 적절한 열과 압력이 주어질 때 일어나는 원자의 확산을 이용하는 접합법이다.

2.3 용접의 에너지원(Energy Sources of Welding)

2.3.1 전기 에너지원(Electrical Sources)

전기 에너지는 용접에 가장 널리 이용되는 에너지이며 아크용접(arc welding), 저항용접 (resistance welding) 및 일렉트로슬래그 용접(electroslag welding) 등이 전기에너지를 이용하는 대표적 용접법이다.

1) 아크용접

아크용접은 가장 널리 쓰이는 용접으로 모재와 용접전극 사이에 발생하는 아크열을 이용하여 용접한다. 용접 시 에너지 방사, 대류, 전도 및 스패터 발생에 의해 열손실이 발생하며 아크에서 발생한 열 중 이 손실된 열을 제외한 열의 비율인 아크효율은 통상 0.5 ~ 0.9 이다.

2) 저항용접

저항용접은 전기저항에 의해서 발생하는 저항열과 이음부에 가해지는 압력을 통해서 접합되는 용접이다. 발생하는 저항열의 크기는 식(2.6)과 같이 나타난다.

$$E = I^2 Rt \tag{2.6}$$

단, E = 발생열 [J]
I = 전류 [A]
R = 저항 [Ω]
t = 통전시간 [s]

3) 일렉트로슬래그 용접

일렉트로슬래그 용접은 용융된 슬래그풀(slag pool)의 전기저항에 의해 발생하는 열을 사용하는 용접이다. 용융된 슬래그풀에서 발생하는 열량은 식(2.7)과 같이 표현된다.

$$E = VIt \tag{2.7}$$

단, E = 슬래그풀에서 발생하는 열 [J]
V = 전압 [V]
I = 전류 [A]
t = 시간 [s]

2.3.2 화학 에너지원 (Chemical Sources)

발열 화학반응 시 발생하는 에너지를 용접에 이용하며 산소연료가스 용접(oxyfuel gas welding), 테르밋 용접(thermite welding) 등이 화학 에너지를 이용한다.

1) 산소연료가스 용접

연소가스에 저장된 화학적 에너지를 이용하는 용접으로 가스가 연소할 때 다음과 같은 일련의 발열 화학반응에 의해 발생하는 열을 사용한다.

해리영역 : $C_2H_2 \rightarrow 2C + H_2 + Q_1 (= 227\ kJ/mole)$
1차 연소 : $2C + O_2 \rightarrow 2CO + Q_2 (= 221\ kJ/mole)$
2차 연소 : $2CO + H_2 + 3/2O_2 \rightarrow 2CO_2 + H_2O + Q_3 (= 821\ kJ/mole)$

2) 테르밋 용접

금속이 결합할 때 발생하는 발열반응에서 나오는 열을 사용하며 다음과 같은 강 또는 주철의 용접에 적용된다.

$$\text{Metaloxide} + \text{Aluminum} \rightarrow \text{Aluminumoxide} + \text{Metal} + \text{Heat}$$

$$3/4\,Fe_3O_4 + 2Al \rightarrow Al_2O_3 + 9/4\,Fe + Q\,(838\ kJ)$$

2.3.3 집속 에너지원 (Focused Sources)

에너지의 집속을 통해 에너지 밀도가 높은 에너지를 얻어 이를 용접에 이용하며 레이저빔 용접(laser beam welding)과 전자빔 용접(electron beam welding)이 집속 에너지를 이용하는 대표적 용접법이다.

1) 레이저빔 용접

렌즈와 거울의 조합으로 집속한 레이저빔을 사용하는 용접으로 에너지 밀도는 $10\ kW/mm^2$를 상회하며 식 (2.8)에 의해 구해진다. 주로 CO_2 레이저와 Nd-YAG 레이저가 사용된다.

$$PD = \frac{\pi P}{4} \left(\frac{1{,}000\, D}{M^2 \lambda f} \right)^2 \tag{2.8}$$

단, PD = 에너지 밀도 [W/mm^2]

P = 레이저 빔 입력에너지 [W]

D = 초점렌즈에서의 레이저 빔 직경 [mm]

M^2 = 레이저 빔 계수

λ = 레이저 파장 [μm]

f = 초점렌즈의 촛점길이 [mm]

2) 전자빔 용접

정전기와 자기 렌즈에 의해 집속된 전자빔을 사용하는 용접으로 에너지 밀도는 100 kW/mm^{2}에 이르며 식 (2.9)에 의해 구해진다. 진공 환경에서 용접이 이루어지며 진공도에 따라 고진공, 중진공 및 저진공 전자빔용접으로 구분된다.

$$PD = \frac{neV}{A} = \frac{VI}{A} \tag{2.9}$$

단, PD = 에너지 밀도 [W/mm^2]

n = 빔의 초당 전자수

e = 전자의 전하량 [1.6x10^{-19} coulombs]

V = 전자의 가속전압 [V]

I = 빔의 전류 [A]

A = 모재표면의 빔 조사면적 (mm^2)

2.3.4 기계 에너지원(Mechanical Sources)

회전, 진동, 폭발 등과 같이 기계적 운동에 의해 발생하는 에너지를 용접에 이용한다.

1) 마찰용접(Friction Welding)

두 부재의 접촉면의 마찰열과 높은 가압력에 의해 용접이 이루어진다. 접촉 경계면의 온도는 용융온도보다 낮아 용융에 의해 접합되는 것이 아니라 확산에 의해 접합된다.

2) 초음파 용접(Ultrasonic Welding)

15~75 kHz의 고주파 진동 에너지에 의해 용접이 이루어진다. 진동에너지는 접촉표면에 반복전단응력을 발생시키며 이 전단응력은 국부적인 슬립을 통한 소성변형을 야기하며 이 소성변형에 의해 야금학적인 접합이 이루어진다.

3) 폭발용접(Explosion Welding)

폭발에너지에 의해 두 표면이 충돌하면서 접합이 이루어진다. 이동판 위에 있는 폭약이 폭발하면 고정판에 이동판이 충돌하며 이 과정에서 운동에너지가 압축응력파로 방출되면서 접합이 이루어진다.

2.3.5 고상 에너지원 (Solid-State Sources)

고상에너지는 고체 상태에서 재료의 거시적 또는 미시적 관점에서 접합을 가능하게 하는 에너지이며 이를 이용한 대표적인 용접법이 확산용접(diffusion welding) 이다. 확산은 미시적 관점에서 고체, 액체 및 기체 상태에서의 원자의 이동을 의미한다. 확산용접은 3단계를 거치며 이루어진다. 우선 1단계로 고온 및 가압상태 하에서 밀착된 표면에서 국부적인 변형이 발생하고 2단계에서 경계층에서 원자의 확산이 일어나며 3단계로 경계층이 이동하면서 접합된다.

2.4 용접아크(Welding Arc)

2.4.1 아크의 성질

용접아크는 전극과 모재사이에 일어나는 전기적 방전현상이다. 아크 내에는 그림 2.4와 같이 전기를 띤 수많은 입자가 존재하며 이들은 자신과 반대의 극을 갖는 전극으로 이동한다. 양극(+극)으로 이동하는 전하는 전자(e-)이며 음극(-극)으로 이동하는 전하는 양이온이다. 전자는 음극에서 방출되며 고온 분위기로 인해 방출되는 열 방출(thermal emission)과 전위차가 큰 전기장에 의해 방출되는 전기장 방출(field emission)에 의해 방출된다. 아크의 구조는 그림 2.4와 같이 5부분으로 나누어지며 아크 내의 전압강하 특성과 아크 구성부의 특징은 다음과 같다.

1) 음극점(Cathode Spot)

전자가 방출되는 곳이며 전체 아크 열의 1/3이 이곳에서 발생한다. 음극점의 최고 온도는 3,600 ℃에 이른다.

2) 음극강하지역(Cathode Drop Zone or Cathode Fall Space)

음극강하지역은 음극점으로부터 약 10^{-3} cm 떨어진 곳까지의 구간이다. 이 지역은 아크 내에서 전압강하가 가장 크게 일어나는 곳으로 그 크기는 5~20 V(= 5,000 ~20,000 V/cm)에 이른다. 이 전압강하에 의해 음극점으로부터 전자 방출이 용이하게 일어나며 전극의 재질이나 용접법에 무관하게 이 음극강하지역의 간격은 거의 일정하다.

3) 아크기둥(Arc Column or Plasma Column Fall Space)

아크 기둥은 전자, 원자, 분자 및 이온이 혼재하고 있는 플라즈마 상태의 구역으로 온도가 4,500~20,000 ℃에 이를 정도로 매우 고온 분위기 구역이다. 전자의 수와 양이온의 수가 거의 같아 전기적으로는 중성을 띠고 있다. 이 구역에서는 전압강하가 비교적 작게 일어나며 아크 내의 가스 분위기에 따라 크기가 달라져 He의 경우는 42 V/cm, Ar의 경우 6 V/cm 정도의 전압강하가 일어난다.

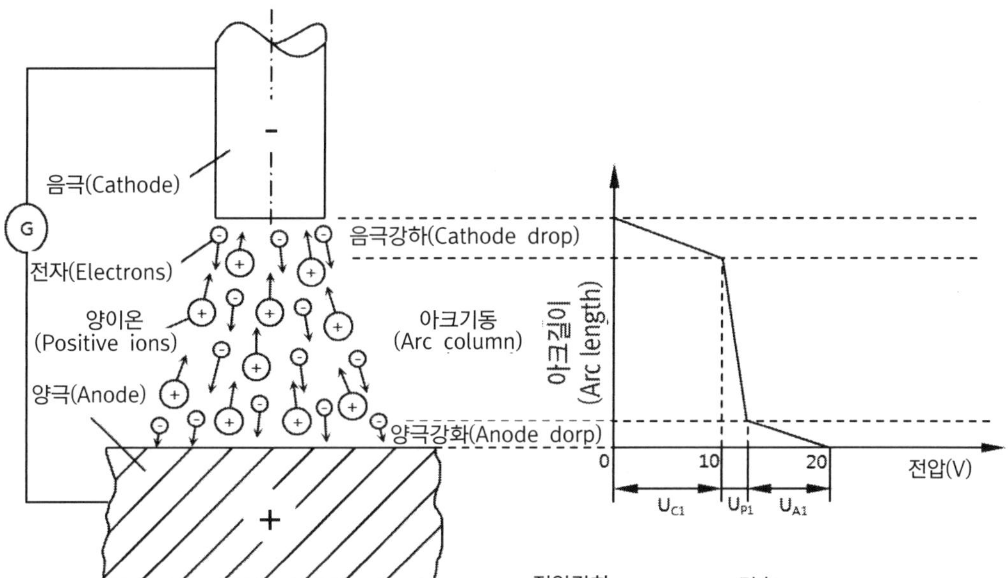

전압강하 (Voltage drop)	기호 (Formula symbol)
음극(Cathode)	U_{C1}
플라즈마(Plasma)	U_{P1}
양극(Anods)	U_{A1}

그림 2.4 아크의 구조와 아크 내에서의 전압강하 특성

4) 양극강하지역(Anode Drop Zone or Anode Fall Space)

음극강하지역과 유사하게 양극점으로부터 $5x10^{-3}$ cm 떨어진 지점부터 다시 전압강하가 비교적 크게 발생하는데 이 구역을 양극강하지역이라 한다. 전압강하의 크기는 0~30 V 정도이다.

5) 양극점(Anode Spot)

양극점은 가속된 전자가 충돌하며 흡수되는 곳으로 전자의 운동에너지가 열에너지로 변환됨으로 인해 아크 열의 2/3가 이곳에서 발생하여 온도는 4,000℃에 이른다.

아크는 플라즈마의 성질과 전류의 세기에 따라 5,000 ~ 30,000 K 의 온도분포를 가지며 전류 200 A, 전압 12.1 V 의 GTAW 용접에서의 아크 온도분포의 양상은 그림 2.5와 같다. 아크의 온도분포는 입열과 열전도, 열대류 및 열방사에 의한 에너지 손실간의 평형에 의해 결정된다. 열방사는 원자의 여기(excitation) 및 이온화에 의해 일어나며 아크의 경우 Ar 가스분위기에서는 20%, 기타 다른 가스분위기에서는 10% 정도의 에너지 손실이 발생한다.

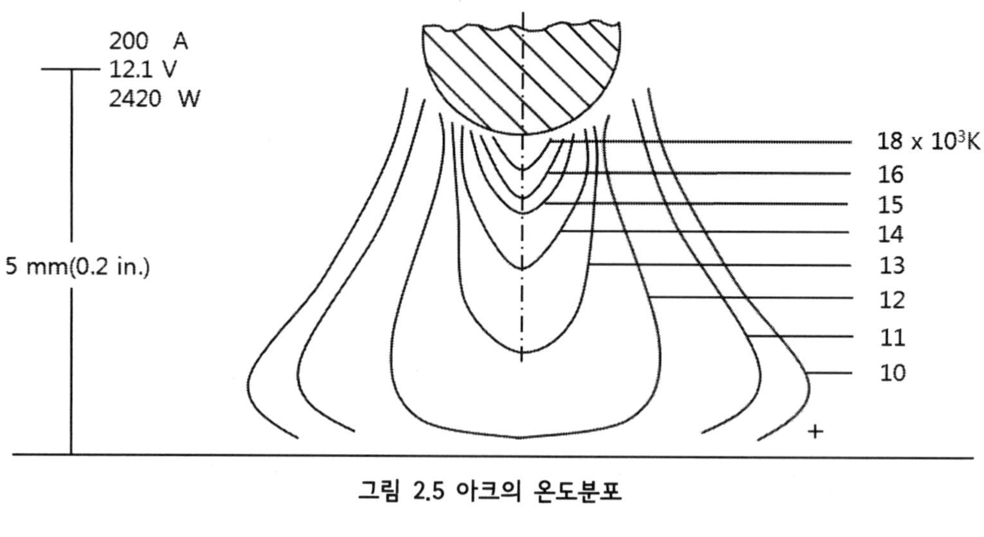

그림 2.5 아크의 온도분포

2.4.2 아크쏠림(Arc Blow)

아크쏠림은 아크 주위의 자기장의 세기가 비대칭이 될 때 아크가 한 쪽으로 쏠리게 되는 현상을 말한다. 앙페르 법칙(Ampère's law)에 의하면 전류가 흐르는 도선 주위에는 자기장이 형성되고 플레밍(Fleming)에 따르면 자기장 속에 전류가 흐르는 도선에는 힘을 받게 되는데 이 힘의 방향은 플레밍의 왼손법칙에 의해 항상 도선 중심으로 향한다. 아크의 경우에도 아크를 통해 전류가 흐르므로 도선과 동일한 현상이 나타난다.

아크쏠림이 나타나는 경우는 주로 다음의 두 경우에 나타난다.

1) 전류의 방향이 한 방향으로 편중되는 경우

그림 2.6과 같이 전류가 용접진행 방향을 기준으로 한 쪽으로 흐르면 아크 주위에서는 전류가 수직으로 방향을 바꾸어 흐르게 된다. 이 경우 앙페르의 법칙에 따라 발생하는 자기장은 아크 주위의 전류회로 내부영역(A부분)은 외

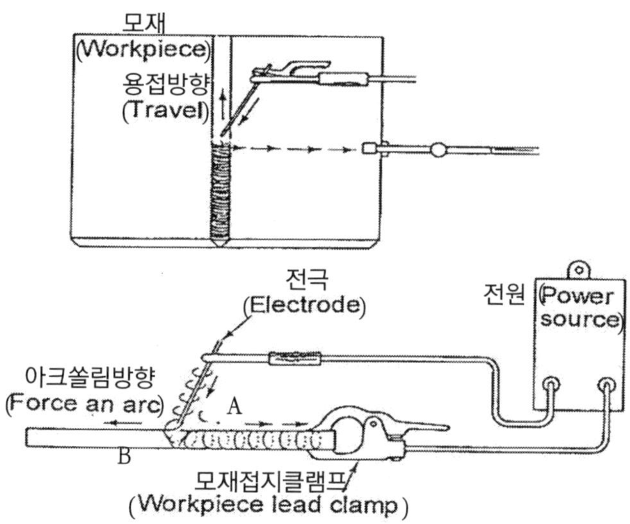

그림 2.6 전류가 한 방향으로 편중되어 흐르는 경우

부영역(B부분)에 비해 훨씬 조밀하게 되어 A에서 B로 향하는 힘이 작용하게 된다. 이 힘에 의해 아크가 B방향으로 휘게 된다.

2) 자기장의 집속이 비대칭인 경우

그림 2.7에서와 같이 아크가 부재의 양단 부근에 있을 때 아크쏠림 현상이 나타난다. 일반적으로 철강재료의 경우 자력선이 공기중보다 훨씬 잘 형성된다. 따라서 부재의 양단에서는 자력선이 공기 중을 통과하기 보다는 조밀한 상태로 철강 내로 통과하는 것이 용이하기 때문에 양단부근에서의 자기장의 밀도가 부재의 가운데 부분보다 훨씬 크게 나타난다. 이러한 자기장의 밀도 차이 때문에 부재의 시작부에서는 용접진행 방향으로 아크가 휘게 되고 부재의 끝부분에서는 용접진행의 반대방향으로 아크가 휘게 된다.

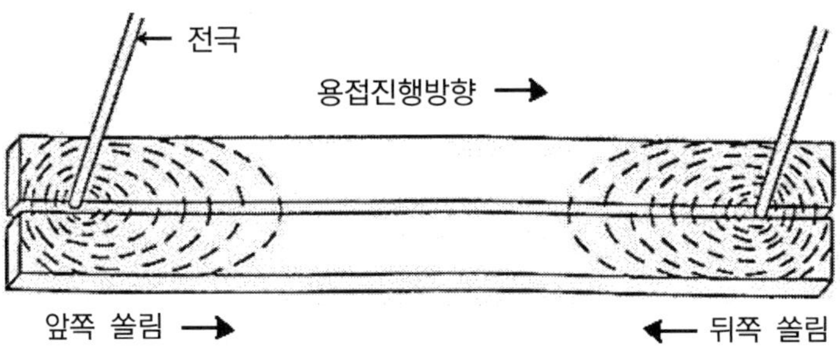

그림 2.7 아크쏠림

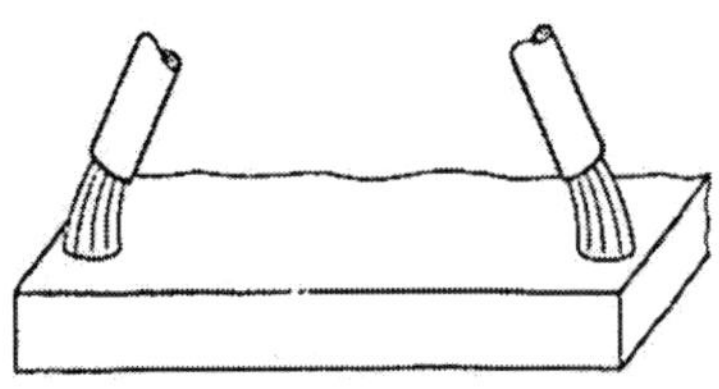

그림 2.8 전극 기울이기

아크쏠림이 나타나게 되면 아크가 원래의 용접위치를 벗어나게 되어 정확한 용접이 이루어지지 않는 경우가 많으므로 다음과 같은 대책이 필요하다.

- 전극을 아크쏠림이 일어나는 방향과 반대로 기울어지게 한다.(그림 2.8 참조)
- AC를 사용한다.
- 모재 접지를 용접선 중심으로 양쪽으로 하여 전류 흐름이 편중되지 않도록 한다.
- 탭 플레이트를 사용한다.

2.4.3 극성(Polarity)

극성은 용접전원에서 나오는 양과 음의 단자가 전극과 모재 중 어디에 연결되는가에 의해 정해지는 특성이며 정극성(DCSP: Direct Current Straight Polarity 또는 DCEN: Direct Current Electrode Negative), 역극성(DCRP: Direct Current Reverse Polarity 또는 DCEP: Direct Current Electrode Positive) 및 교류(Alternating Current)의 3가지가 있다. 극성에 따라 아크특성, 용접금속이행 상태, 용가재 및 모재의 용융특성이 달라진다. 표 2.1은 비소모성 전극을 사용하는 대표적인 용접법인 GTAW와 소모성 전극을 사용하는 대표적 용접법인 GMAW에 있어서 극성에 따른 특성에 대해 소개하고 있다.

2.4.4 아크특성곡선(Arc Characteristic Line)

아크는 전기저항과 특성이 유사하여 전압과 전류의 상관관계는 그림 2.9와 같이 나타난다. 저전류역인 아일톤 영역(Ayrton area)에서는 옴의 법칙(Ohm's law)과 상반되는 특성을 보여준다. 우선 아크 기동(arc initiation)을 위해서는 높은 전압이 요구되는데 이 때의 전압을 무부하전압(open circuit voltage)이라고 한다. 무부하전압의 크기에서 아크가 발생하면 전자 및 입자들의 충돌로 인해 고온 분위기가 형성되며 이로 인해 전자의 방출이 용이해지면서 보다 낮은 전압상태에서도 아크가 유지된다. 전자의 이동이 어느 수준이상이 되면 입자간의 충돌이 심해지면서 방해를 받게 되므로 이를 극복하기 위해서는 더 높은 전압이 필요하게 된다. 따라서 아크의 전류-전압관계는 기울어진 L자의 형상으로 나타나며 이를 아크특성곡선이라고 한다.

표 2.1 극성

극성(Polarity)	GTAW	GMAW, SMAW
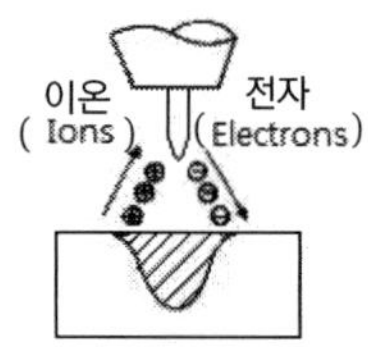 DCSP(=DCEN) (정극성)	전극에서 30% 열발생 모재에서 70% 열발생 깊은 용입 좁은 비드 청정효과 없음 주로 적용되는 극성	용융속도가 더 높음 불안정한 아크 얕은 용입 거의 사용되지 않음 (표면처리에 일부 적용)
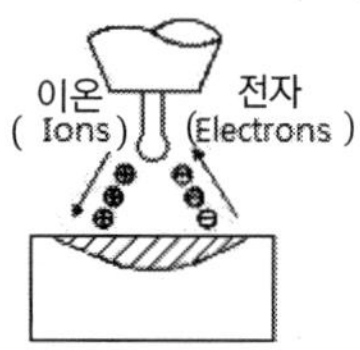 DCRP(=DCEP) (역극성)	전극에서 70% 열발생 모재에서 30% 열발생 얕은 용입 넓은 비드 강력한 청정효과	안정한 아크 부드러운 용접금속이행 깊은 용입 스패터가 적음 미려한 용접비드 주로 적용되는 극성
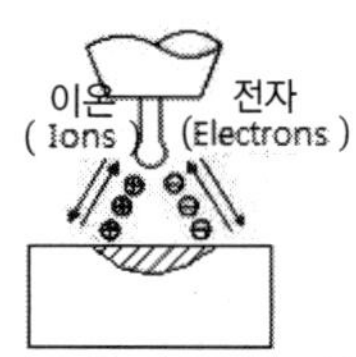 AC (교류)	전극에서 50% 열발생 모재에서 50% 열발생 중간정도의 용입 중간정도의 비드폭 반싸이클동안 청정효과	불안정한 아크 아크쏠림이 없음 저렴한 용접기 SMAW적용시 더 큰 용접봉과 더 높은 전류 사용 GMAW에는 거의 사용되지 않음

전류가 일정할 때 아크의 길이가 증가하면 전자의 이동이 더 어려워져 저항이 증가하며 따라서 동일한 전류를 흐르게 하기 위해서는 더 큰 전압이 필요하다. 따라서 아크의 길이가 길수록 그림 2.9에서 아크특성곡선은 전압축 기준으로 더 위에 위치하게 된다. 작업점 A는 용접기의 출력에 의해 현재 아크가 작동하고 있는 점으로 용접기의 출력곡선과 아크특성곡선이 만나는 점이 된다.

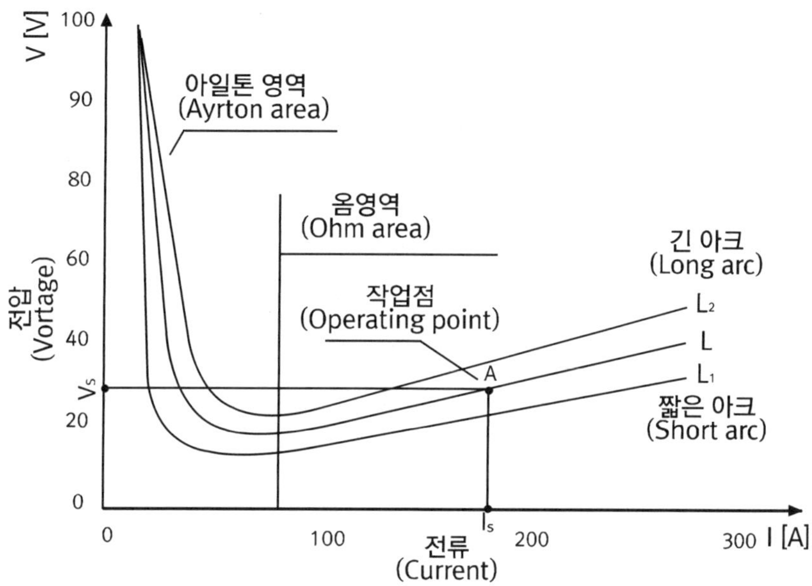

그림 2.9 아크특성곡선

2.5 용접금속이행(Metal Transfer)

2.5.1 용접금속이행에 미치는 힘

용접금속이행은 소모성 전극을 사용하는 아크용접에서 용융된 용가재가 모재로 이행하는 현상을 말한다. 용접금속이행에 의해서 이음부가 채워져 용접부를 형성하게 된다.

용접금속이행은 다양한 종류의 힘의 작용에 의해서 일어나며 그 중 중요한 영향을 미치는 힘은 다음과 같다.

- 전극 끝부분의 가스 팽창에 의해서 발생하는 압력
- 전극 사이의 정전기적 인력
- 중력
- 전극 끝부분의 전자기력에 의해 야기되는 핀치효과
- 전극과 용적 사이의 좁은 통로의 높은 저항과 매우 높은 전류밀도에 의해 생기는 저항열로 인한 금속의 폭발적인 기화 현상
- 용적 주위의 플라즈마 내의 전류가 발산형태로 흐름으로 인해서 작용하는 전자기적 현상
- 플라즈마 기류의 마찰 효과

2.5.2 용접금속이행 양식(Metal Transfer Modes)

용접금속이행은 다양한 양식으로 발생하지만 크게 다음과 같이 3종류로 구분한다.

1) 단락이행(Short-Circuiting Transfer or Dip Transfer)

전극의 끝부분과 용융지가 접촉할 때 표면장력에 의해 용융금속이 이행하는 형태이다.

2) 입상이행(Globular Transfer)

전극 지름보다 더 큰 구형태의 용융금속이 초당 몇 방울씩 이행하는 형태이다.

3) 스프레이 이행(Spray Transfer)

미세한 용융금속이 전극과 일직선 형태로 초당 수백방울씩 이행하는 형태이다.

2.6 용융속도(Melting Rate)

와이어나 막대 또는 파우더 형태의 전극은 아크열과 전기 저항열에 의해 용융되는데, 단위시간에 용융되는 무게를 용융속도라고 하며 다음의 식(2.10)과 같이 표현된다.

$$MR = aI + bLI^2 \quad [\text{kg/h}] \tag{2.10}$$

단, a = 양극점 또는 음극점의 발생열에 비례하여 결정되며 전극의 성분, 극성 등에 따라 달라지는 상수 [kg/(h • A)]

b = 전극의 전기저항열에 비례하는 상수 [kg/(h • A^2 • mm)]

L = 전극돌출길이(electrode extension or stickout) [mm]

I = 용접전류 [A]

2.7 금속 및 보호가스의 물리적 특성 (Physical Properties of Metals and Shielding Gas)

용접에 사용되는 금속 및 보호가스의 물리적 특성도 용접현상에 중요한 영향을 미친다. 그 중 중요한 물리적 특성은 표 2.2와 같다.

표 2.2 금속의 주요 물리적 특성

물리적 특성	용접에 미치는 영향
열팽창	용접부 변형
열전도	용접부 변형, 저항용접에서 요구 전류세기
이온화 에너지	아크 기동성 및 아크 안정성
열 에너지 함수	아크의 에너지 효율
전기 저항	전극의 전기저항열
산화 포텐샬	금속의 용접성

Chapter 3

용융용접 (Fusion Welding)

3.1 아크용접 전원(Arc Welding Power Sources)

3.1.1 아크용접 전원의 특성

1) 아크용접 전원의 요건

아크용접 전원은 아크를 생성시키고 유지시키는데 필요한 전원을 제공하는 장치로 높은 전류와 상대적으로 낮은 전압을 출력하는 전기기기이다. 아크용접 전원은 적용 용접법에 따라 적절한 전류-전압 특성을 가져야 하며 일반적으로 다음과 같은 조건을 갖추어야 한다.

- 아크 기동에 충분한 무부하 전압
- 안정된 아크를 유지할 수 있을 것
- 아크의 재점화 특성이 좋을 것

아크용접 전원의 무부하 전압은 아크의 기동이 용이하도록 높은 전압값이 요구되지만 전기적 위험을 줄이기 위해서 전압 크기의 제한이 요구된다. 표 3.1은 적절한 용접전원의 무부하 전압을 보여주고 있다.
여기에서 직류와 교류전압의 무부하 전압값이 차이가 있는 것은 교류전압의 최고값이 직류값의 $\sqrt{2}$ 배가 되고 또, 저주파 교류전류가 직류전류보다 신체에 더 위험하기 때문이다.

표 3.1 용접기의 무부하 전압

적용조건	전압종류	무부하전압(V)	
		최고값	유효값
수동 및 반자동 용접	직류전원	113	-
	교류전원	113	80
자동용접	직류전원	141	-
	교류전원	141	100

2) 용접기 출력특성

용접기 출력단자에서 출력되는 전류와 전압관계를 나타내는 출력특성은 정전류 특성과 정전압 특성으로 나누어진다.

(1) **정전류 특성**(Drooping Characteristic)

정전류 특성은 수하특성이라고도 하며 그림 3.1에서 보는 바와 같이 출력전압 변화에 비하여 출력전류의 변화가 크지 않은 곡선 형태의 출력특성이다. 즉, 아크길이가 L_1으로부터 L_2로 짧아지게 되면 작업점은 A_1으로부터 A_2로 움직이게 된다. 작업점이 A_2로 옮겨가면 전류는 ΔI 만큼 증가하며 전압 감소분 ΔV에 비해 그 크기는 작다. 여기서 ΔV는 아크 길이의 차이에 기인하며, ΔV의 값이 크도 ΔI의 값이 작다는 것은 그 순간의 용접봉 용융 속도는 크게 변하지 않는다는 것을 의미한다.

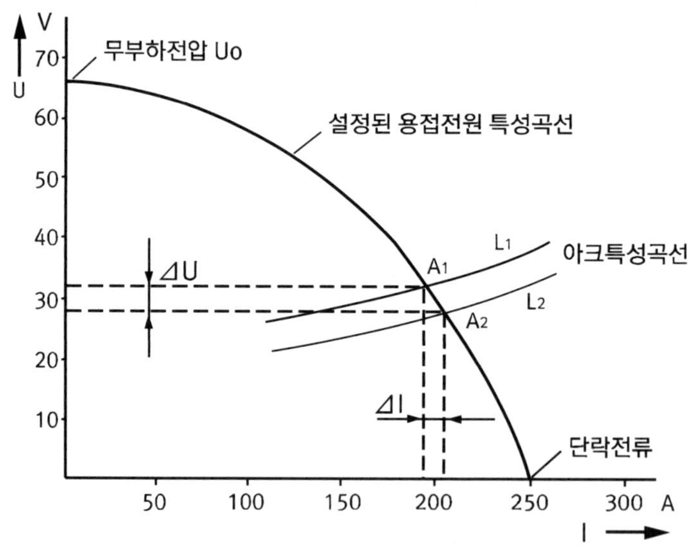

그림 3.1 정전류 특성곡선

즉, 용입 깊이나 비드의 폭의 변화가 크지 않다는 것을 뜻한다. 따라서 정전류 특성곡선을 갖는 용접전원은 SMAW, GTAW 및 PAW처럼 수동으로 토치를 조작하는 경우 아크 길이가 변하여도 비드의 크기가 일정하게 유지될 수 있는 용접법에 적용된다.

(2) 정전압 특성(Constant Voltage Characteristic)

정전압 특성은 그림 3.2에서 보는 바와 같이 출력전류 변화에 비하여 출력전압의 변화가 매우 작은 곡선을 나타내는 출력특성이며, 통상 100A의 전류 증가시 1~5V의 전압강하가 일어난다. 정전압 특성의 용접기는 소모전극식 자동 및 반자동 용접인 GMAW, FCAW에 적합하며 비교적 직경이 작은 SAW에도 적용된다. 이 경우에는 아크 길이가 스스로 일정하게 유지되는 아크길이 자동제어특성(self-adjusting arc length) 또는 내부제어(internal control)특성이 나타나 용접기의 제어기구가 단순화될 수 있다. 아크길이 자동제어특성은 그림 3.2에서와 같이 아크 길이가 L_1에서 어떤 원인에 의하여 L_2로 짧아지게 되면 작업점은 A_1으로부터 A_2로 움직이게 된다. 이 때 전류 증가량 ΔI는 매우 크게 되어 와이어의 용융속도가 증가한다.

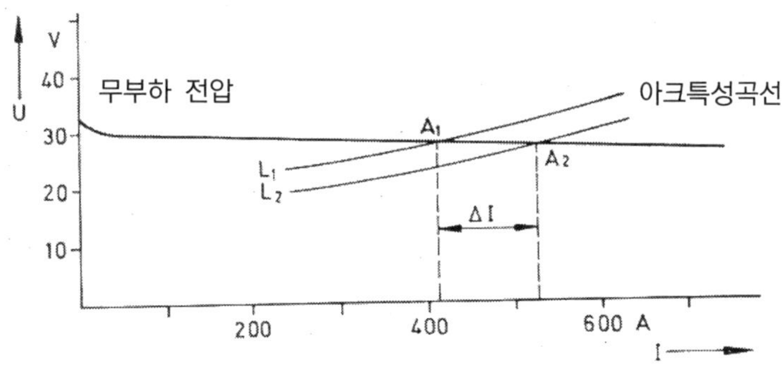

그림 3.2 정전압 특성곡선

즉, 와이어 송급속도는 일정한 상태에서 용융속도만 증가하므로 아크 길이는 다시 길어져 원래의 작업점 A_1으로 복귀하게 된다. 아크길이가 길어지는 경우는 반대로 전류가 크게 감소하고 와이어의 용융속도도 감소하여 아크길이는 짧아진다. 이러한 원리에 의해 정전압 특성 용접기에서는 아크 길이가 스스로 일정하게 유지된다.

3) 역률(Duty Cycle)

역률은 사용률이라고도 하며 용접전원이 허용범위를 벗어나는 과도한 발열로 인해 용접기가 손상을 입는 것을 방지하기 위해 용접기의 사용시간을 제한하는 계수로 통상 5분을 기준으로 한 전체 사용시간에서 실제 아크를 일으키는 용접시간의 비로 나타낸다. 즉,

$$\text{역률}(ED) = \frac{\text{용접시간}(on-time)}{\text{전체시간}(cycle\,time)} \cdot 100\ [\%]$$ 로 나타낸다.

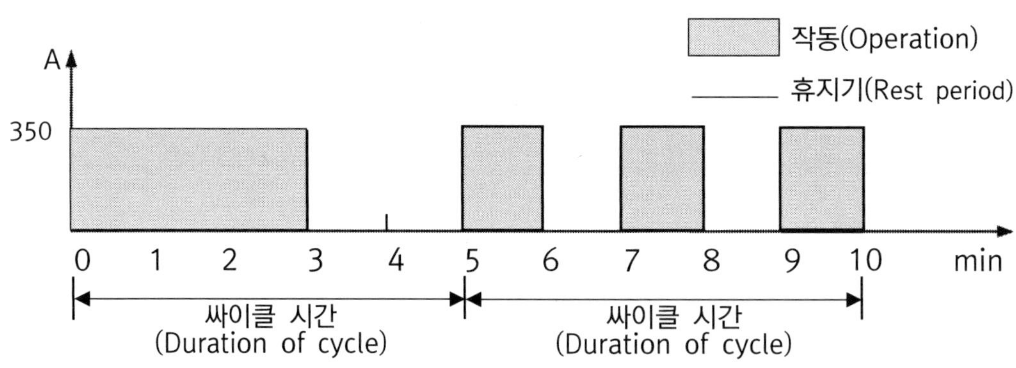

그림 3.3 60% 역률

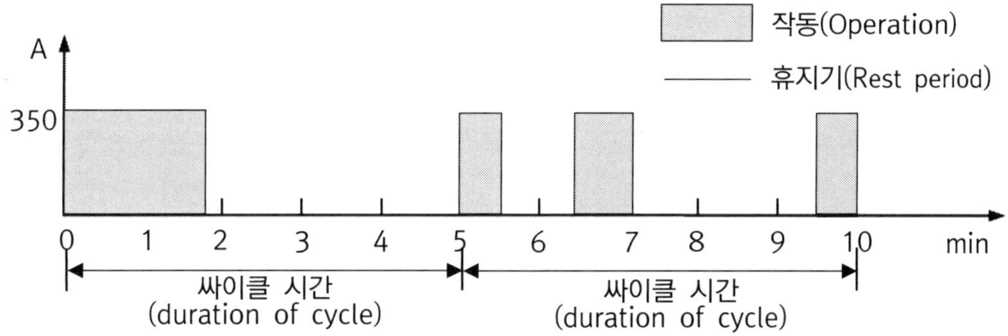

그림 3.4 35% 역률

또한 역률 T_D에서 적용 가능한 최대정격전류가 I_D일 때 임의의 역률 T 에서 적용할 수 있는 최대전류값 I 는 식(3.1)로부터 구할 수 있다.

$$I = I_D \cdot \sqrt{\frac{T_D}{T}} \tag{3.1}$$

예 3-1

역률 60%에서 최대정격전류 250 A 인 용접기를 역률 100%로 사용하고자 할 때 적용 가능한 최대전류는?.

$$I = 250 \cdot \sqrt{\frac{60}{100}} = 194\ [A]$$

3.1.2 교류 아크용접기

변압기는 교류 전기회로에서 전자기유도현상을 이용하여 전압을 증가 또는 감소시키는 장치로서 입력전원(220 V, 380 V)을 아크를 기동시키고 유지할 수 있는 전압으로 변화시키기 위해 사용한다. 변압기는 그림 3.5와 같은 구조로 되어 있으며 1차 코일에 흐르는 전류의 변화에 따라 자기력선이 증가 또는 감소하게 되면 2차 코일에 전류가 유도되며 이 때 2차 측의 전압은 식 3.2와 같이 1차 코일과 2차 코일의 권선수의 비에 따라 정해진다.

$$\frac{V_1}{V_2} = \frac{N_1}{N_2} \approx \frac{I_2}{I_1} \tag{3.2}$$

교류 아크용접기는 가변누설자속 변압기를 사용하는 용접기로써 변압기의 누설자속의 크기를 여러 가지 방법으로 변화시켜 출력을 조정한다. 누설자속은 1차 코일에서 발생된 자속의 일부가 2차 코일과 만나지 않는 자속이다.

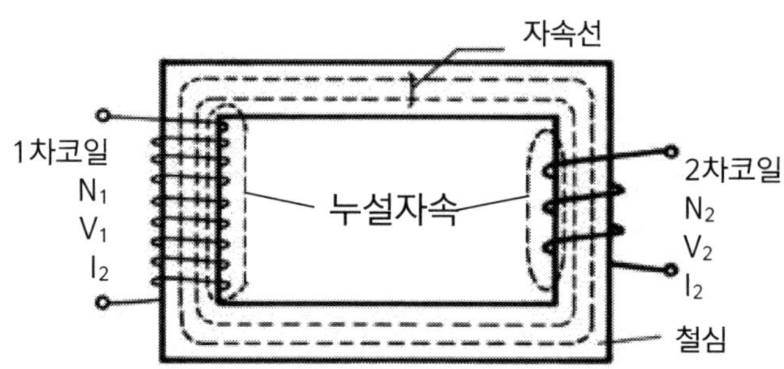

N_1 =1차 코일 권선수 N_2 =2차 코일 권선수

V_1 =1차측 전압(입력전압) V_2 =2차측 전압(출력전압)

I_1 =1차측 전류 I_2 =2차측 전류

그림 3.5 변압기

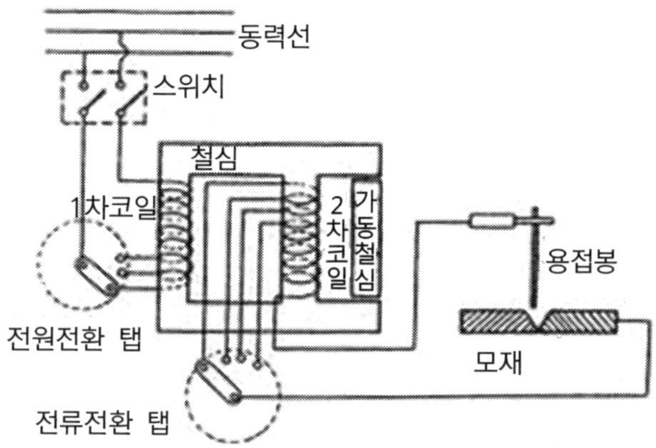

(a) 원 리

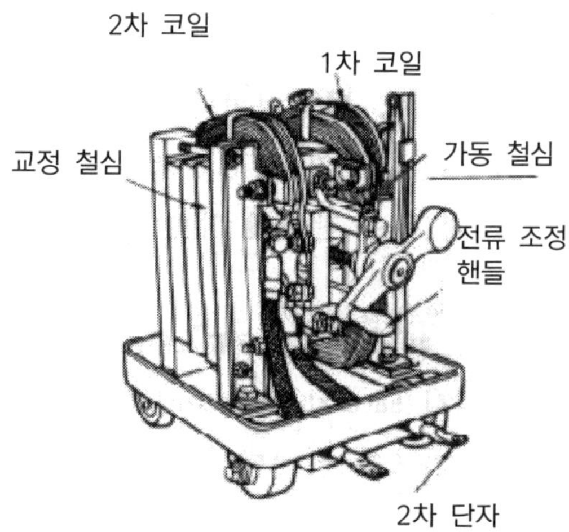

(b) 구 조

그림 3.6 가동철심형 용접기

용접 변압기에서는 아크의 발생으로 2차 코일에 전류가 흐르면 누설자속이 커져 2차 측의 전압이 강하되어 적절한 아크 전압이 된다. 교류 아크용접기는 변압기의 누설자속을 조정하는 방식에 따라 가동철심형, 가동코일형, 탭절환형 및 가포화리액터형으로 구분한다.

가동철심형(movable core type)은 그림 3.6과 같이 변압기 내에 가동철심을 설치하여 이것을 상하 또는 전후로 움직여 누설자속을 변화시킴으로써 출력을 조정한다. 가동코일형(movable coil type)은 그림 3.7에서와 같이 2차 코일을 고정하고 1차 코일을 이동하여 1차와 2차 코일의 간격을 변화시켜 누설자속을 변화시키는 방식이다. 탭절환형은 그림 3.8에서 볼 수 있는 바와 같이 2차 코일에 탭을 만들어 탭의 절환위치에 따라 2차 코일의 감은 수가 변경되도록 하여 출력을 조정한다. 그림 3.9의 가포화리액터형은 변압기와 가포화리액터를 조합한 형으로 제어용 코일에 흘리는 직류전류를 가감하여 용접전류를 조정하는 방식으로 원격 제어가 용이한 장점이 있다.

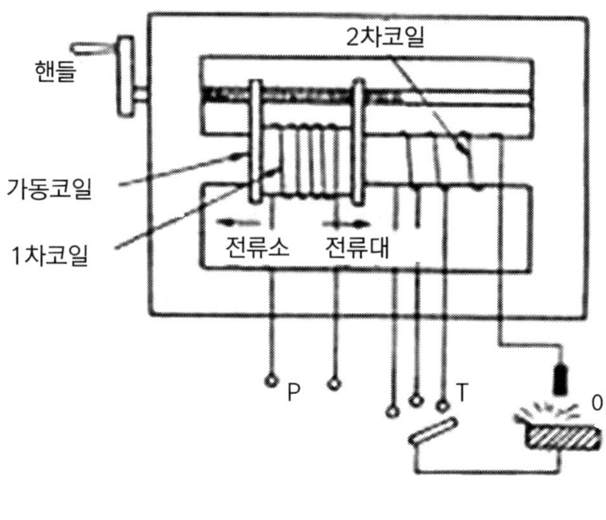

그림 3.7 가동코일형 용접기

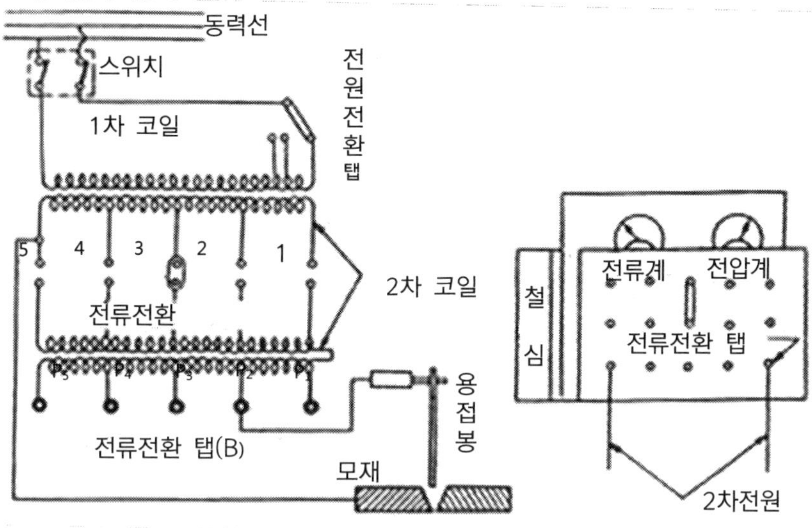

그림 3.8 탭전환형 용접기

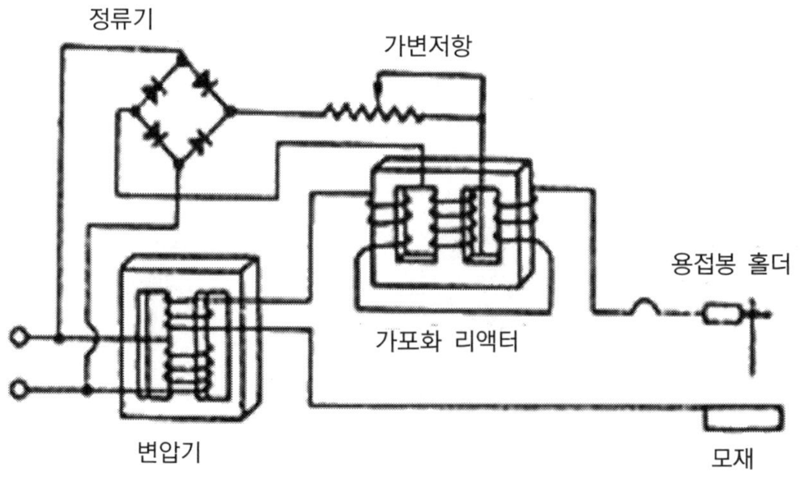

그림 3.9 가포화리액터형 용접기

3.1.3 직류 아크용접기

직류 아크용접기는 정류기형과 발전기형이 있으며 이 중 정류기형이 널리 보급되어 있다. 정류기형 직류 아크용접기는 교류 입력전압을 용접에 알맞은 전압으로 변환하는 변압기, 용접전류를 조정하는 교류 측의 리액터, 교류를 직류로 변환하는 정류기, 그리고 직류인 출력 측의 리액터 등으로 구성된다. 출력 측 리액터는 출력전류 파형을 평활화하고 전류의 동적 특성을 향상시키는 역할을 한다. 직류 아크용접기는 전류의 제어 방식에 따라 가포화리액터 용접기, 사이리스터 용접기 및 인버터 용접기 등으로 구분할 수 있다.

가포화리액터형 아크용접기는 변압기와 정류기 사이에 가포화리액터가 있고 정류기와 부하(아크)사이에는 큰 값의 직류 리액터가 있는 구조로 되어 있다. 사이리스터 용접기는 사이리스터를 이용하여 용접기출력을 제어하는 용접기이다. 사이리스터(thyristor)는 SCR(Silicon Controlled Rectifier)로 부르기도 하며 정류기의 일종으로 그림 3.10과 같이 양극과 음극 및 통전 제어용 게이트로 구성되어 있다.

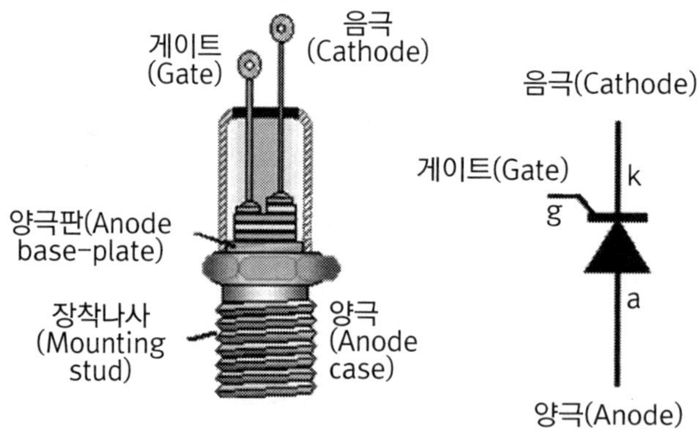

그림 3.10 사이리스터

사이리스터의 게이트의 신호가 양이 되면 전류가 흐르는데 그림 3.11에서와 같이 신호가 양의 값이 될 때의 위상각(phase angle)에 따라 출력전류의 크기가 달라져 이를 통해 출력전류가 조정된다. 사이리스터 용접기는 GMAW, GTAW 및 SMAW 등에 널리 쓰인다. 인버터식 용접기는 직류를 교류로 변환하는 장치인 인버터(inverter)를 사용하는 용접기로 입력전원을 정류시키고 평활화 한 후 인버터로 고주파 교류로 변환시키고 다시 용접에 알맞는 전압으로 변압한 후 정류하여 출력하도록 되어 있다.

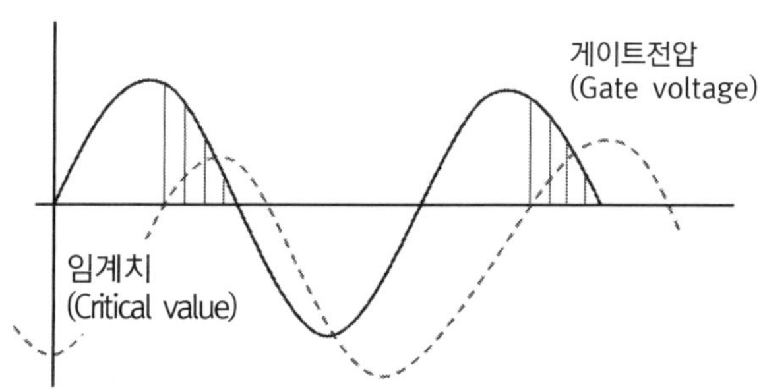

(a) 저출력 SCR 설정
(Lower power-SCR's conducting late in each half cycle)

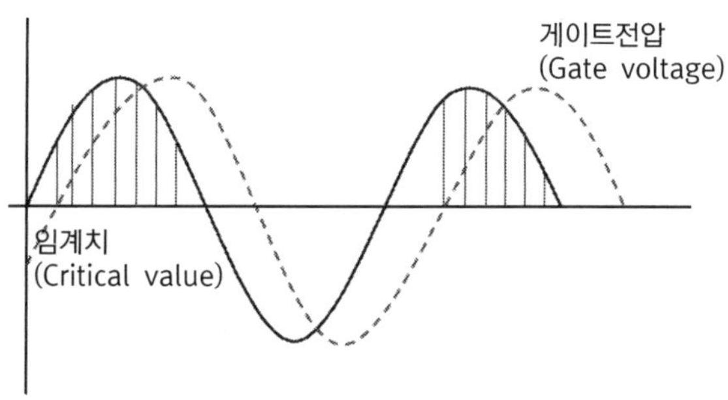

(b) 고출력 SCR 설정
(High power-SCR's conducting early in each half cycle)

그림 3.11 사이리스터의 위상각 제어에 의한 출력 조정

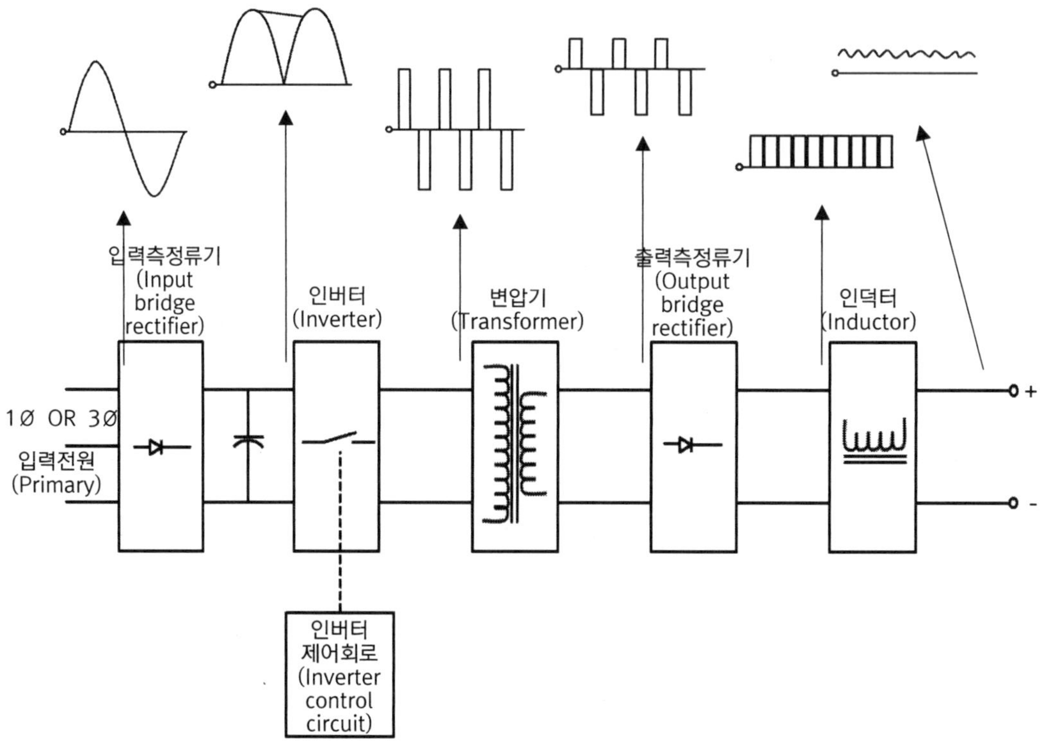

그림 3.12 인버터 용접기의 출력신호 및 전기회로 다이아그램

발전기형 직류 아크용접기는 옥외작업이나 전원을 얻을 수 없는 곳에서 직류발전기를 구동하여 용접전원을 얻는 용접기다. 직류발전기는 그림 3.13과 같이 교류전동기를 통해 구동되거나 가솔린 또는 디젤엔진을 통해 구동된다.

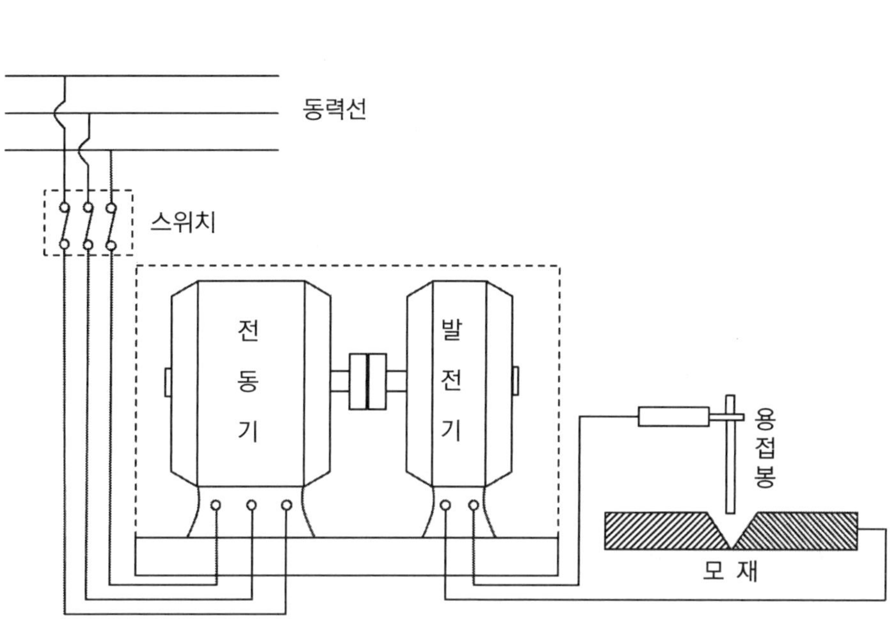

그림 3.13 발전기형 직류아크용접기

3.2 피복 금속 아크용접 (SMAW: Shielded Metal Arc Welding)

3.2.1 원리

피복 금속 아크용접(이하 SMAW)은 심선이 피복제로 둘러싸인 형태의 전극과 모재 사이에서 아크가 발생하여 피복제와 심선, 모재를 용융시키는 용접이다. 피복제는 아크와 용융지를 보호하는 보호가스를 발생시키고 슬래그를 형성한다.

피복 전극은 피복 용접봉이라고도 하며 심선의 직경이 통상 1.6~6.3 mm이며 전극의 길이는 250~450 mm 정도이다. 용접전원은 직류 또는 교류전원을 사용하며 거의 모든 용접분야에 걸쳐 폭 넓게 활용되는 용접법이다.

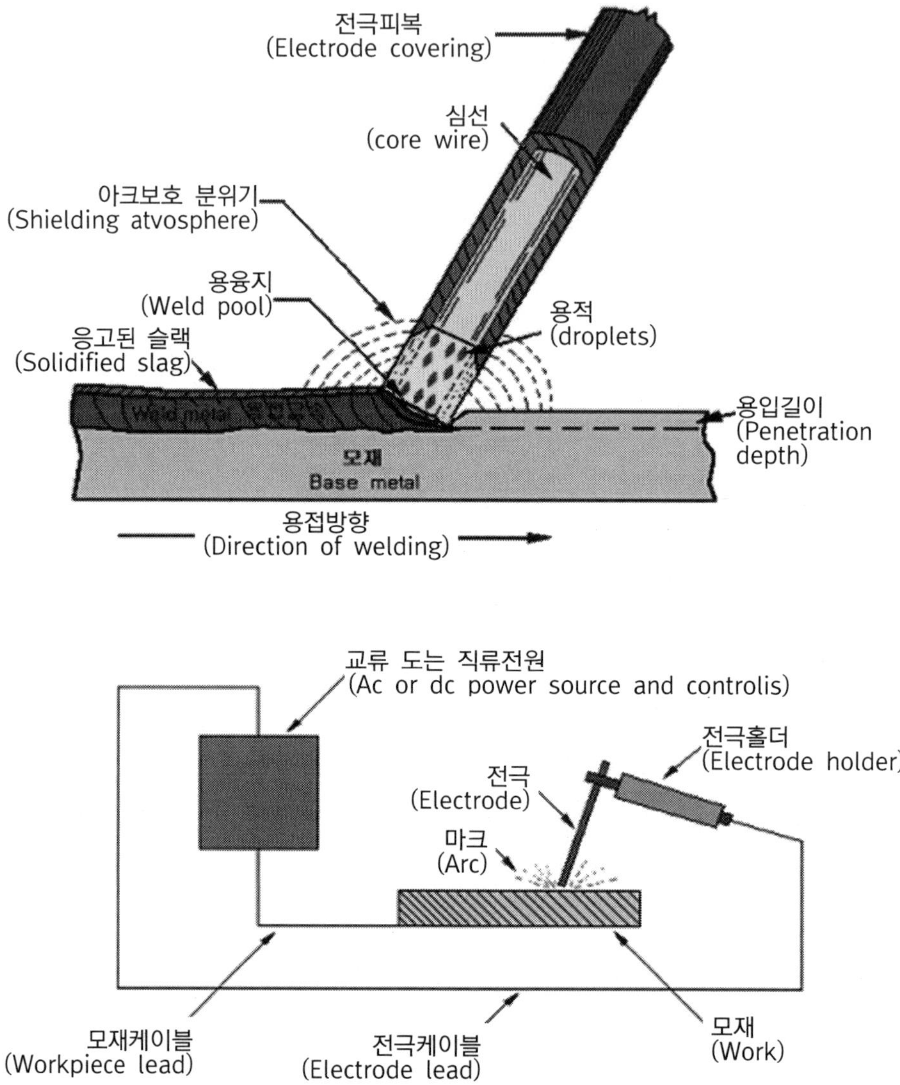

그림 3.13 SMAW의 원리와 전기 회로도

3.2.2 용접장비

용접장비로는 무부하전압이 50~100 V인 직류 또는 교류 용접전원과 전극홀더, 용접케이블, 모재 접지클램프, 케이블연결자, 헬멧과 가죽장갑 등의 보호 장구가 있다.

(a) 전극홀더(Electrode holder)

(b) 용접케이블(Welding cable)

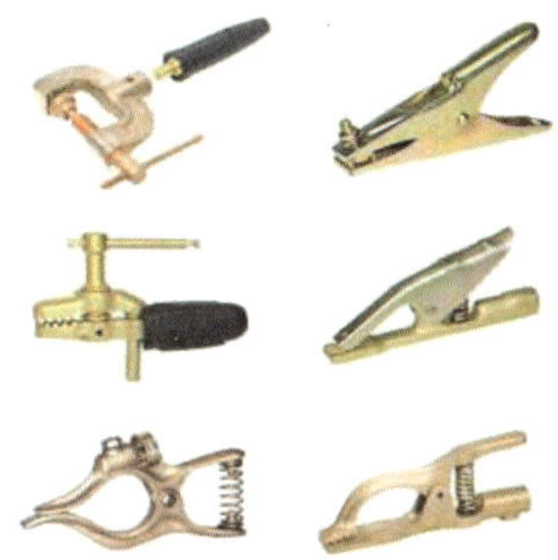

(c) 접지 클램프(Ground clamps)

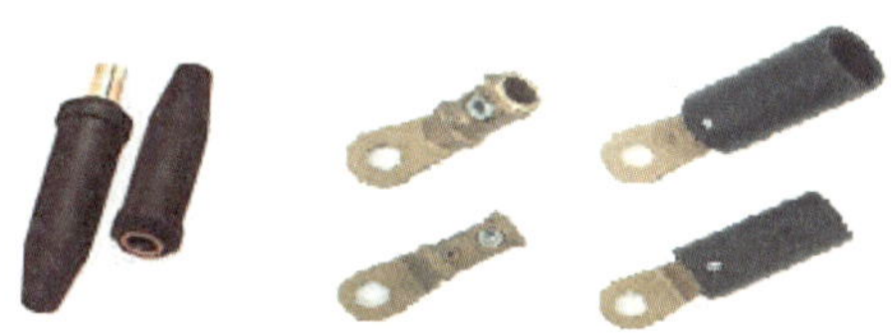

(d) 케이블 연결자(Cable connectors)

(e) 헬멧(Helmets)

그림 3.14 SMAW 용접장비

3.2.3 피복 용접봉

1) 피복 용접봉의 구조 및 제조

피복 전극은 심선에 피복제가 코팅되어 있는 형태를 취하고 있다. 피복 전극은 그림 3.16과 같이 심선을 플럭스가 채워져 있는 사출 성형기를 통과하게 하여 플럭스를 코팅시켜 제조한다.

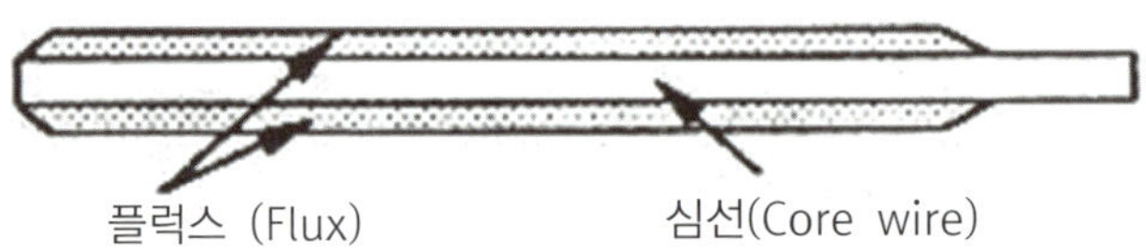

그림 3.15 피복 용접봉의 구조

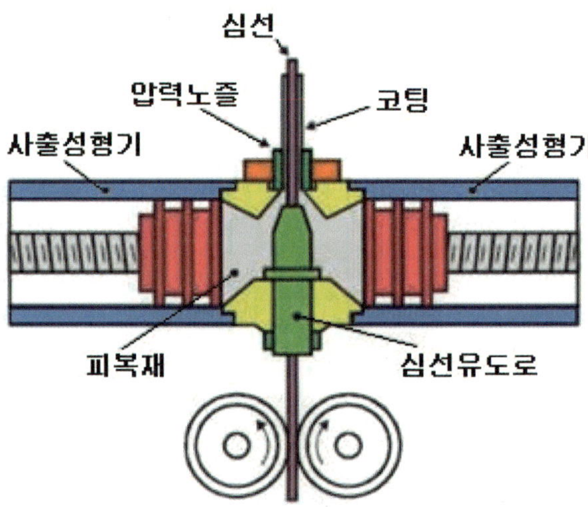

그림 3.16 피복 용접봉의 제조

2) 피복제의 기능

피복제는 용접 시 다음과 같은 여러 가지 유익한 기능을 갖는다.

(1) 아크 전도성 향상

- 점화 성능 향상
- 아크 안정성 향상

(2) 슬래그의 형성

- 용적 크기 제어
- 공기로부터 용융지 및 용적을 보호함
- 미려한 비드표면의 형성
- 용착금속의 급냉 방지

(3) 보호가스 발생

- 유기물과 탄산염(예. $CaCO_3$)에서 발생

(4) 합금 및 탈산 작용

- 용접금속의 성분 제어
- 용접금속의 기계적 성질 향상

3) 피복제의 종류와 특성

피복제는 크게 5가지로 구분되며 각 피복제의 특성은 다음과 같다. 그림 3.17은 피복제에 따른 용적의 크기와 용접금속이행의 모양을 보여주고 있다.

(1) 산성 피복제(Acid Covering)

- 주성분: Fe_3O_4 50%, SiO_2 20%, FeMn 20%, $CaCO_3$ 10%
- 산소함유량이 많은 산화물(루틸, 석영)로 인해 점도가 낮음
- 비드표면이 미려하며 필릿용접 시 오목비드 형성
- 슬래그가 잘 떨어짐
- 크랙발생 가능성이 높아 용접부 강도가 떨어짐

(2) 셀룰로즈 피복제(Cellulose Covering)

- 주성분: 셀룰로즈 40%, SiO_2 25%, SiO_2 20%, FeMn 15%
- 셀룰로즈 함유량이 많아 보호가스와 퓸이 많이 발생함
- 슬래그가 얇아 응고속도가 빠르며 비드표면이 매끄럽지 못함
- 강렬한 아크 발생으로 용입이 깊음
- 수직하향 및 위보기 자세용접에 적합하며 파이프용접에 유리
- 수소함유량이 많아 고강도강용으로는 적합하지 않음

(3) 루틸 피복제(Rutile Covering)

- 주성분: TiO_2 45%, SiO_2 20%, $CaCO_3$ 10%, Fe_3O_4 10%, FeMn 15%
- 루틸은 슬래그 형성과 아크 안정성에 기여
- 스패터가 적고 아크가 잘 발생하여 가접(=tack welding)에 적합
- 연강 및 고장력강 용접에 적당하나 수소함유량이 많은 편이어서 극후판이나 초고장력강에는 사용이 제한됨

(4) 염기성 피복제(Basic Covering)

- 주성분: CaF_2 45%, $CaCO_3$ 40%, SiO_2 10%, FeMn 5%
- CaF_2는 슬래그를 희석시키고 $CaCO_3$는 보호가스와 슬래그를 형성함
- 수소 함유량이 적어 기계적 성질이 우수함, 특히 인성이 좋음
- 슬래그가 잘 떨어지지 않음
- 산소함유량이 적어 표면장력이 높고 볼록비드가 형성됨

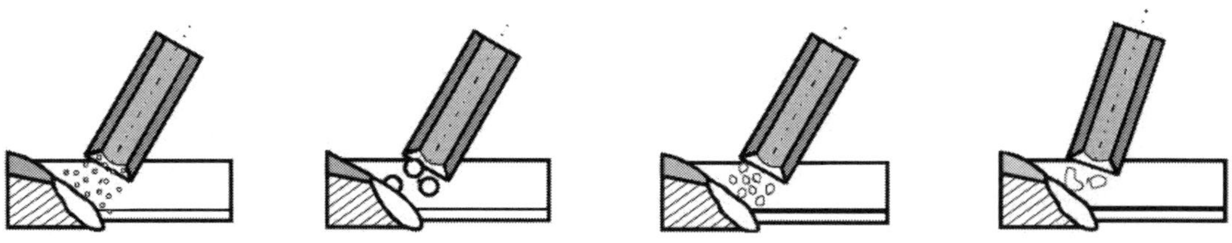

(a) 산성 피복　(b) 셀룰로즈 피복　(c) 루틸 피복　(d) 염기성 피복

그림 3.17 피복제에 따른 용접금속이행 모양

4) 피복 용접봉의 규격

피복 용접봉은 모재에 따라 적절한 용접봉이 사용되어야 하며 이에 대한 기준으로 나라마다 피복 용접봉에 대한 규격을 제정하여 사용하고 있다. 경우에 따라서는 선급이나 기타 다른 기준으로 규격을 정하기도 한다.
여기서는 국내에서 가장 널리 사용되는 AWS와 KS 규격에 대해 소개한다. KS규격(KS D7004 및 KS D7006)은 JIS 규격을 우리나라 실정에 맞도록 수정하여 사용하고 있기 때문에 JIS와 거의 동일하나 용접봉 규격 머리글자는 JIS는 D로 KS는 E로 표기한다. 아래 분류기호에서 00에서 0의 의미는 숫자가 들어감을 의미하며 0의 개수는 숫자의 개수를 나타낸다.

(1) 탄소강

■ AWS A5.1

E 00 0 8

- 8 → 피복제 종류, 극성
- 0 → 적용 용접자세(1: 전자세, 2:수평필릿, 아래보기)
- 00 → 용착금속의 최소인장강도 [ksi] (=50kg/mm^2)
- E → 피복 용접봉(covered electrode)

예) E60XX: E6010, E6011, E6012, E6013, E6020, E6027
E70XX: E7014, E7015, E7016, E7018, E7024, E7028
E80XX, E90XX, E100XX, E110XX, E120XX, …

■ KS D 70XX

E 00 00

- 00 → 피복제 종류 및 용접자세 (01, 03, …, 26, …)
- 00 → 용착금속의 최소인장강도 [kg/mm^2]
- E → 피복 용접봉

예) E43XX: E4301, E4303, E4324, E4326, …
E5XXX: E5001, E5016, E5316
E6XXX, E7XXX, E8XXX …

(2) 합금강

합금강 및 기타 합금에 대한 용접봉은 모재와 동일하거나 유사한 조성을 가지며 모재의 종류명 앞에 E를 표기하여 그 모재에 대해 사용할 수 있는 용접봉임을 나타낸다. AWS는 항상 E로 표기하나 KS는 스테인리스강에는 E, 그 외의 합금강 및 합금에서는 D로 표기한다.

■ 스테인리스강 (CrNi 강)
AWS, KS: E307, E308, E309L, E310, E316, …

■ 기타 합금강
AWS: ENiCu-7, EFeMn-A, ECoCr-B, …
KS: DNiCu-1, DCuAl, DCoCrB, …

5) 피복 용접봉의 사용전류 지침

피복 용접봉 사용 시 전류의 크기는 용접봉의 직경, 이음부 종류, 용접자세 등에 따라 달라지지만 사용전류 범위를 통상 직경 1 mm 당 30~50 A의 전류값으로 추정할 수 있다. 예를 들어 4 mm 직경의 용접봉의 경우 사용전류의 범위는 120 A~200 A가 된다.

3.2.4 SMAW의 개량형

1) 중력식 용접(Gravity Welding)

SMAW를 간단한 기구로 자동화하여 능률을 높인 용접법이다. 원리는 피복 용접봉이 용융되어 소모될 때 용접장치의 용접봉 지지부가 지지대를 따라 중력에 의해 하강하고 용접봉은 모재와 일정한 각도를 유지하면서 용접선을 따라 이동하며 용착되는 용접법을 말한다.

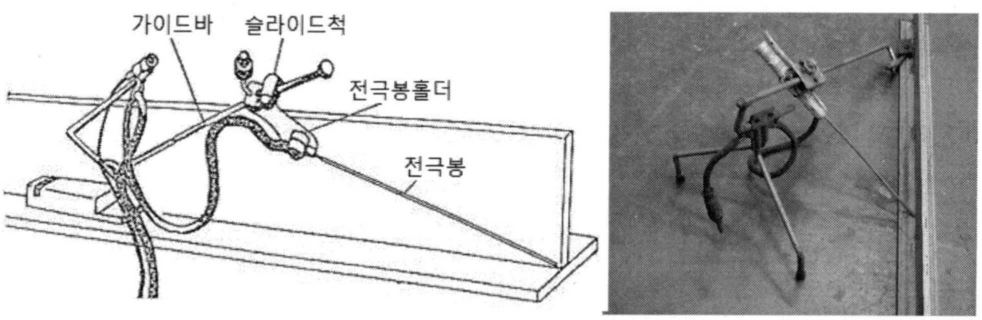

그림 3.18 중력식 용접

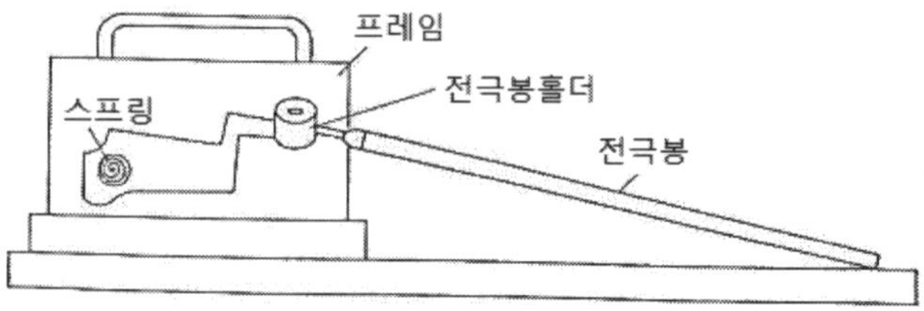

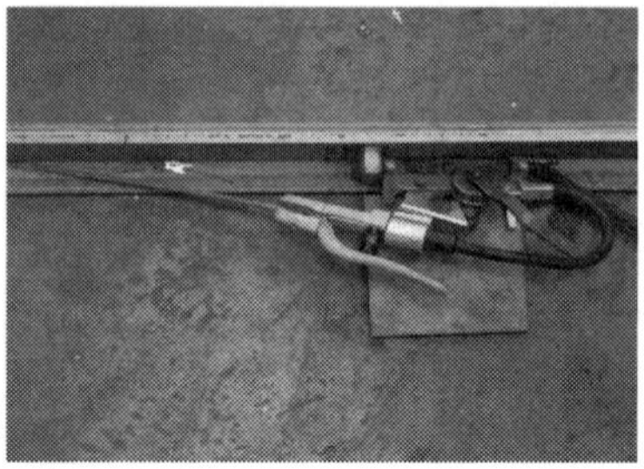

그림 3.19 스프링 인장식 용접

2) 스프링 인장식 용접

스프링 인장식 용접은 오토콘(autocon) 용접이라고도 하며 그림 3.19에서 볼 수 있는 바와 같이 자석 및 스프링으로 구성된 용접장치를 사용하는 용접으로 스프링이 홀더에 압력을 가하여 용접봉이 항상 모재에 밀착되게 함으로써 용접봉이 최소 길이로 소모될 때까지 자동으로 용접이 이루어지게 되어 있다. 상기한 2가지 SMAW의 개량형 용접에서는 통상 직경 4.5~6.0mm, 길이 600~700mm 정도인 철분계 용접봉을 사용하며 한 작업자가 2~7대의 장비를 운용할 수 있어 효율이 높다.

3.3 서브머지드 아크용접 (SAW: Submerged Arc Welding)

3.3.1 원리

서브머지드 아크용접(이하 SAW)는 그림 3.20에서 보는 바와 같이 전극 와이어가 분말형태의 플럭스에 묻힌 상태에서 와이어와 모재사이에 아크가 발생하는 용접법이다. 이 경우 용접 아크는 외부로 노출되지 않아 잠호용접이라고도 부른다. 발생된 아크열에 의해 와이어, 모재 및 플럭스가 용융되어 용접 비드를 형성하며 용융된 플럭스 중 비금속 성분은 슬래그를 형성한다.

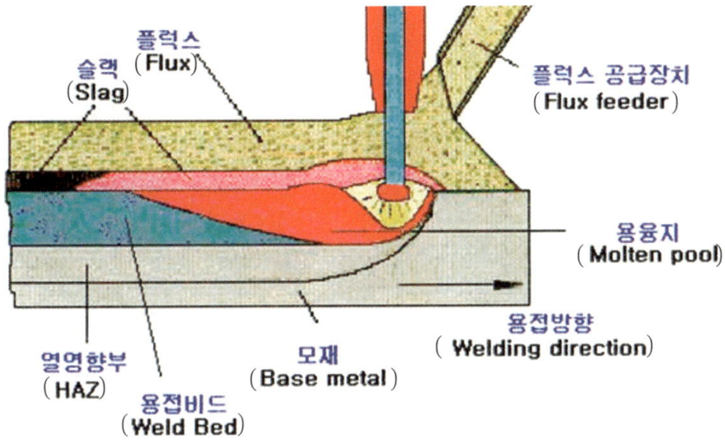

그림 3.20 SAW의 원리

SAW는 기계화된 용접으로 대전류를 사용하며 열효율이 매우 높은 용접법으로 다음과 같은 특징이 있다.

1) 기계화된 용접

- 와이어가 기계적으로 송급됨
- 토치는 대차(carriage)에 의해 이동됨

2) 고전류 및 고효율 용접

- 200~3,000 A의 전류를 사용하며 1 kg/min 이상의 고용착 용접임
- 용입이 크고 용접속도가 높음 (SMAW에 비해 3~12배의 고속용접)

3) 분말 플럭스 사용

- 아크가 노출되지 않아 작업환경이 우수함
- 아크열의 외부방출을 막아 열효율이 높음
- 스패터가 없으며 용접흄 발생이 적음
- SMAW의 피복제와 같은 유익한 기능을 가짐

3.3.2 용접장비

SAW 장비는 그림 3.21에서와 같이 용접전원, 제어장치, 와이어 송급장치, 토치, 플럭스 살포 및 회수장치와 주행장치로 구성되어 있다.

SAW 전원은 교류나 역극성 직류전원을 사용하며 정전류형 또는 정전압형으로 되어있다. 정전류형 전원인 경우는 아크길이를 제어하기 위해 외부제어(external control)을 사용하며 정전압형인 경우는 내부제어(internal control)을 사용한다. 외부제어는 ΔV-control 이라고도 하며 그림 3.22와 같이 아크길이의 척도인 아크전압에 의해 와이어 송급속도를 조절하는 제어방식이다. 내부제어(또는 ΔI-control) 방식에서는 그림 3.23에서와 같이 정전압 전원특성에 의해 스스로 아크길이가 일정하게 조절된다.

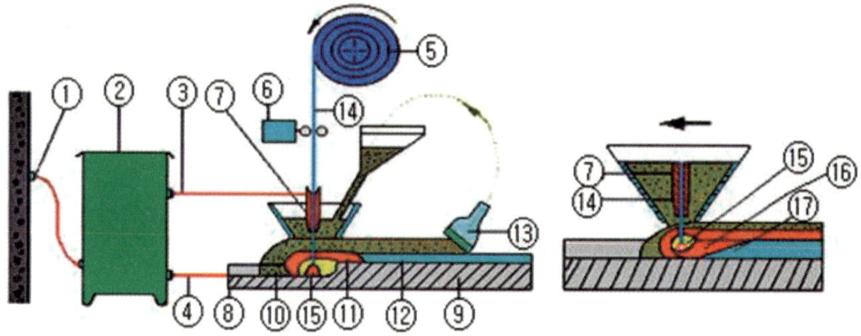

① 입력전원 (Mains connection)
② 용접전원 (Welding power source)
③ 전극케이블 (Welding current supply electrode)
④ 모재케이블 (Welding current supply workpiece)
⑤ 와이어 코일 (Wire electrode coil)
⑥ 와이어송급장치(Wire feed unit)
⑦ 전류접촉노즐 (Current contact nozzle)
⑧ 모재클램프 (Workpiece clamp)
⑨ 모재 (Workpiece)
⑩ 플럭스 채움 (Powder filling)
⑪ 액상슬랙 (Liquid slag)
⑫ 고상슬랙 (Solid slag)
⑬ 플럭스 회수 (Powder extraction)
⑭ 와이어전극 (Wire electrode)
⑮ 아크 (Arc)
⑯ 용융금속 (Liquid weld metal)
⑰ 고상용접금속(Solid weld metal)

(a) SAW 장치 구성도

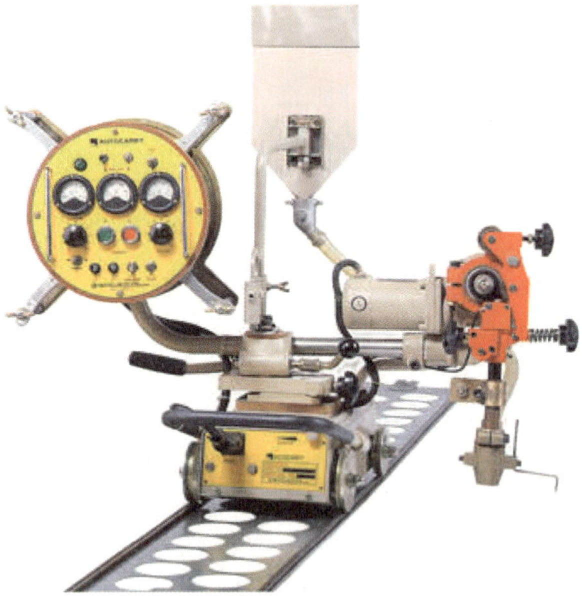

(b) SAW 장치

그림 3.21 SAW 장치

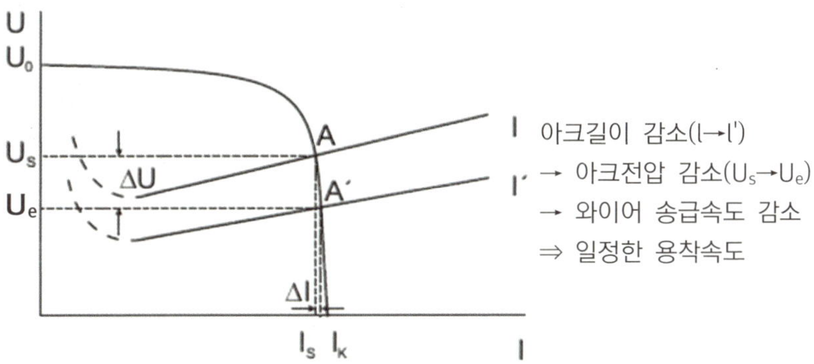

그림 3.22 외부제어(△V-control)

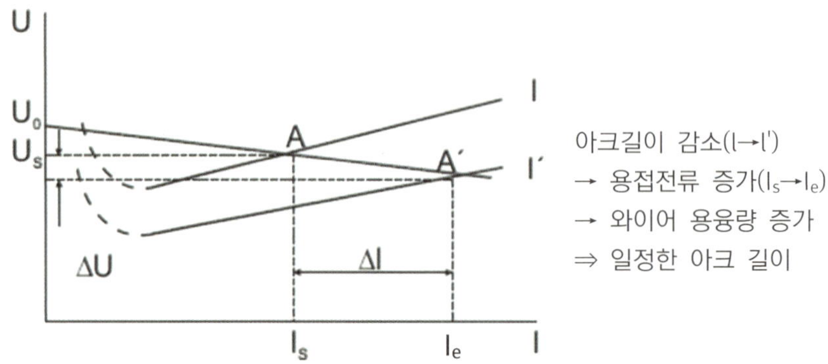

그림 3.22 외부제어(△V-control)

(a) 갠트리 타입 SAW 장치 (b) 붐 타입 강관용접용 SAW 장치

그림 3.24 사이드 빔 캐리지를 이용한 SAW 장치

와이어 송급장치는 모터에 의해 구동되는 와이어 송급 롤러를 이용하여 와이어 릴(reel)에 감겨있는 용접 와이어를 연속적으로 송급한다. 주행장치는 일반적으로 레일과 대차로 구성되며 대차는 제어장치, 플럭스 살포 및 회수장치, 와이어 송급장치, 용접 토치 등을 탑재하고 용접선을 따라 설치된 레일 위를 이동하며

그림 3.25 회전 롤러를 이용한 강관 용접용 SAW 장치

용접을 진행시킨다. 경우에 따라서는 레일 대신에 그림 3.24와 같이 갠트리나 매니퓰레이터 또는 강관 용접에 사용되는 붐(boom)을 사용하기도 한다.

또한 피용접물을 회전시켜 용접하는 경우에는 주행대차 대신에 포지셔너(positioner)나 그림 3.25와 같은 회전 롤러(turning roller) 등을 사용하기도 한다. 제어장치는 전원제어와 주행속도 제어 등을 담당한다. 플럭스는 토치 전방에 위치한 플럭스 호스를 통해 용접선을 따라 살포되고 용융되지 않고 남은 플럭스는 토치후방에 설치된 플럭스 흡입장치에 의해 회수되어 재사용된다.

3.3.3 용접재료

SAW용 용접재료는 용접 와이어와 플럭스가 있으며 이들은 강재의 종류, 두께, 이음부 형상 등에 따라 적절한 조합으로 선택되어 함께 사용된다.

1) 용접 와이어

용접 와이어는 일반적으로 솔리드 와이어가 사용되지만 필요에 따라 내부에 금속 분말이 채워진 코어드 와이어가 사용되기도 한다. 와이어 직경은 1.6~8.6 mm 범위이지만 주로 2.4~6.4 mm 직경의 와이어가 사용된다.

2) 플럭스

플럭스는 제조방법에 따라 용융형 플럭스(fused flux)와 소결형 플럭스(agglomerated 또는 bonded flux)로 구분된다. 용융형 플럭스는 원료를 혼합하여 용융시킨 후 응고시켜 분쇄한 것으로 화학 조성이 균일하고 값이 저렴한 이점이 있으나 고온에서 용융되는 제조과정 때문에 탈산제나 합금원소의 첨가에 제한을 받는 단점이 있다. 소결형 플럭스는 물유리(silicate)로 각 원료성분을 접착시킨 후 원료 성분이 분해되지 않는 온도 범위인 400~1000℃에서 소결하고 분쇄하여 제조한다. 소결형 플럭스는 용착금속의 성분조정이 용이한 장점이 있지만 흡습성이 높아 보관 및 사용 시 주의가 필요하다.

3) 용접와이어-플럭스 조합과 규격

SAW 용접부의 특성은 용접 와이어 및 플럭스의 조합에 의해 결정되므로 적절한 와이어와 플럭스의 조합의 선정이 중요하다. AWS와 KS는 다음과 같은 규격을 제정하여 와이어와 플럭스의 조합의 선정기준을 제공하고 있다.

■ AWS

F 0 A 0 − E Y00Z

- Y00Z → 와이어 종류 (L8, L12, M11K, H10K, H14, …)
- E → 전극(Electrode)
- 0 → 충격강도가 20ft-lb(27J)이상되는 시험온도
  0:0°F, 2:-20°F, 4:-40°F, 5:-50°F, 6:-60°F, 8:-80°F
- A → 열처리조건
  A: 용접한 상태 그대로 시험(As welded)
  P: 용접 후열처리 상태에서 시험(Postweld heat treated)
- 0 → 용착부의 최소인장강도 [ksi]
- F → 플럭스(Flux)

■ KS

F S − FG 0 x Y S − X0

- X0 → 와이어 화학조성(S1, M2, CM5, NCM4, …)
- S → 서브머지드 아크용접(Submerged arc welding)
- Y → 와이어 (Wire)
- 0 → 플럭스 화학조성(1,2,3, …)
- FG → 플럭스 형태(FG: 용융형 플럭스, BN: 소결형 플럭스)
- S → 서브머지드 아크용접(Submerged arc welding)
- F → 플럭스(Flux)

3.3.4 용접시공

1) 용접시공 예

SAW는 대전류 사용이 가능하므로 후판 용접에 효율적으로 적용된다. 그림 3.26 및 그림 3.27은 후판용접에 적용된 SAW 시공 예이다.

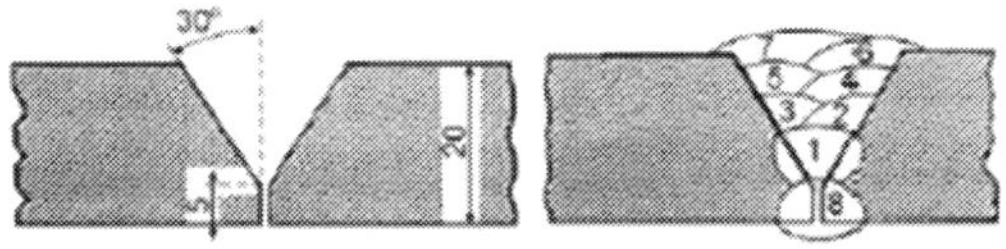

1	SA	450 A	27 V	60 cm/min
2 - 5	SA	500 A	28 V	50 cm/min
6 - 7	SA	500 A	30 V	50 cm/min
8	SA	600 A	32 V	50 cm/min

판두께 20 mm 편면용접

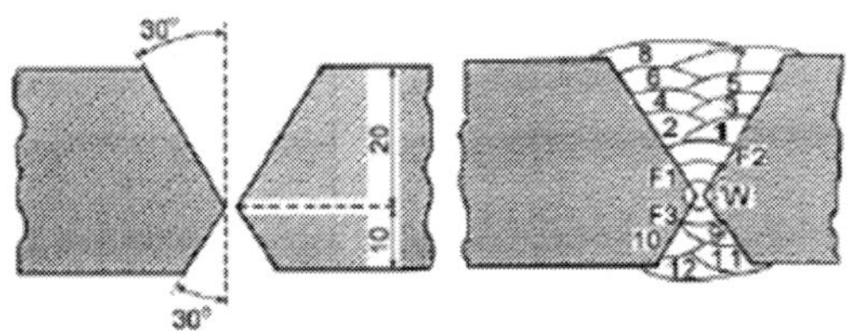

W, F1	SMAW			
F2, F3	SMAW			
1 - 6	SA	500 A	28 V	40 cm/min
7 - 9	SA	500 A	30 V	50 cm/min
9 - 10	SA	500 A	28 V	50 cm/min
11 - 12	SA	500 A	30 V	50 cm/min

판두께 30 mm 양면용접

그림 3.26 SAW 시공 예(1)

이음부 형상 적층 형상

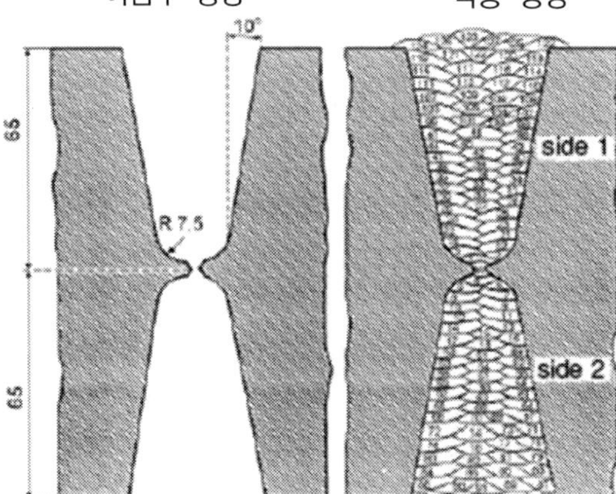

W, 1 - 3	SMAW			
	뒤집음			
4 - 6	SMAW			
7 - 12	SA	450 A	28 V	50 cm/min
13 - 18	SA	550 A	30 V	40 cm/min
	뒤집음			
19 - 24	SA	450 A	28 V	50 cm/min
25 - 48	SA	500 A	30 V	50 cm/min
	뒤집음			
49 - 91	SA	550 A	30 V	50 cm/min
92 - 97	SA	550 A	32 V	50 cm/min
	뒤집음			
98 - 122	SA	550 A	30 V	50 cm/min
123 - 128	SA	550 A	32 V	50 cm/min

그림 3.27 SAW 시공 예(2)

2) 편면용접

대형 판재의 맞대기 이음부는 양면용접(both side welding)이 용착량이 적고 변형도 최소화할 수 있는 이점이 있어 선호되지만 판재를 뒤집는 (turning over) 과정이 매우 어려워 편면용접(one side welding)이 사용되는 경우가 많다. 편면용접에서는 용락(burn through)을 방지하고 완전용입을 얻기 위해 모재 뒷면에 백킹재(backing material)를 부착한다. 백킹재를 사용하면 전극을 하나 이상 사용하여 용착속도를 증가시킬 수 있고 이면비드 형성도 용이한 장점도 있다. 편면 SAW에서 사용되는 백킹재는 표 3.2와 같이 여러 종류가 사용되고 있다.

표 3.2 SAW용 백킹

플럭스 백킹 (Refractory flux, RF)	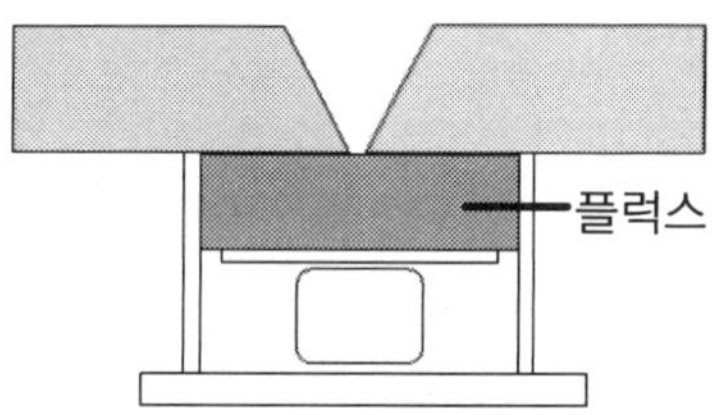	• 내열성 플럭스를 모재 뒷면에 공기 호스로 가압 밀착시킴 • 균일하고 결함이 없는 이면비드를 형성
플럭스-Cu백킹 (Flux copper backing, FCB)	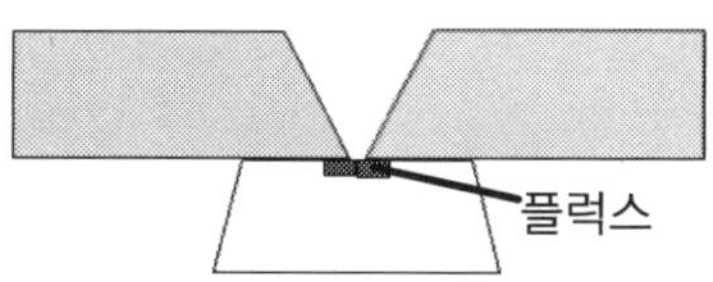	• 얇고 유연한 Cu판 위에 수mm 두께의 백킹 플럭스를 살포하고 이것을 모재 뒷면에 밀착시킴 • 그루브 정밀도의 허용공차가 큼
플럭스 석면 백킹 (Flux asbestos backing, FAB)	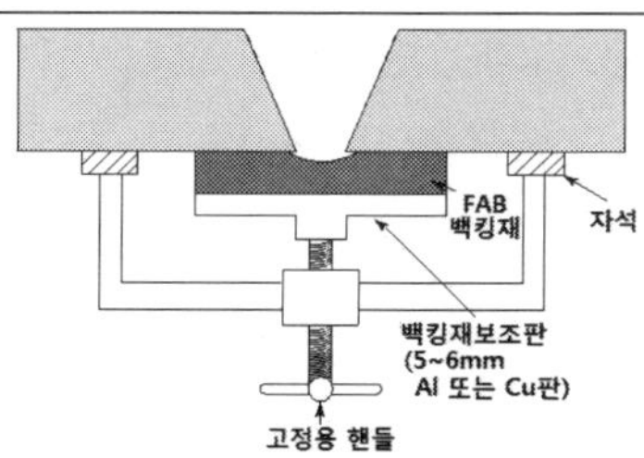	• 백킹재를 전자석이나 지그를 사용하여 모재 뒷면에 부착함 • 가볍고 취급이 용이하며 흡습이 되지 않아 대기 중 보관이 가능하고 재건조할 필요가 없음

3.3.5 고용착효율을 위한 개량 SAW

1) 멀티와이어 SAW(SAW with Multi-Wires)

SAW의 장점인 고용착속도를 더욱 높이기 위해 와이어를 2개 이상 사용하는 SAW 공정이다. 멀티와이어 SAW에는 탄뎀와이어, 트윈와이어, 콜드와이어(cold wire) 또는 핫와이어(hot wire) 추가 기법 등이 있다.

(1) 탄뎀와이어 공정(Tandem Wire Processes)

탄뎀와이어 공정은 그림 3.28의 (a)에서 볼 수 있는 바와 같이 2~4개의 와이어가 10~30 mm 간격으로 용접 진행방향으로 앞뒤로 위치하며 각 와이어마다 독립적으로 전원 및 와이어 송급장치를 갖고 있다. 앞에 위치한 와이어(leading wire)는 깊은 용입을 확보하고 뒤에 위치한 와이어(trailing wire)는 이음부를 채우는 역할을 담당한다. 2전극의 경우 각 전극의 전원은 직류-교류 또는 교류-교류 조합을 사용한다. 직류-직류 전원은 아크 상호 간의 간섭현상이 심해 잘 사용되지 않는다.

(2) 트윈와이어 공정(Twin Wire Processes)

트윈와이어는 그림 3.28의 (b)에서와 같이 2개의 와이어가 용접 진행방향과 나란히 위치하며 1개의 전원과 와이어 송급장치를 갖고 있다. 전류가 2개의 와이어에 나누어 흐르기 때문에 전류밀도가 낮아 용입이 얕고 주로 이음부를 채우는 용접에 사용된다. 전원은 통상 직류 역극성(DCRP) 전원을 사용한다.

(3) 콜드와이어 또는 핫와이어 추가 공정 (Addition of Cold Wires or Hot Wires)

콜드와이어는 그림 3.28의 (c)에서와 같이 기존의 와이어 전극과 모재사이에 발생된 아크에 외부에서 와이어를 밀어 넣어 와이어 전극과 함께 용융시켜 용착량을 증가시키는 방법이다. 핫와이어는 그림 3.28의 (d)에서 볼

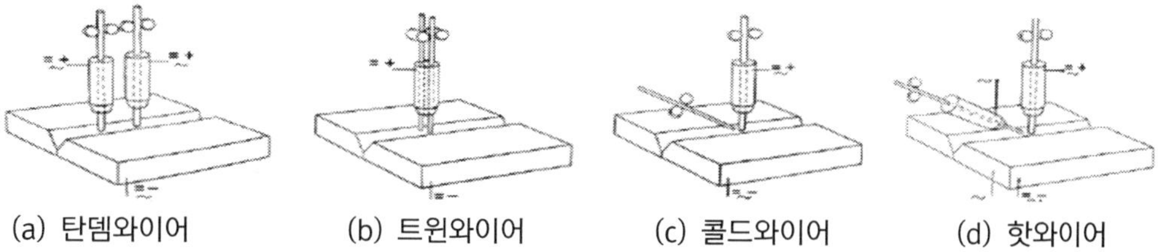

그림 3.28 멀티와이어 SAW

수 있는 바와 같이 외부에서 공급되는 와이어에 약한 전류를 흘려 와이어를 예열시킴으로써 아크 내에서의 용융을 촉진시키는 방법이다.

2) 금속분말 첨가(Addition of Metal Powder)

금속분말 첨가 방식은 그림 3.29에서와 같이 이음부에 플럭스를 도포하기 전에 금속 분말을 먼저 도포한 후 그 위에 플럭스를 도포하여 용접하는 방법

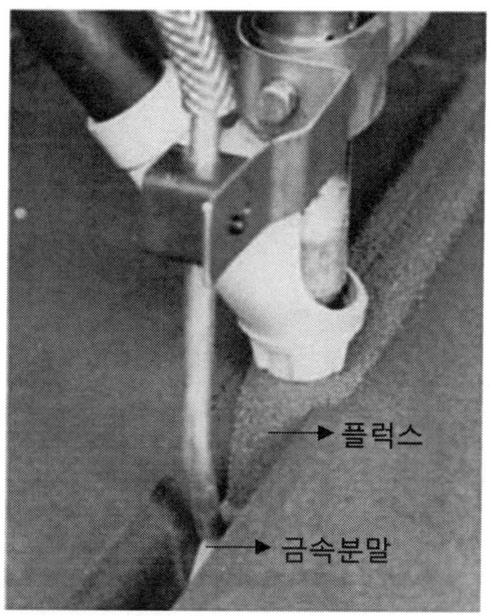

그림 3.29 금속분말 첨가 SAW

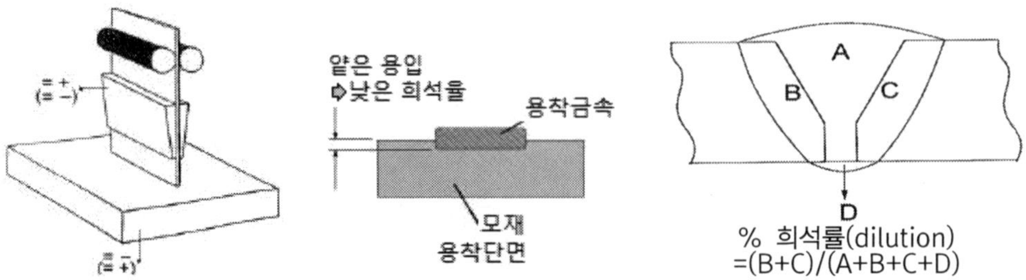

그림 3.30 밴드 전극을 사용한 SAW 및 희석율

이다. 금속분말은 용융되어 모두 용접금속으로 용착되므로 용착속도를 증가시키는 효과를 얻게 된다.

3) 밴드 전극(Band Electrode)

밴드 전극은 전극이 와이어가 아니라 밴드형태로 되어 있어 아크가 일어나는 면적이 밴드 폭만큼 되어 넓은 면적을 용접하기에 편리한 용접방식이다. 아크 면적이 넓은 만큼 아크의 에너지 밀도가 낮아 용입이 얕아 희석율이 매우 낮게 되므로 표면육성(surfacing)이나 클래딩(cladding) 재질을 만들 때 유리하다. 희석률(dilution)은 그림 3.30의 오른 쪽에 표시된 식과 같이 전체 용융량 대비 모재 용융량의 비율로서 희석률이 낮을수록 용가재 성분이 많게 된다.

3.3.6 SAW 개량공정의 용착속도 비교 및 조선공정에의 적용

그림 3.31은 SAW를 개량한 여러 용접공정의 용착속도를 비교한 것이다. 1개의 와이어를 사용할 때보다 최대 7~8배로 높은 용착속도를 얻을 수 있어 조선공정이나 중기, 대형 압력용기 및 플랜트 설비 제작에 많이 적용된다. 그림 3.32는 선체 조립공정에서 SAW가 적용되는 부분을 보여주고 있다.

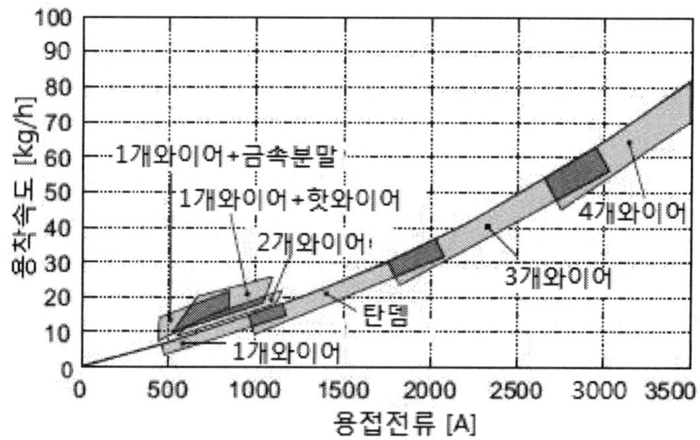

그림 3.31 개량 SAW의 용착속도 비교

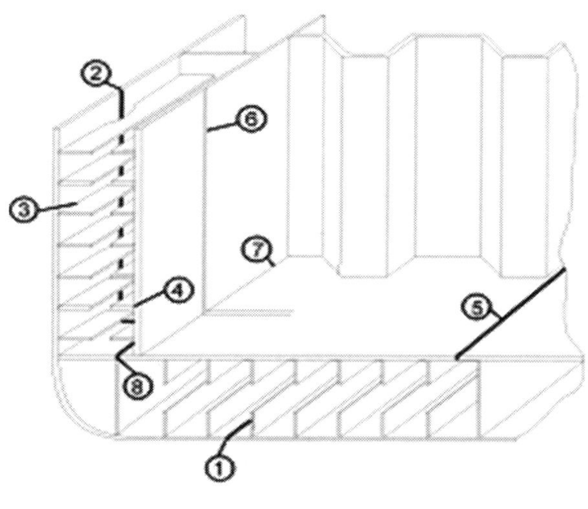

그림 3.32 선체조립공정에서 SAW 적용부분

3.4 가스 금속 아크용접 (GMAW: Gas Metal Arc Welding)

3.4.1 원리

가스 금속 아크용접(이하 GMAW)는 그림 3.33에서와 같이 가스노즐을 통해 공급되는 보호가스(shielding gas) 분위기 속에서 연속적으로 송급되는 와이어와 모재 사이에 발생하는 아크에 의해 와이어와 모재가 용융되는 용접법이다.

3.4.2 용접장비

GMAW용 용접장비는 용접전원, 와이어 송급 장치(wire feeder), 보호가스 공급장치(shielding gas supply), 용접토치로 이루어져 있으며 대전류 장치인 경우 냉각수 순환 장치도 포함된다. 이들은 그림 3.34와 같이 구성된다.

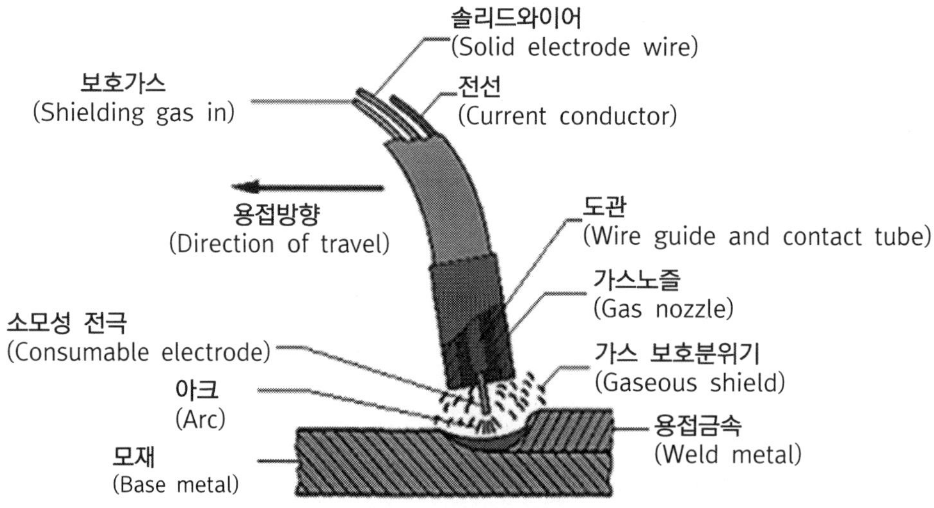

그림 3.33 GMAW의 용접원리

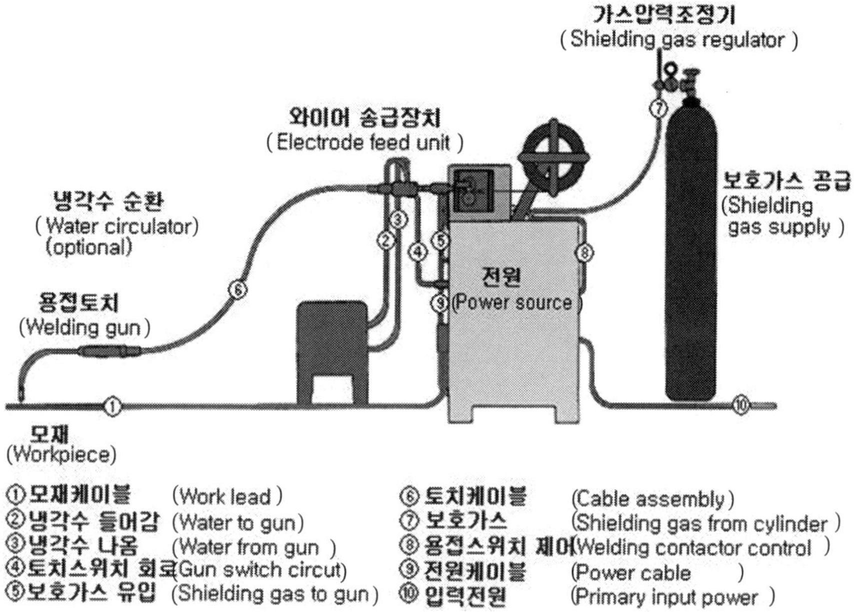

그림 3.34 GMAW 장비

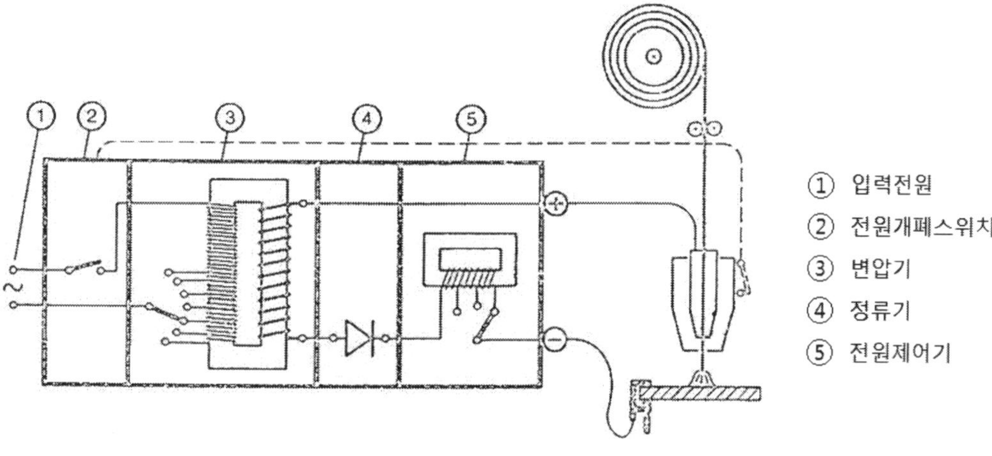

그림 3.35 GMAW 전원 구성

1) 용접전원

GMAW 전원은 직류역극성의 정전압형의 용접전원을 사용한다. 용접전원 구성품은 그림 3.35에서 볼 수 있는 바와 같이 입력전압을 용접전압으로 감소시키는 변압기, 교류를 직류로 변환하는 정류기, 출력전류의 크기 및 파형 제어를 위한 전원제어장치로 이루어져 있다.

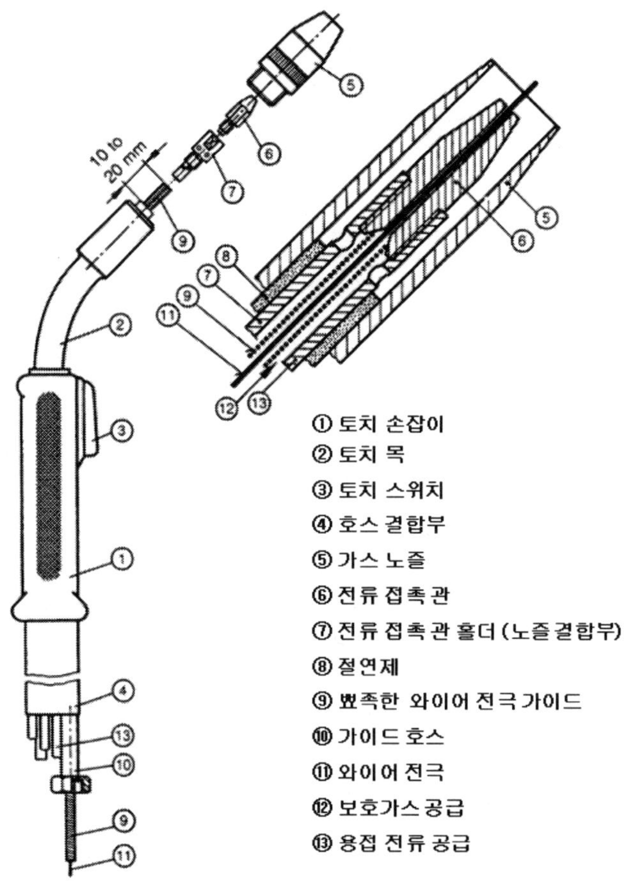

그림 3.36 GMAW용 토치

2) 용접토치

용접토치는 그림 3.36과 같이 권총형태의 공냉식 토치가 일반적으로 널리 사용되며 대전류용의 수냉식 토치도 있다. 용접 토치는 와이어가 일정하게 송급되고 보호가스가 균일하게 공급될 수 있는 구조로 되어야 하며 취급이 용이하도록 가볍고 내구성이 좋아야 한다.

3) 와이어 송급장치

와이어 송급장치는 그림 3.37과 같이 와이어 스풀(spool) 또는 릴 (reel), 송급모터 및 롤러, 와이어 가이드로 이루어져 있으며 송급모터에 연결된 송급롤러와 와이어의 마찰력에 의해 와이어가 송급된다.

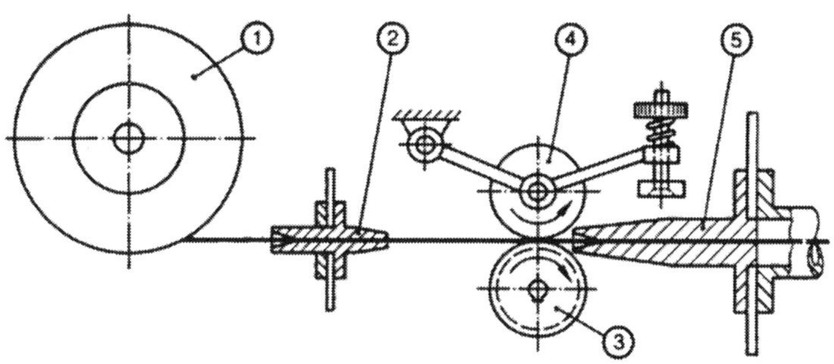

① 와이어 전극 코일 ② 와이어 가이드
③ 와이어 송급 롤러 ④ 압력 롤러
⑤ 와이어 리드 노즐

그림 3.37 와이어 송급장치

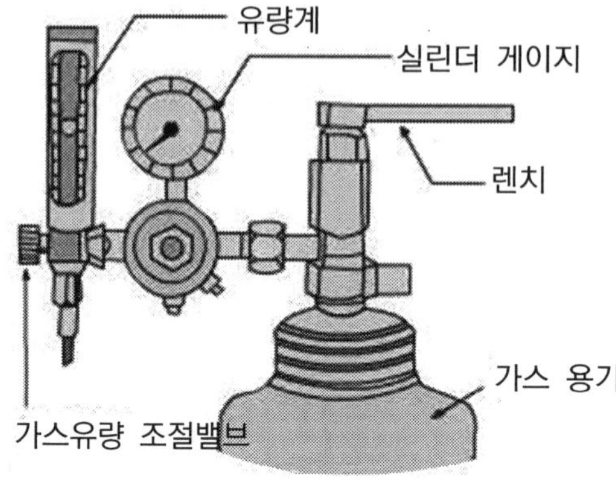

그림 3.38 가스 압력조정기 및 유량계

4) 보호가스 공급장치

보호가스 공급장치는 가스 실린더, 가스 압력조정기, 유량계, 솔레노이드 밸브 및 호스로 이루어져 있으며 고압의 가스 실린더로부터 가스 압력조정기와 유량계를 통해 적절한 압력으로 감압된 상태로 적절한 유량으로 조절하여 보호가스를 공급하는 장치이다. 그림 3.38에 가스 압력조정기와 유량계가 나타나 있다.

3.4.3 용접재료

1) 보호가스

GMAW에서 보호가스는 아크와 용융지를 대기로부터 보호하는 것이 주된 역할이지만 보호가스의 종류에 따라 아크 형상과 용접금속이행에 상이한 영향을 미쳐 용접비드 모양이나 용입이 다르게 된다. 이러한 이유로 GMAW는 사용되는 보호가스 종류에 따라 다음과 같이 용접법이 세분된다.

- MIG(Metal Inert Gas) 용접
  - 불활성 가스(inert gas)인 Ar, He 또는 이들의 혼합가스를 사용
  - 비철금속에 적용

■ MAG(Metal Active Gas) 용접

- 다양한 혼합가스 또는 CO_2 100%인 활성 가스(active gas)를 사용
- Ar+(CO_2, O_2, 또는 CO_2+O_2) 사용 → MAGM(MAG-Mixed gas)
- CO_2 100% 사용 → MAGC(MAG-CO_2 gas)
- 일반 탄소강, 저합금강 및 고합금강에 적용

2) 와이어

다양한 금속의 용접에 적용할 수 있는 와이어가 있으며 이들의 분류는 AWS와 KS에 규격으로 정해져 있다. 규격표기는 큰 분류의 강종 내에서는 대체로 동일하나 강종의 세분류에 따라 약간의 차이가 있다. 이 부분은 AWS 규격집과 KS 규격집에 상세히 기술되어 있다.

(1) 탄소강 및 저합금강

■ AWS

ER 0 X - (Y) (O)

- (O) → 보호가스(탄소강 → 생략, 저합금강→ 숫자)
- (Y) → 화학조성 및 보호가스 (탄소강은 숫자, 저합금강은 문자)
- X → 와이어 종류 (S: 솔리드와이어, T: 플럭스코어드와이어, C: 메탈코어드와이어)
- 0 → 최소인장강도 [ksi]
- ER → 전극와이어(Electrode/Rod)

(예) ER70S-1, ER70S-2, …, ER80S-B2, ER80S-Ni3, …

■ KS

Y G X – (0)(Z)

- (0)(Z) → 보호가스, 최소인장강도 및 와이어 화학성분
- X → 적용 강종
- G → 가스 실드 아크용접
- Y → 용접 와이어

(예) YGW11, YGW12, …, YG2CM-A, YGA-50W, YGL1-3A, …

(2) 스텐레스강, 알루미늄 및 기타 합금

■ AWS

➢ 강종, 알루미늄 또는 합금 이름 앞에 ER이 표기됨

예) ER310 (310 스텐레스강), ER316, …

ER1100(1100계열 알루미늄), ER4010, …

ERNiMo-1(NiMo-1 합금), …

■ KS

➢ 강종 및 합금명 앞에 Y가 표기됨

예) Y310(310 스텐레스강), Y316, …

NiMo(NiMo 합금), …

➢ 알루미늄의 경우 알루미늄 종류 이름 앞에 A가 표기됨

예) A1100-WY(1100계열 알루미늄용 와이어), A4043-WY, …

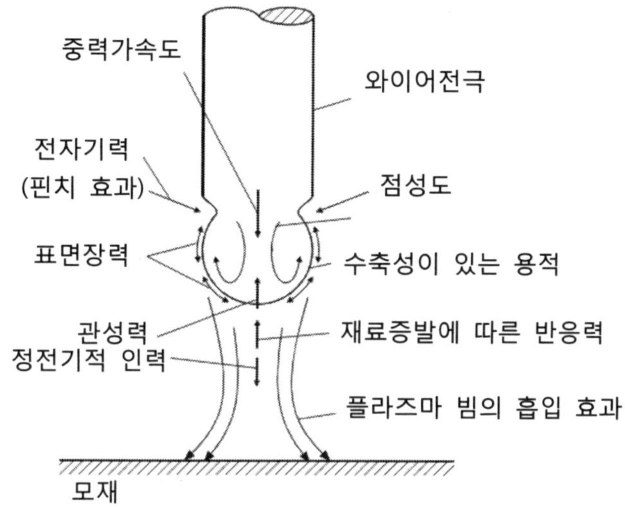

그림 3.39 아크에 작용하는 힘

3.4.4 용접금속이행(Metal Transfer)

용접금속이행이란 아크에 작용하는 여러 가지 힘의 조합에 의해 용접봉 또는 와이어가 용융되어 모재로 이행하는 현상을 의미하며 용접재료, 보호가스, 용접조건 등에 따라 여러 가지 형태로 나타난다.

1) 아크에 작용하는 힘

아크 공간에는 그림 3.39에 나타낸 바와 같이 여러 가지 힘이 작용하고 있다. 그 중 가장 중요한 역할을 담당하는 힘은 다음의 3가지 힘이다.

- 중력(Gravitational force)
- 표면장력(Surface tension)
- 전자기력(Electromagnetic force) 또는 핀치력(Pinch force)

위의 3가지 힘은 보호가스와 용접전류의 크기에 따라 용접금속이행에 여러 가지 영향을 미치는데 통상 낮은 전류영역에서는 표면장력이, 높은 전류영역에서는 전자기력이 주도적인 역할을 한다.

2) 보호가스에 따른 아크 특성의 변화

용접에 사용되는 보호가스는 그림 3.40에 나타낸 바와 같이 서로 다른 열전도도를 갖고 있다. 이 열전도도의 특성으로 인해 아크의 특성은 변화하게 된다. GMAW의 대표적 보호가스인 Ar과 CO_2를 대상으로 살펴보면 CO_2가 Ar보다 열전도도가 훨씬 높다. 따라서 아크 주위를 CO_2가 감싸고 있을 경우에는 그림 3.41의 오른 쪽 위에 나타나 있는 그림과 같이 아크 가장자리의 열이 CO_2를 통해 주변부로 열이 전도되어 고온부의 영역이 크게 되는 반면 전하입자들의 통로가 되는 아크 핵심부는 좁게 된다. 아크 핵심부의 수축은 도전통로의 단면적이 수축되는 것을 의미하므로 저항이 커져 동일한 전류의 흐름을 얻고자 할 때 보다 높은 전압이 필요하다. 따라서 CO_2를 보호가스로 사용하는 경우 Ar을 사용할 때 보다 용접전압을 4~5 V 높게 설정하여야 한다. 한편 비드 형상은 CO_2인 경우 금속을 용융시킬 수 있는 고온영역이 Ar보다 넓으므로 비드가 크고 깊게 형성된다. 여러 가지 보호가스를 사용했을 때 각각의 비드단면 형상은 그림 3.42에 나타나 있다.
한편 CO_2의 경우 아크 핵심부가 좁게 되면 전자를 흡수하는 양극점도 좁게 형성되므로 와이어 내의 전류 흐름이 용적 끝의 한 점으로 수렴하게 되어 그림 3.41의 오른 쪽 아래 그림처럼 전자기력 F는 위쪽으로 경사진 형태로 작용한다. 이 F를 수직 및 수평분력으로 분해하면 수평분력은 핀치작용을 하지만 수직분력은 위쪽으로 향하게 되어 용적이 와이어로부터 이탈되는 것을 방해하는 작용을 한다. 따라서 CO_2 보호가스를 사용할 경우 용적은 Ar을 사용할 때보다 훨씬 크게 되어 입상 용접금속이행이 일어난다.

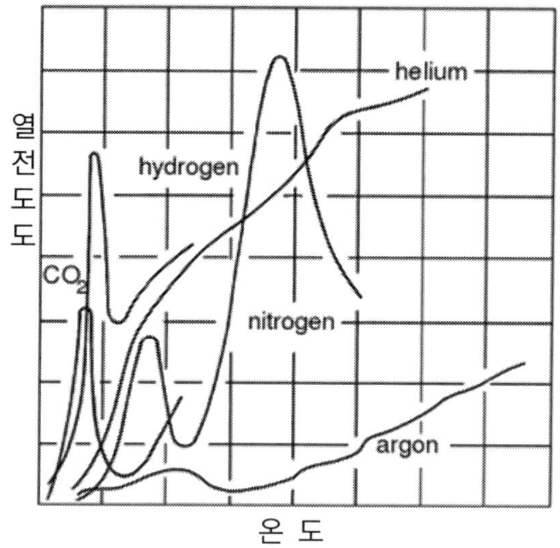

그림 3.40
보호가스의 열전도

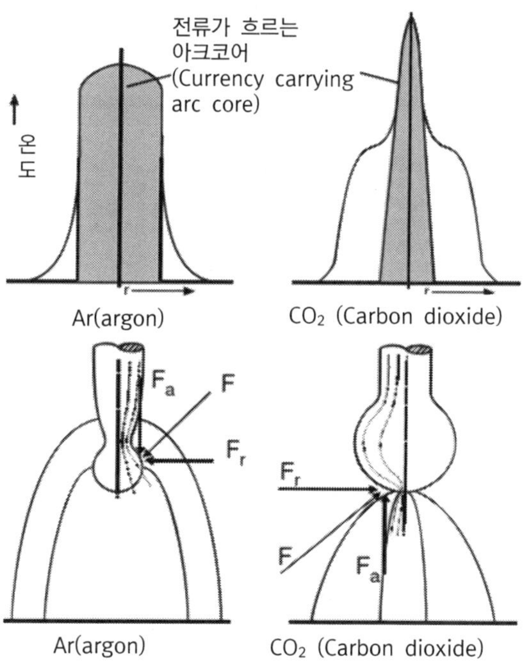

그림 3.41
Ar 및 CO_2
분위기에서의 아크
특성

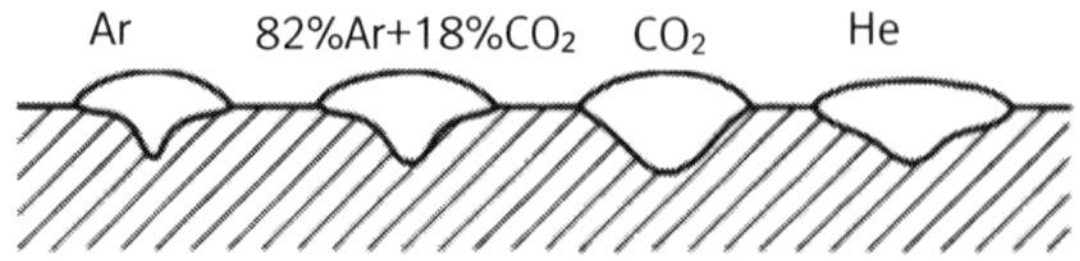

그림 3.42 여러 가지 보호가스를 사용했을 때의 비드단면 형상

그림 3.43 단락 이행

3) 용접금속이행의 종류

용접금속의 이행형태는 다양하게 분류되고 있으나 주로 다음의 4가지로 분류하는 것이 일반적이다.

(1) **단락 이행**(Short Circuiting Transfer)

단락 이행은 보호가스 종류에 무관하게 아크길이가 짧은 상태에서 나타나는 이행형태로 와이어 끝의 용적이 용융지에 순간적으로 접촉하면서 용융지로 이행한다. 이 과정은 그림 3.43에 잘 나타나 있다.

아크 길이가 짧은 상태에서 와이어 끝에서 형성된 용적이 성장하게 되면 어느 순간 용융지와 접촉하게 된다. 이어서 아크는 꺼지고 전기저항은 급격히 저하하며 용접전류는 급격히 상승한다. 단락이 지속되는 동안 표면장력에 의해 용접금속은 용융지로 이동함과 동시에 단락면적이 감소하고 전류밀도는 더욱 높아진다. 이로 인해 높은 저항열이 발생하며 전자기력도 더욱 커져 단락면적 감소와 저항열 발생 증가는 더욱 촉진되어 연결부는 기화되면서 끊어져 와이어와 용융지가 분리된다. 용융지가 분리됨과 동시에 아크는 재점화하고 이러한 과정이 반복되며 용접금속이행이 이루어진다.

■ 단락 이행의 특징을 요약하면 다음과 같다.

- 단락과정동안 용적이 이행됨
- 표면장력이 주된 힘이며 전자기력이 보조역할을 함
- 초당 70회 내외로 이행함
- 저전류·저전압(20V 이하)에서 나타남
- 박판용접, 루트패스 용접, 전자세 용접에 적합함

(2) 스프레이 이행(Spray transfer)

스프레이 이행은 고전류 범위에서 Ar 함량이 70% 이상되는 보호가스를 사용했을 경우에 나타나는 이행형태로 와이어 직경보다 작은 용적이 초당 수백회정도 이행하며 단락은 일어나지 않는다.

스프레이 이행에서는 전자기력이 주된 힘으로 작용한다. Ar 보호가스에서는 그림 3.41의 왼쪽 아래 그림에서와 같이 전자기력이 아래쪽으로 경사

그림 3.44 스프레이 이행

진 방향으로 작용하여 수평분력은 핀치작용을 하고 수직분력은 아래 방향으로 작용하여 용적이 용융지로 떨어지는 것을 촉진한다. 고전류에서는 전자기력이 크므로 그림 3.44과 같이 용적이 크게 성장하기 전에 와이어 끝으로부터 이탈되어 용융지로 이행된다.

■ 스프레이 이행의 특징을 요약하면 다음과 같다.

- 용접금속이행 과정동안 단락이 발생하지 않음
- 전자기력이 주된 힘이며 중력이 보조역할을 함
- 초당 100~300회 정도의 용적이 이행함
- Ar 함량이 높은 보호가스를 사용한 고전류 영역에서 일어남
- 후판용접, 철강, 알류미늄 및 구리합금 용접에 적용
- 아래보기 및 수평필릿 자세에 적용

(3) 입상 이행(Globular Transfer)

입상 이행은 고전류 영역에서 CO_2가 30% 이상 포함된 혼합가스나 He을 사용할 경우에 나타나는 용접금속이행 형태이다. 이 경우 용적의 직경은 용접 와이어의 직경보다 크며 초당 수회에서 수십회 정도 용적이 이행되며 불규칙적으로 단락현상이 나타나기도 한다. 입상이행에서는 그림 3.41의 오른쪽 그림과 같이 CO_2 보호가스 분위기의 아크 특성이 나타나므로 용적이 크게 되며 주로 중력의 작용에 의해 용융지로 이행한다. 큰 용적이 용융지로 자유낙하되는 과정에서 스패터가 많이 발생하며 양

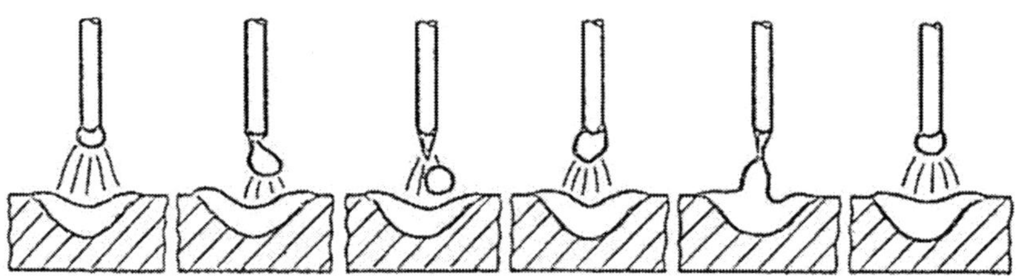

그림 3.45 입상 이행

극점의 과열, 순간단락 시의 급격한 저항열 발생 등으로 인한 용적의 국소적인 폭발성 팽창 등으로 인해서도 많은 스패터가 발생한다.

■ 입상 이행의 특징을 요약하면 다음과 같다.

- 용접금속이행 과정동안 단락이 불규칙적으로 발생함
- 중력이 주된 힘이며 표면장력과 전자기력이 보조역할을 함
- CO_2 함량이 높은 보호가스를 사용한 고전류 영역에서 일어남
- 후판용접, 연강 및 고장력강 용접에 적용
- 아래보기 및 수평필릿 자세에 적용

(4) 펄스 이행(Pulsed Transfer)

펄스 이행은 그림 3.46과 같은 펄스형의 전원을 사용할 때 나타나는 이행 형태로 용적은 와이어 직경과 비슷하며 단락이 없는 상태로 이행된다.

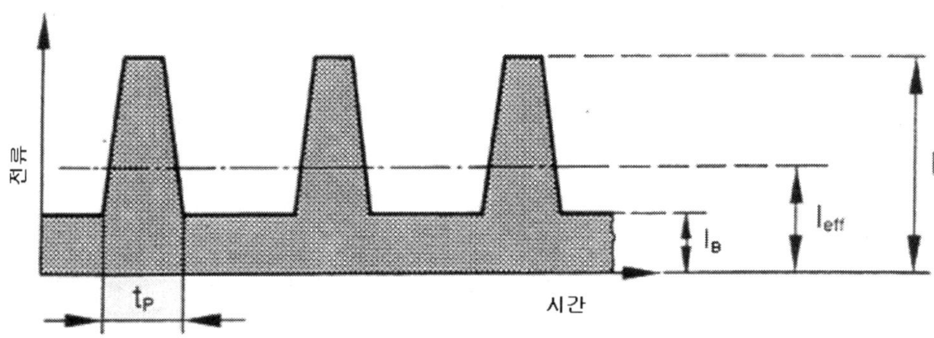

I_B = 베이스 전류 [A]
I_P = 펄스 전류 [A]
t_P = 펄스 시간 [ms]
f = 펄스 주파수 [Hz]
I_{eff} = 유효전류 [A]

그림 3.46 펄스형의 용접전류

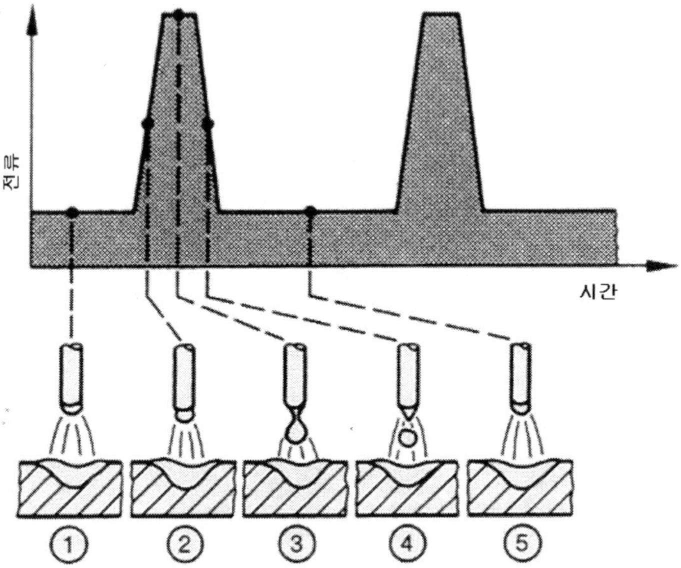

그림 3.47 펄스 이행

펄스 이행 과정을 살펴보면 베이스 전류가 흐르는 동안에는 아크 유지가 주목적이며 와이어의 용융은 최소한으로 일어난다. 펄스 전류가 흐르는 동안에는 고전류에 의해 와이어가 급격히 용융되며 동시에 강한 전자기력에 의한 핀치효과로 용적이 와이어에서 분리되어 용융지로 이행된다. 이 과정은 펄스가 주어질 때마다 반복되어 용접금속이행 횟수는 펄스의 주파수에 의해 결정된다.

■ 펄스 이행의 특징을 요약하면 다음과 같다.

- 단락이 없는 용접금속이행이 일어나며 스패터가 거의 없음
- 1용적/펄스 이행으로 정밀한 용착량 제어가 가능함
- 일반 전원 용접에 비해 동일 전류값에서 굵은 와이어 사용이 가능함
- 에너지 이용이 효율적임
- 펄스 용접기는 일반 용접기보다 고가임

- 조정 변수가 많아 적정 용접조건의 설정이 어려움
- Ar 함량이 높은 보호가스만 사용 가능함

3.4.5 용접변수

용접변수란 모재와 용접재료를 포함하여 용접현상과 용접결과에 영향을 미치는 모든 변수를 의미하지만 여기서는 사용자가 용접 중 조정 가능한 용접변수로 국한하여 용접전류, 용접전압, 용접속도, 와이어 돌출길이, 토치각도가 용접결과에 미치는 영향에 대해 기술한다.

1) 용접전류

용접전류는 아크의 에너지 상태와 와이어 용융에 직결되는 중요한 변수로 용입깊이를 결정하는 가장 중요한 인자이다. 통상 용접전류는 와이어 송급속도와 비례하도록 용접전원에서 설정되어 있다.

용접전류가 증가하면 그림 3.48에서와 같이 용접비드 전체가 커지며 특히 용입이 뚜렷하게 증가한다.

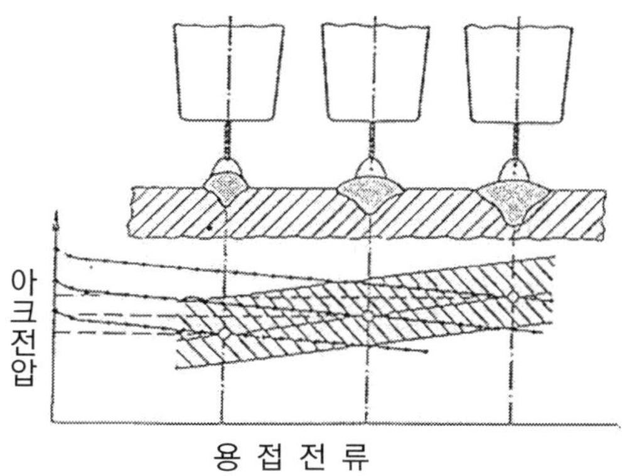

그림 3.48 용접전류가 비드에 미치는 영향

2) 용접전압

용접전압은 와이어 끝과 모재간의 전압으로 아크길이에 비례한다. 용접전압이 너무 낮으면 아크길이가 짧아져 단락이 생길 우려가 있고 너무 크면 아크가 꺼지게 된다.

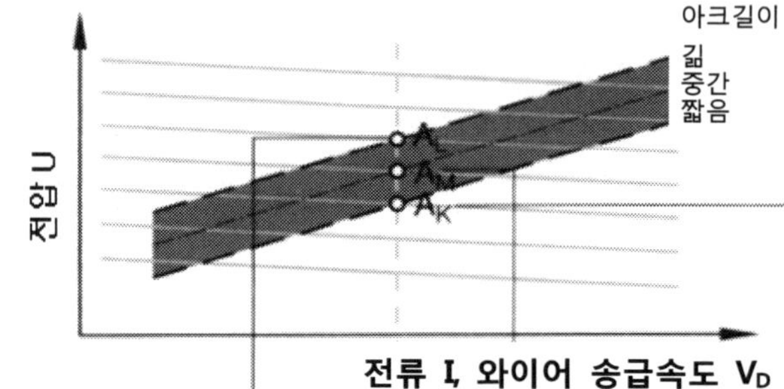

작업점	A_L	A_M	A_S
전압	낮음	중간	높음
아크길이	길	중간	짧음

아크 및 비드형상

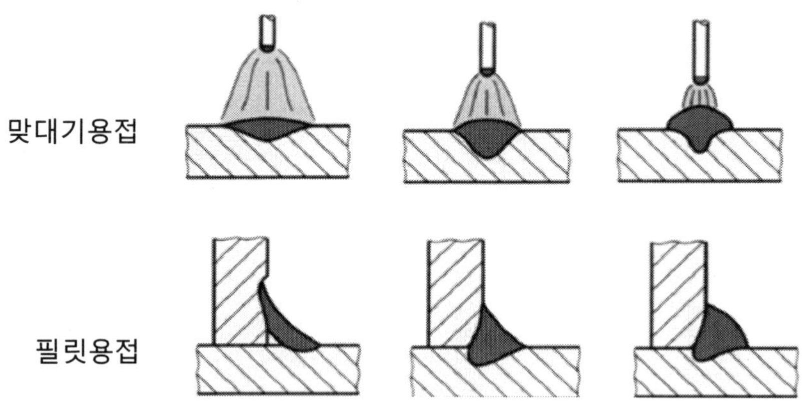

그림 3.49 용접전압이 비드 형상에 미치는 영향

따라서 아크가 유지되기 위해서는 용접전압은 그림 3.49에서 볼 수 있는 바와 같이 전류 값에 따라 일정한 범위 내의 값을 가져야 한다. 그 범위 내에서 용접전압이 증가하면 덧살은 작고 비드 폭은 커진다. 용입은 그 범위 내의 중간 값에서 가장 크며 전압이 크거나 작은 경우 모두 용입은 줄어든다.

3) 용접속도

용접속도는 아크가 용접이음부를 따라 진행하는 속도로서 용접전류, 용접전압과 함께 비드형상 및 아크 안정성 등에 영향을 준다. 용접속도가 느리면 단위길이 당 투입되는 에너지가 크게 되어 용입이 증가하고 비드폭과 덧살도 커진다. 하지만 용접속도가 너무 느리게 되면 그림 3.50에서 나타난 바와 같이 용융금속이 아크보다 앞서 흘러내려 아크가 모재부 보다는 항상 용융금속 위에 있게 되고 이로 인해 모재로의 열유입이 감소되어 용입이 줄어든다. 따라서 용접속도도 적정 범위 내에서 조정하는 것이 바람직하다.

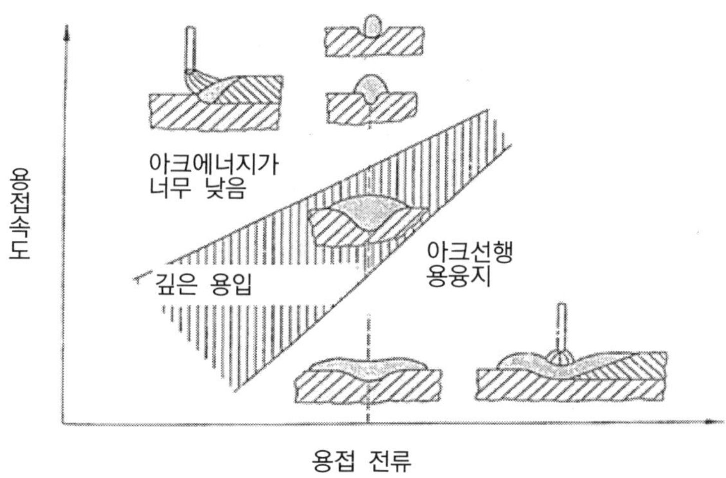

그림 3.50 용접속도가 비드에 미치는 영향

4) 와이어 돌출길이(Stickout, Wire Extension))

와이어 돌출길이는 컨택트 팁 끝에서 와이어 전극의 끝부분까지의 길이를 의미한다. 그러나 이 길이는 와이어가 용융되는 과정에서 지속적으로 변하므로 그림 3.51에서와 같이 컨택트 팁에서 모재표면까지의 거리를 의미하는 와이어 익스텐션(wire extension)을 와이어 돌출길이로 간주하는 경우가 많다. 와이어 돌출길이는 와이어를 흐르는 전류에 대한 저항의 크기를 결정하므로 이 길이가 길면 전기저항열(I2R)이 증가하여 와이어 용융속도도 증가한다. 그러나 지나치게 길면 보호가스에 의한 보호효과가 저하되어 기공 등의 결함이 발생하기 쉬우며 아크도 불안정해진다. 돌출길이가 지나치게 짧으면 노즐에 스패터가 부착되기 쉽고 작업성도 악화된다. 일반적으로 돌출길이는 단락이행에서는 10~15 mm, 그 외의 경우에서는 15~25 mm 정도가 적절하다.

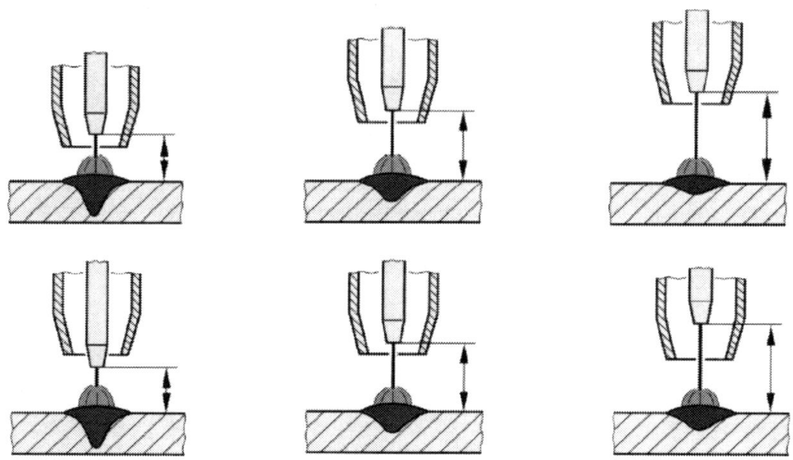

와이어 돌출길이	소	중	대
저항열	소	중	대
아크력	대	중	소
용입	대	중	소
스패터	소	중	대

그림 3.51 와이어 돌출길이가 비드형상에 미치는 영향

5) 토치방향

토치방향은 용접 진행방향에 대한 기울어짐으로 용접 진행 반대방향으로 기울어진 경우는 전진법, 용접 진행방향으로 기울어진 경우는 후진법으로 구분한다. 토치방향에 따른 비드 형상에 미치는 영향과 장단점은 그림 3.52에 나타나 있다. 아크 안정성 및 용융지의 보호효과 측면에서 후진법이 양호하므로 일반적인 용접에서는 후진법이 사용되나 Al 합금과 같이 용융지 전방의 모재 부분에 대한 청정작용이 필요한 경우는 전진법이 사용된다.

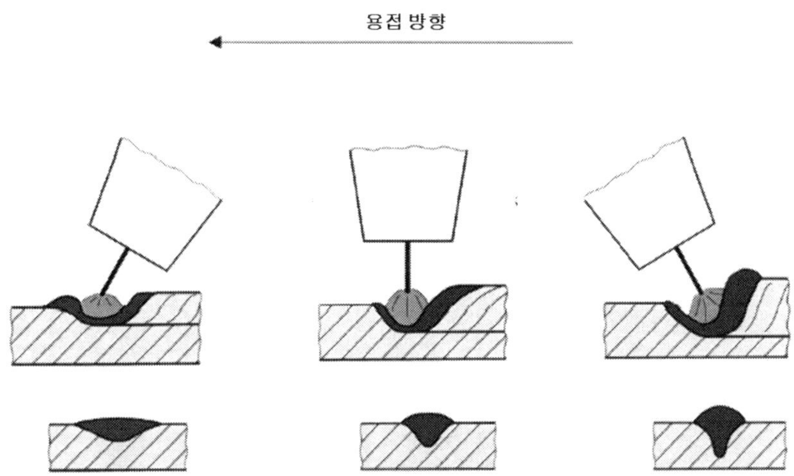

토치방향	전진법	중립법	후진법
용입	좁음	중	깊음
갭 브리징	좋음	중	나쁨
아크 안정성	나쁨	중	좋음
스패터	많음	중	적음
비드 폭	넓음	중	좁음

그림 3.52 토치방향이 비드형상에 미치는 영향

6) 용접변수와 비드형상과의 관계 요약

1)에서 5)항까지 걸쳐서 용접변수가 용접비드 및 용접현상에 미치는 영향을 기술하였다. 이를 요약하면 표 3.3으로 나타낼 수 있다.

표 3.3 용접변수와 비드형상과의 관계

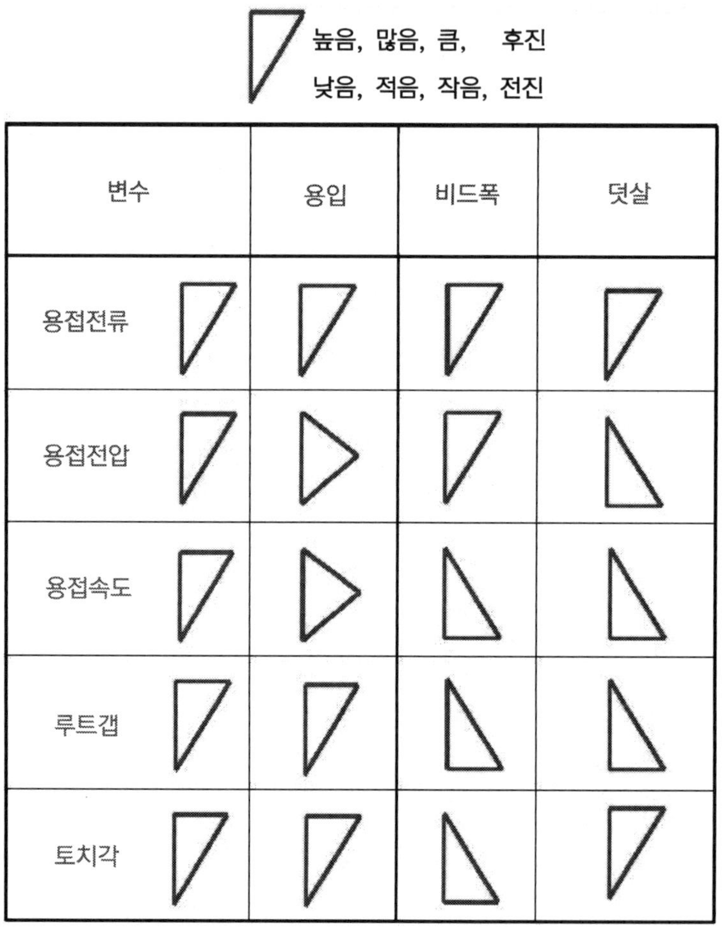

3.5 플럭스 코어드 아크용접 (FCAW: Flux Cored Arc Welding)

3.5.1 원리

플럭스 코어드 아크용접(이하 FCAW)용접의 원리는 GMAW와 동일하며 그림 3.53에서 볼 수 있는 바와 같이 단지 튜브형 와이어 속에 플럭스가 채워져 있는 플럭스 코어드 와이어를 사용하는 점이 다르다. 와이어 내의 플럭스는 아크 안정, 보호가스 생성, 슬래그 형성, 탈산 및 합금작용 등 SMAW의 용접봉의 피복제와 동일한 작용을 하여 FCAW는 GMAW와 SMAW의 장점을 모두 갖추고 있는 용접법이다. 그 외에도 플럭스 코어드 와이어는 튜브상의 금속부로만 전류가 흐르므로 솔리드 와이어보다 전류밀도가 높아 용착속도가 크며 플럭스에서 발생하는 보호가스 외에 외부에서 별도의 보호가스가 제공되어 아크 및 용융지의 보호효과가 뛰어나 고속용접이 가능하다.

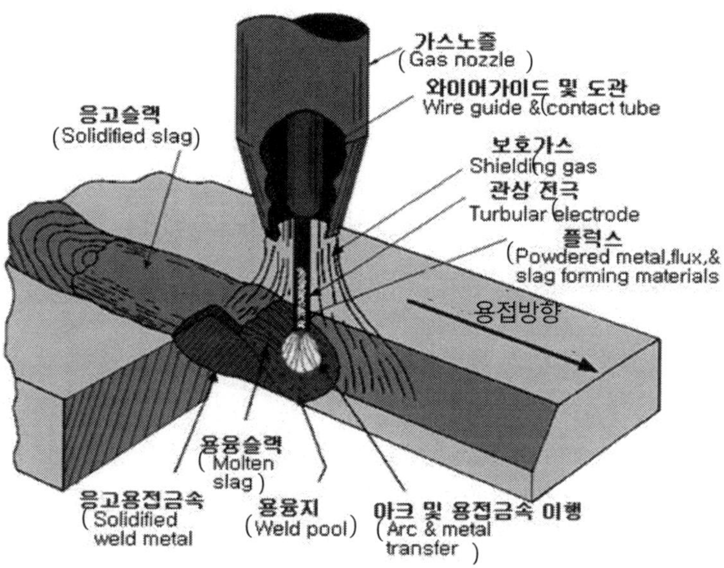

그림 3.53 FCAW의 원리

이러한 장점으로 FCAW는 조선 및 플랜트 산업에 가장 널리 활용되고 있으며 그 적용범위는 더욱 확대되고 있다.

3.5.2 용접장비

FCAW용 용접장비는 GMAW와 동일하다. 단, 외부 보호가스를 사용하지 않는 자체보호 FCAW 장비는 보호가스 공급장치가 없고 토치의 구조가 간단하다.

3.5.3 용접재료

1) 보호가스

FCAW에 사용되는 보호가스는 GMAW와 유사하나 100%CO_2, Ar+CO_2 (75% Ar+25% CO_2가 일반적임), Ar+O_2 보호가스가 사용되며 가스 유량은 15~20 l/min 정도이며 메탈 코어드 와이어인 경우는 20 l/min을 사용한다.

2) 와이어

플럭스 코어드 와이어는 그림 3.54와 같은 고정으로 제조되며 와이어 단면 형상은 그림 3.55와 같은 다양한 형상을 가지고 있다. 직경은 통상 1.2 ~ 4.8 mm 범위이며 조선소에서는 1.4 mm가 가장 많이 사용되며 1.2, 1.6 mm도 사용된다.

플럭스 코어드 와이어와 형상은 같지만 내부에 플럭스 대신 금속분말을 95% 이상 포함한 와이어를 메탈 코어드 와이어(metal cored wire)라고 하며 외부 보호가스를 쓰지 않고 플럭스에서 생성되는 보호가스를 사용하는 와이어를 자체보호 플럭스 코어드 와이어(self-shielded flux cored wire)라고 한다.

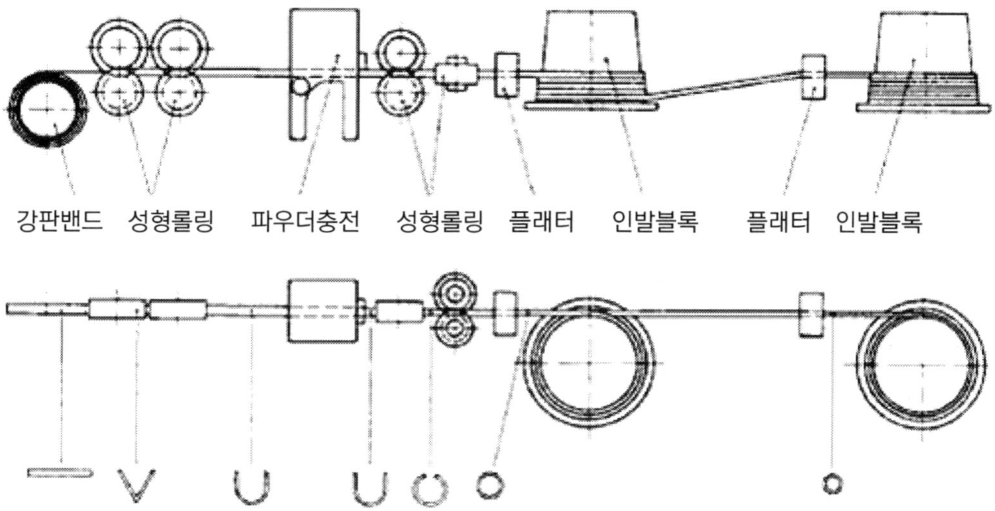

그림 3.54 플럭스 코어드 와이어 제조 공정

그림 3.55 플럭스 코어드 와이어의 단면 형상

플럭스 코어드 와이어는 탄소강, 저합금강, 스테인리스강에 사용되는 다양한 금속의 용접에 적용할 수 있는 와이어가 있으며 이들의 분류는 AWS와 KS에 규격으로 다음과 같이 정해져 있다.

① AWS 규격

■ 탄소강

E 0 0 T - 00

- 00 → 보호가스, 극성, 충격치 등 (1~14, G, GS)
- T → 플럭스 코어드 와이어
- 0 (두 번째) → 용접자세: 0-아래보기 및 수평자세, 1-전자세
- 0 (첫 번째) → 용착금속의 최소인장강도 x10 [ksi]

예: E70T-1, E71T-9M, E70T-12, E71T-12M, …

■ 저합금강

E 0 0 T 0 - Z M

- M → 보호가스
  M이 있으면: 75~80%Ar+CO_2,
  M이 없으면: CO_2 또는 자체보호가스
- Z → 화학조성 및 기타
- 0 (T 다음) → 사용성 및 성능
- 0 0 → 용접자세: 0-아래보기 및 수평자세, 1-전자세
  용착금속의 최소인장강도 x10 [ksi] 의 경우와 같음

예: E7XT6-Ni1, E7XT6-Ni1M, E9XT1-D1, E9XT1-D1M, …

■ 스테인리스강

E 000 T 0 − 0

- 0 → 보호가스 (0: CO_2, 3: 자체보호가스, 4: 75-80%Ar+CO_2, 5: Ar)
- 0 → 용접자세 (0: F, H; 1: all)
- 000 → 스테인리스 강종 이름

예: E308T0-3, E317LT1-4, …

② KS 규격

■ 연강, 고장력강, 저온용강

Y F X − Z 00 B C

- C → 플럭스 타입 (R: 루틸계열, B: 염기성, M: 금속, G: 기타)
- B → 충격시험온도와 충격치
- 00 → 최소인장강도 [kg/mm^2]
- Z → 보호가스 (C: CO_2, A: Ar+CO_2 혼합가스, S: 자체보호가스)
- X → 강종 (W: 연강 및 고장력강, L: 저온용강, A: 내후성강)
- F → 플럭스 코어드 아크용접
- Y → 와이어

예: YFW-C430X, YFW-A50DX, …, YFL-C503X, YFA-50W, …

■ 스테인리스강

Y F 000 - Z

- Z → 보호가스 (C: CO_2 100% or Ar 20%이상 포함한 혼합가스, S: 자체 보호가스, G: 기타)
- 000 → 스테인리스 강종
- F → 플럭스 코어드 아크용접
- Y → 와이어

예: YF308-C , YF316L-G, YF317L-S, …

3.6 가스 텅스텐 아크용접 (GTAW: Gas Tungsten Arc Welding)

3.6.1 원리

가스 텅스텐 아크용접(이하 GTAW)는 그림 3.56에서 보는 바와 같이 비소모성인 텅스텐 전극과 모재 사이에 발생한 아크열로 모재를 용융시키며 필요한 경우 외부에서 별도의 용가재를 사용하여 모재와 함께 용융시켜 용접하는 용접법이다. 이 때 아크와 용융지를 보호하기 위해 보호가스는 불활성 가스인 Ar 또는 He을 사용하며 TIG(Tungsten Inert Gas)용접으로 부르기도 한다.

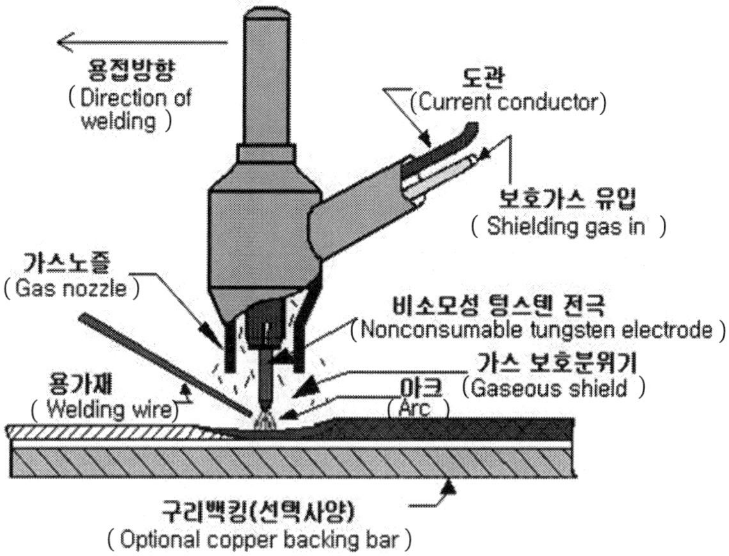

그림 3.56 GTAW 원리

■ GTAW는 특징을 요약하면 다음과 같다.

- 아크가 안정되고 용접부 품질이 우수함
- 스테인리스강 등의 고합금강, Al 및 Al 합금, Ni 및 Ni 합금, Ti, Zr, Ta 용접에 적용하며 주로 5 mm 이하의 박판용접에 적용
- 전자세 용접이 가능하며 파이프 용접, 궤도 용접(orbital welding), 루트 용접에 적용됨

3.6.2 용접장비

GTAW 장비는 그림 3.57과 같이 용접전원, 보호가스 공급장치, 용접 토치로 구성되며 용가재가 사용될 경우 막대 형태 또는 와이어 형태의 용가재가 별도로 구성된다.

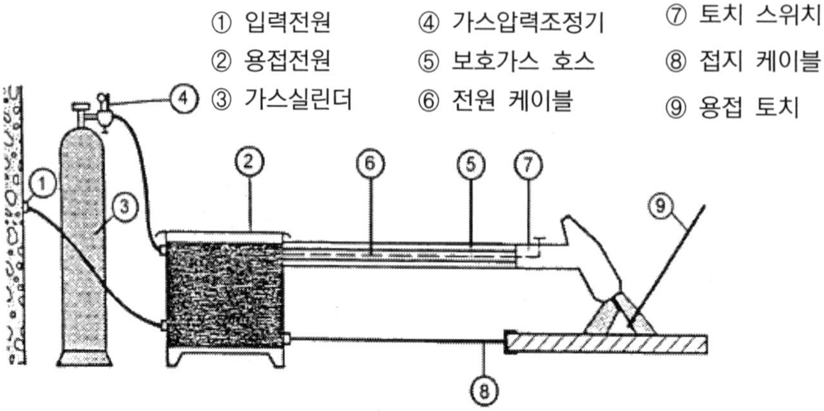

그림 3.57 GTAW 장비 구성도

GTAW 전원은 수하특성을 갖는 직류 또는 교류전원을 사용하며 아크 발생을 용이하게 하기 위해 고주파 아크 발생기를 사용하는 것이 일반적이다. 표 3.4에서 볼 수 있는 바와 같이 직류전원인 경우 정극성을 일반적으로 사용하는데 이는 전극보다는 모재에 많은 열이 발생하여 텅스텐 전극의 마모를 줄이고 모재의 용입을 깊게 할 수 있는 이점이 있기 때문이다. 이 경우 텅스텐 전극은 순수 텅스텐에 비해 전자의 발생을 용이하게 하거나 아크의 안정을 향상시키는 ThO_2이나 CeO_2, La_2O_3, ZrO_2를 1~2%첨가한 텅스텐 전극을 사용한다. 한편 교류전원은 Al 및 Mg 계열 또는 그 합금의 용접에 사용한다. 이 종류의 금속은 대기 중에서 표면에 치밀한 산화막이 형성되는데 용접 시에는 이 산화막이 제거된 상태에서 용접이 이루어져야 한다. 교류전원에서는 매 싸이클의 반주기 동안 역극성이 나타나며 이때에는 크기가 큰 양이온이 모재에 충돌하여 생기는 청정효과가 나타난다. 이 청정효과를 이용하면 용접시 모재표면의 산화막은 물론 다른 불순물들도 제거되는 이점이 있어 교류전원이 이용된다.

용접토치는 200 A 이하인 경우는 공랭식 토치, 160 A 이상의 전류범위를 주로 사용하는 경우는 수냉식 토치를 사용한다. 그림 3.58은 수냉식 토치의 구조이며 공랭식인 경우는 냉각수 순환 호스만 없고 나머지는 동일하다.

표 3.4 GTAW의 극성

재질	극성	비고
Al 및 Al합금, Mg 및 Mg합금, CuAl합금	교류	청정작용, 고주파 아크발생기 적용
Cu 및 Cu합금, Ni 및 Ni합금, Ag, Mn, Ti, Ta, Zr, 탄소강, 합금강	정극성 (DCSP)	W+ThO_2(1~2%) 전극

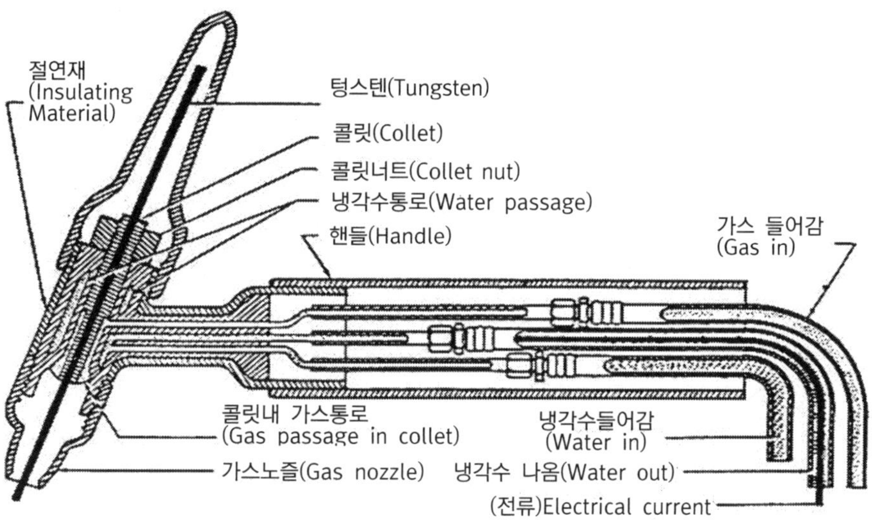

그림 3.58 GTAW 토치

3.6.3 용접재료

1) 보호가스

GTAW에 사용되는 보호가스는 불활성 가스인 Ar, He 또는 Ar과 He의 혼합가스가 사용된다. Ar 가스는 이온화 에너지가 15.76 eV로 24.58 eV인 He보다 낮아 아크 발생이 용이하다. 또한 Ar의 밀도는 1.784 ㎏/㎤로

0.1785 ㎏/㎤ 인 He보다 훨씬 높아 용융지 보호에 유리할 뿐만 아니라 사용량도 1/3 정도로 적게 소모되고 값도 He에 비해 저렴하여 널리 사용된다. Ar에 H_2를 혼합한 보호가스는 스텐레스강, Ni 합금 및 Ni-Cu합금을 용접할 때 사용되는데 이 경우 아크 에너지가 높아 용입이 깊고 고속으로 용접이 가능하다. 표 3.5는 GTAW에 사용되는 보호가스의 종류를 나타내며 그림 3.59는 보호가스에 따라 달라지는 용입의 단면형상을 보여주고 있다.

표 3.5 GTAW 용 보호가스

보호가스	혼합 형태	그룹 DIN/EN 439	적용 분야
용접 아르곤		I 1	모든 철과 비철금속
아르곤/H_2	2 %, H_2	R 2	고합금강 (자동용접), NI-based 재료
	5 %, H_2		
	7.5 %, H_2		
아르곤/He	30 % He	I 3	니켈 (30% He 추천), 알루미늄 (50% He 추천), 구리 (70% He 추천), 강 (궤도 용접)
	50 % He		
	70 % He		
헬륨		I 2	알루미늄 (역극성) 강 (궤도 용접)
헬륨 4.8 (고순도 아르곤)		I 1	가스에 민감한 재료 (티타늄(Ti), 니오븀(Nb), 탄탈룸(Ta))
포밍가스 (질소/수소 혼합가스)	(2 % H_2) 8 % H_2 10 % H_2 (15 % H_2) (20 % H_2)	F 2	고합금강 및 일부 비합금강에서 루트 보호,

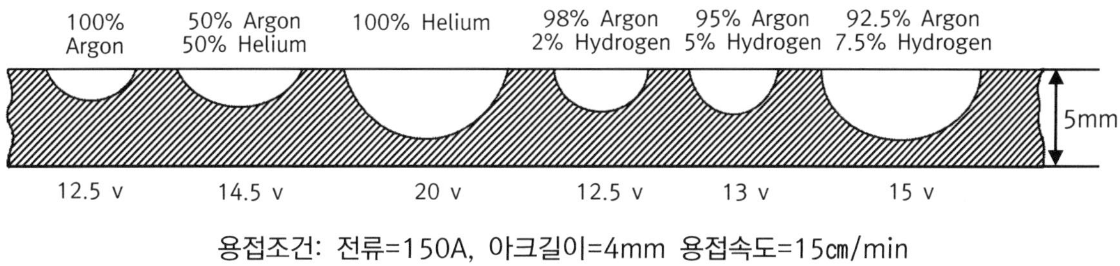

그림 3.59 보호가스에 따른 용입단면 형상

2) 용가재

박판용접의 경우는 통상 용가재를 사용하지 않고 모재를 용융시켜 용접하지만 중후판에서는 용가재를 사용한다. 용가재는 모재의 종류에 따라 달라지지만 모재와 유사한 성분의 용가재를 사용하는 것이 원칙이다. 용가재에 대한 규격은 AWS 규격인 경우 3.4.3절에 소개되어 있는 GMAW용 용가재와 동일하며 직경 0.8~5.0 mm 용가재가 주로 사용된다. KS의 경우는 연강, 고장력강 및 저합금강에서 YGX 부분에서 X부분을 티그용접을 의미하는 T로 표기하는 부분만 다를 뿐 나머지는 같으며 다른 합금의 경우는 GMAW와 동일하게 표현한다.

수동용접의 경우는 막대형태의 용가재를 모재와 10~20° 의 각을 이루도록 기울여 사용하고 자동용접의 경우는 와이어 형태의 용가재를 사용하며 아크 중앙에 송급되도록 조정되어진 릴형의 용가재 송급장치를 사용한다.

3.7 플라즈마 아크용접 (PAW: Plasma Arc Welding)

3.7.1 원리 및 용접장비

플라즈마는 분자, 원자, 이온 및 전자로 구성된 약 10^4 K의 고온가스이다. 플라즈마는 전기 전도성을 가지지만 전체적으로는 중성이고 에너지 밀도가 대단히 높다. 플라즈마 아크는 수냉되는 구리노즐에 의해 아크기둥이 수축되는데 이를 열적 핀치효과(thermal pinch effect)라 부른다. 이 현상에 의해 플라즈마 아크는 좁고 긴 불꽃형태를 가지며 출력밀도는 10^5~10^6 W/㎠, 중심부의 온도는 30,000 K에 달한다.

플라즈마 아크용접(이하 PAW)에서는 그림 3.60과 같이 보호가스 외에 플라즈마 가스가 별도로 공급되며 토치는 보호가스 노즐만 가지고 있는 GTAW 토치와 달리 플라즈마 노즐과 보호가스 노즐의 2개의 노즐을 가지고 있다. 전극은 GTAW 전극과 같이 텅스텐에 ThO_2을 1~2%첨가한 전극을 사용하지만 플라즈마 노즐 안쪽에 위치해 있어 밖으로 노출되지 않는 형태를 취하고 있다.

PAW에는 그림 3.61과 같이 이행형 PAW(transferred plasma arc)와 비이행형 플라즈마 아크(non-transferred plasma arc)용접법으로 분류된다. 이행형 PAW에서는 전극과 모재를 정극성(DCSP)로 연결한다. 이행형 아크에서는 텅스텐 전극이 플라즈마 노즐 안쪽에 위치해 있어 모재와의 아크 기동이 어려우므로 먼저 전극과 플라즈마 노즐 사이에 파일롯 아크를 기동시켜 플라즈마 가스를 이온화시킨다. 이온화된 가스는 전극과 모재 사이의 저항을 감소시켜 전극과 모재 사이의 주아크로 이행된다. 이행형 플라즈마 아크용접에서는 모재가 양극을 형성하므로 전기전도성을 가져야 하며 주아크에서 집중적으로 열이 발생하여 용입이 깊다.

한편, 비이행형 PAW에서는 아크가 전극과 플라즈마 노즐 사이에서만 일어나고 플라즈마 가스가 이를 통과하면서 플라즈마 불꽃이 형성되어 모재로 전

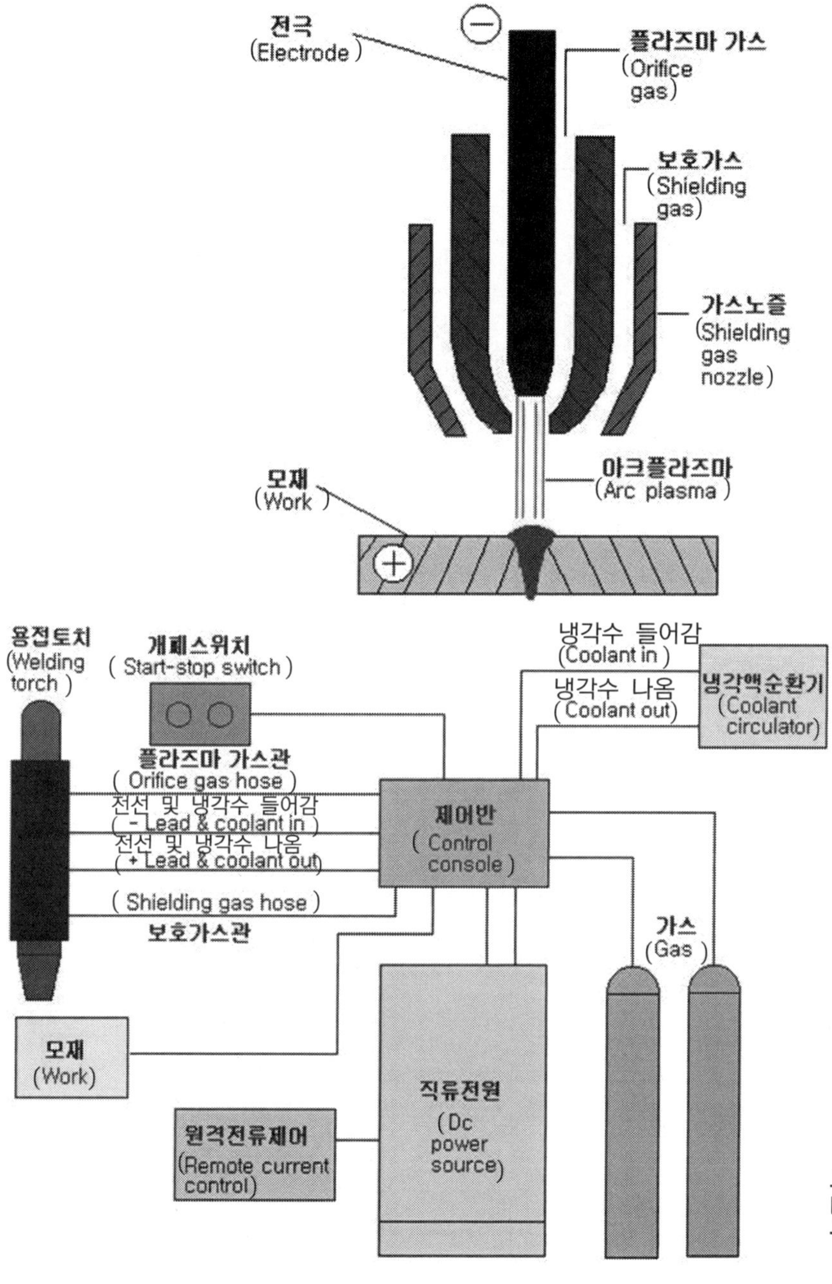

그림 3.60
PAW 원리 및 장치 구성

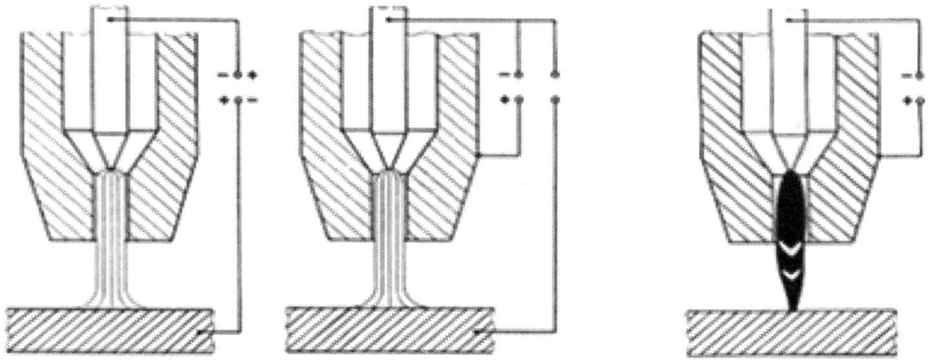

(a) 이행형(Transferred type)　　(b) 비이행형(Non-transferred type)

그림 3.61 이행형 및 비이행형 PAW

표 3.6 GTAW와 PAW의 특징 비교

GTAW	공랭식 또는 수냉식 토치	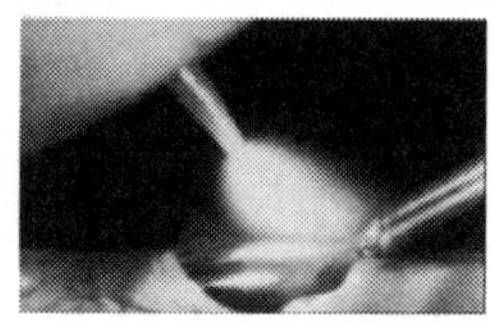 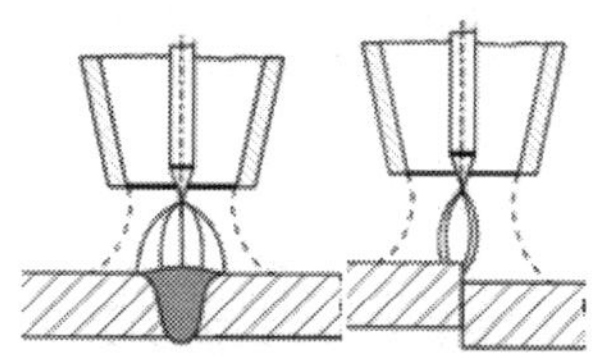
	확산형 아크	
	플라즈마 가스의 온도가 낮음	
	비드 폭이 크고 용입이 얕음	

PAW	수냉식 토치	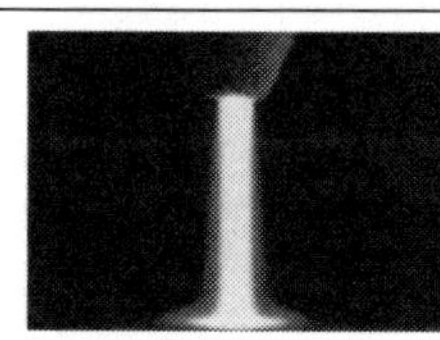 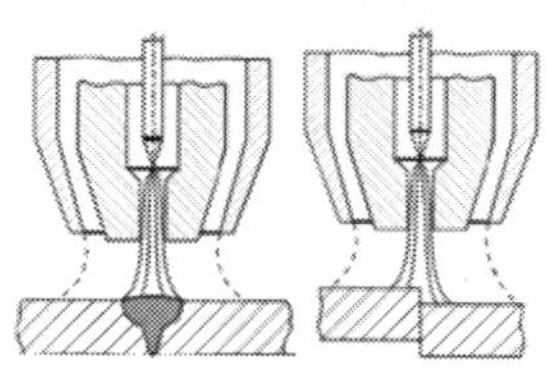
	수축형 아크	
	플라즈마 가스의 온도가 높음	
	비드 폭이 작고 용입이 깊음	

달되는 열은 비교적 적다. 또한 이행형에 비해 플라즈마 노즐이 과열될 우려가 있고 열효율이 낮지만 모재가 비전도체인 경우에도 적용이 가능하기 때문에 비금속의 용접이나 절단에 적용할 수 있는 장점이 있다.

표 3.6은 GTAW와 PAW의 특징 및 차이점을 보여주고 있다.

3.7.2 용접재료

1) 가스

PAW에는 플라즈마 가스와 보호가스 등 2종류의 가스가 사용된다. 플라즈마 가스와 보호가스는 기본적으로 동일한 종류가 사용되지만 표 3.7에 소개된 바와 같이 적용대상에 따라 달라질 수도 있다. He 가스는 이온화 에너지가 높아 플라즈마 가스로는 사용되지 않는다.

2) 용가재

PAW용 용가재는 GTAW와 동일하고 박판 용접 시에는 사용되지 않는다.

표 3.7 PAW용 가스

가스	플라즈마 가스	보호가스
100% Ar	모든 금속에 사용 가능	모든 금속에 사용 가능
Ar+5~15%H_2	H_2와의 친화력이 강한 활성금속(Ti, Ta, Zr)에는 사용하지 않음	스텐레스강, Ni합금, NiCu합금에 사용
He	사용불가	Al합금, Cu합금, Ti 후판용접
Ar+He	사용불가	Cu합금, Ti 후판용접

3.7.3 PAW의 여러 공정

1) 플라즈마 용융용접

통상의 아크용접과 같이 플라즈마를 통해 모재로 전달된 열에 의해 모재가 용융되어 이루어지는 용접으로 용융지 형성 및 용가재 공급 등은 GTAW와 동일하다.

2) 마이크로 플라즈마 용접

0.01~1 mm의 박판 및 초박판 용접에 사용하며 사용 용접전류의 범위는 0.05~50 A 이다. 주로 정밀기계 및 전자분야에 적용되며 그림 3.62는 마이크로 플라즈마 용접의 적용 예를 보여준다.

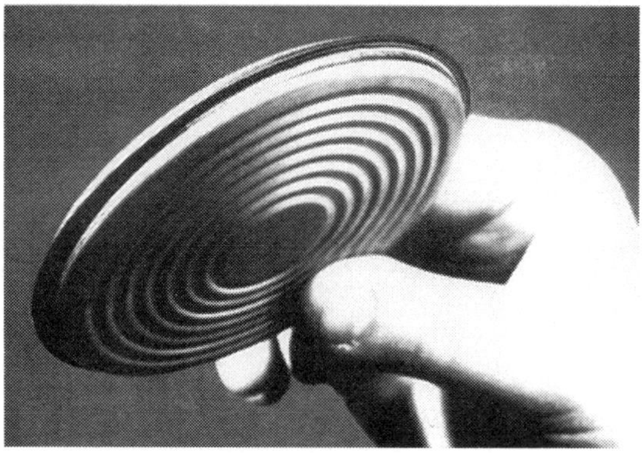

(1) CrNi 합금 다이아프램 용접

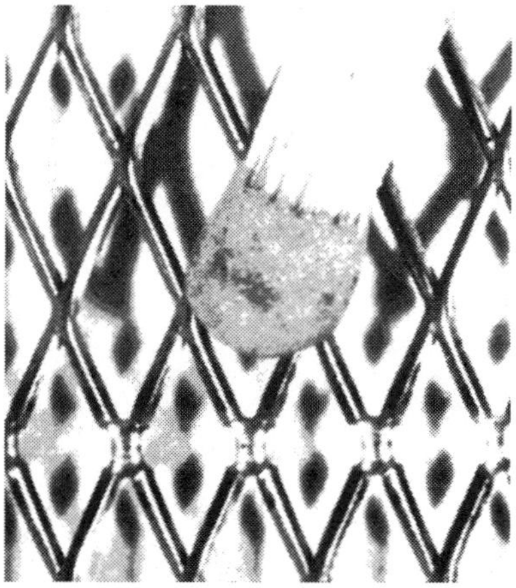

(2) 미세 금속그리드 용접

그림 3.62 마이크로 플라즈마 용접의 적용 예

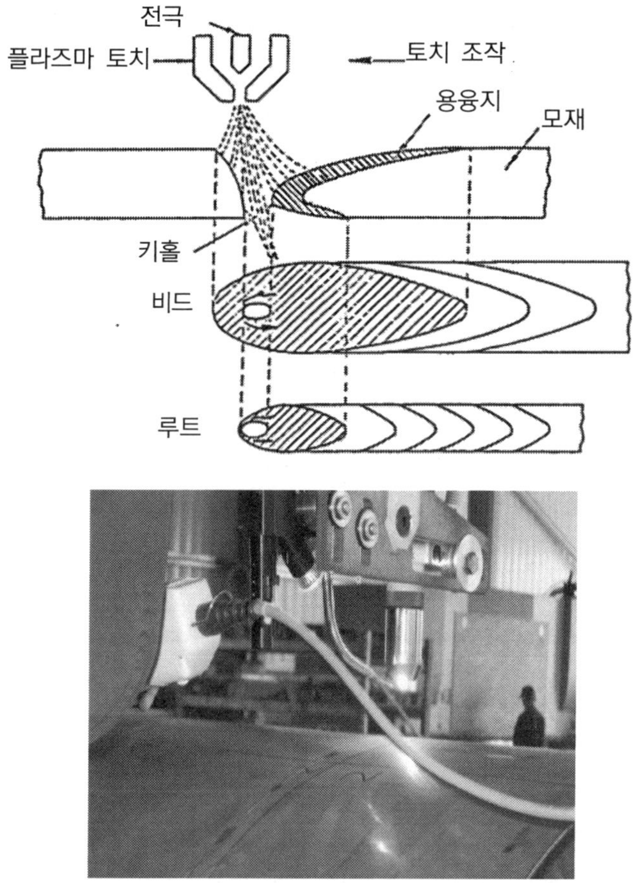

그림 3.63
플라즈마 아크에 의한
키홀 용접

3) 키홀 플라즈마 용접(Keyhole Plasma Welding)

전류크기가 100 A 이상이 되면 플라즈마 기류가 강해져 그림 3.63과 같이 용융금속을 옆으로 밀어내며 용융지를 관통하여 작은 구멍을 형성한다. 플라즈마가 앞으로 이동하면 옆으로 밀려난 용융금속이 구멍 뒤쪽으로 흘러서 구멍을 채우며 응고된다. 이러한 방식의 용접이 키홀 용접이며 2.5~10 mm 두께의 판용접에 적용된다.

3.8 일렉트로가스 용접 (EGW: Electrogas Welding)

3.8.1 원리 및 특성

일렉트로가스 용접(이하 EGW)는 GMAW의 특수한 형태로 그림 3.64와 같이 보호가스 분위기에서 와이어와 수직으로 맞대기 이음 형태로 되어 있는 모재 사이에 아크를 발생시켜 용접하는 방법이다. 이 용접법은 수직상향으로 2~6 m/h의 속도로 용접이 진행되며 45~90° 의 수직각의 맞대기 이음을 갖는 후판에 적용되는 용착속도가 큰 고효율 용접법이다.

용접와이어는 그림 3.65에서 보는 바와 같이 와이어 가이드 노즐을 통하여 송급되며 모재 양측에는 Cu 받침판(Cu-shoe, 구리슈)가 설치되어 있다. 보호 가스는 Cu 받침판에 설치된 별도의 가스 공급구를 통해 용융지에 공급된다. Cu 받침판은 용접진행과 더불어 위로 올라가면서 용융 금속이 흘러내리지 않도록 용융지를 보호하는 역할을 하며 수냉된다.

EGW는 입열량이 600 kJ/cm 에 이를 정도로 대입열 용접이어서 후판용접에 적합하며 싱글와이어 용접인 경우 판두께 10~65 mm, 2개의 와이어를 사용하는 경우는 판두께 80 mm까지 적용할 수 있다. 그러나 대입열로 인해 금속조직이 거칠어져 충격강도가 저하되는 문제가 발생하므로 이에 대한 대비가 필요하다.

3.8.2 용접장치

용접장치는 용접전원, 와이어 송급장치, 토치, 토치 오실레이터, 수냉 Cu 받침판, 승강장치 및 제어기로 구성되어 있으며 완전히 기계화된 상태로 작동된다. 용접전원은 정전압특성의 역극성 직류전원 또는 수하특성의 교류전원으로 전류 750~1,000 A, 전압 30~55 V 및 100% 사용률로 사용된다. 와이어 송급장치는 GMAW용 송급장치와 유사하며 용접이 진행됨에 따라 수직방향으로 이동한다.

EGW에서는 와이어 돌출길이가 30 mm 이상으로 길기 때문에 송급 롤러와 와이어 스풀 사이에 있는 와이어 직선 교정 장치를 통해 와이어가 직선 상태로 용융지에 송급되도록 되어 있다.

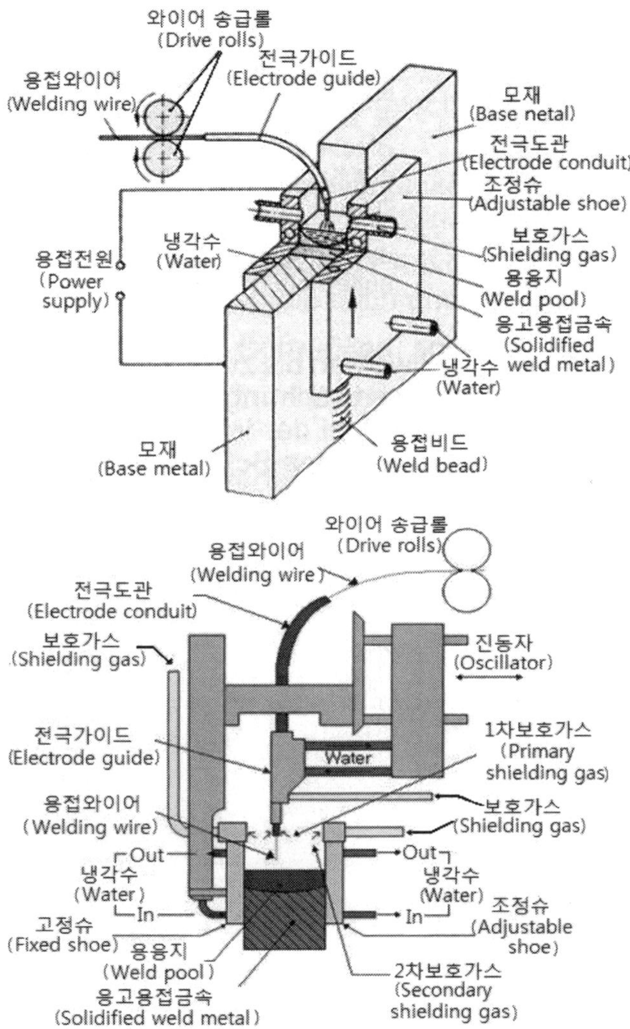

그림 3.64 EGW의 원리 및 구성 요소

토치는 공냉식 또는 수냉식 토치가 사용된다. 이음부는 2~16 mm의 갭을 가진 I, V 또는 양면 V 형태로 좁고 깊으며 이음부 내를 수평으로 왕복운동 할 수 있도록 하기 위해 토치 폭은 10 mm 이내로 되어 있다. 두께가 30 mm 이상의 후판용접인 경우 사용되는 토치 오실레이터는 이음부 양면의 용융과 균일한 용착을 위하여 필요하다.

Cu 받침판은 용융금속이 흘러내리지 못하도록 모재 양측에 수냉 상태로 설치되며 용접이 진행됨에 따라 수직 방향으로 이동한다. Cu 받침판에는 보호 가스 공급구가 있고 오목한 홈을 가지고 있어 적절한 용접 덧살을 형성할 수 있다. 경우에 따라서는 그림 3.65와 같이 모재의 한쪽 면은 Cu 받침판 대신에 고정 백킹재를 사용하기도 한다. 그림 3.66은 선체 탑재공정에서 EGW가 적용되는 부분과 선체 외측판의 용접에 EGW가 적용되는 모습을 보여주고 있다.

승강장치는 토치와 와이어 송급장치를 탑재하고 용융지와 Cu 받침판이 적절한 위치가 되도록 속도를 조절하며 수직상향으로 주행한다.

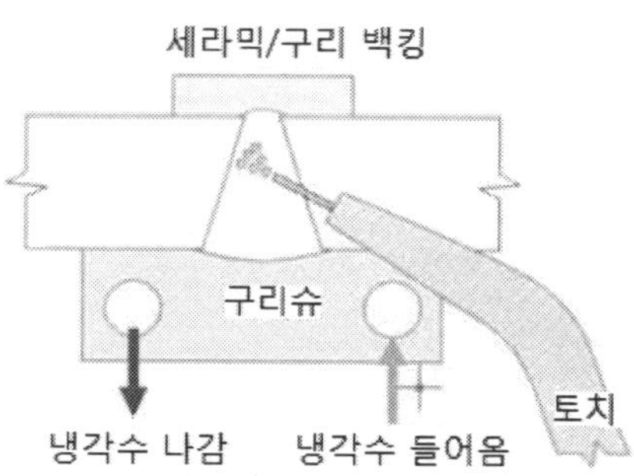

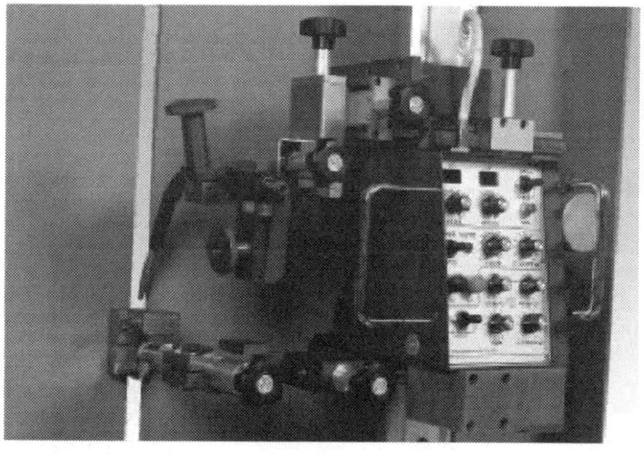

그림 3.65 고정 백킹재를 사용한 EGW 개략도와 EGW 장치

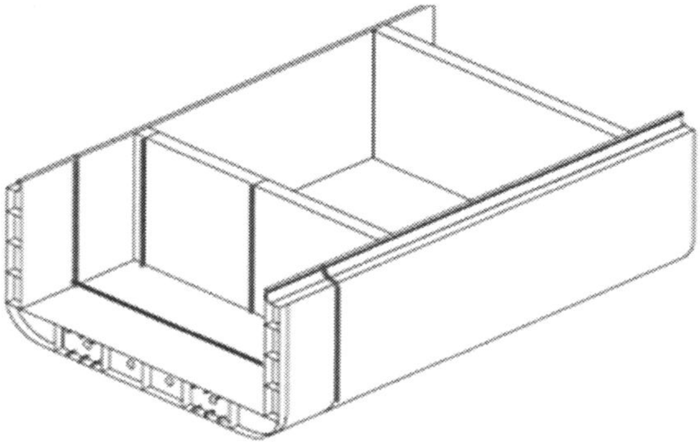

그림 3.66 EGW가 적용되는 선체 부분과 선체 외측판 용접의 EGW 적용모습

3.8.3. 용접재료

1) 보호가스

보호가스는 모재의 재질에 따라 달라지며 탄소강의 경우에는 CO_2 또는 CO_2 + Ar 혼합가스가 사용되며 스테인리스강과 같은 고합금강에는 Ar 또는 He이 사용된다. 자체보호 플럭스 코어드 와이어를 사용하는 경우에는 보호가스가 사용되지 않는다.

2) 용접와이어

용접와이어는 솔리드 와이어 또는 플럭스 코어드 와이어가 사용되며 와이어 직경은 2.4~3.2 mm 범위가 주로 사용된다. 와이어 규격은 AWS 및 KS 에 다음과 같이 제정되어 있다. KS의 경우는 플럭스 코어드 와이어에 대해서만 규격이 정해져 있다.

AWS

EG 0 0 Z − N

- N → 화학조성
- Z → 와이어 종류
  S: 솔리드 와이어, T: 플럭스 코어드 와이어
- 0 → 충격강도
  Z: 규정되어 있지 않음
  0: 20 ft-lb at 0 °F
  2: 20 ft-lb at -20°F
- 0 → 인장강도 [ksi]
  6: 60-80 ksi
  7: 70-95 ksi
  8: 80-100 ksi
- EG → EGW용 와이어

KS

Y F EG − 00 Y

- Y → 보호가스
  C: CO_2
  A: 80%Ar+20%CO_2
  G: 기타
- 00 → 적용 강종 및 용접금속의 화학조성
- EG → EGW
- F → 플럭스 코어드 와이어
- Y → 와이어

Chapter 4

특수 용융용접 (Special Fusion Welding)

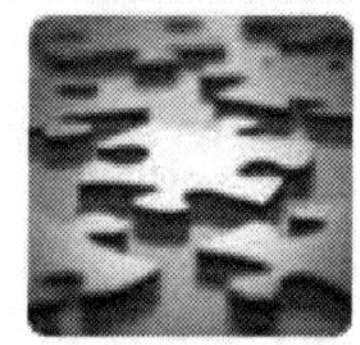

4.1 일렉트로슬래그 용접 (ESW: Electroslag Welding)

4.1.1 원리 및 특징

일렉트로슬래그 용접(이하 ESW)는 용융 슬래그의 전기저항열을 이용하여 모재와 용가재를 용융시키는 용접법으로서 아크를 사용하는 EGW와 사용 열원은 다르나 그림 4.1에 볼 수 있는 바와 같이 용융물의 흘러내림을 방지하기 위해 수냉되는 구리받침대를 사용하며 수직상향으로 진행되는 용접이라는 점에서는 매우 유사하다. 용접과정은 다음과 같다.

① 용접 시작 시 모재와 전극 사이에 아크가 발생함
② 아크열에 의해 파우더 형태의 플럭스가 녹아 용융 슬래그가 형성됨
③ 플럭스 용융량 증가로 용융 슬래그의 용융면이 전극에 닿아 아크가 소멸됨

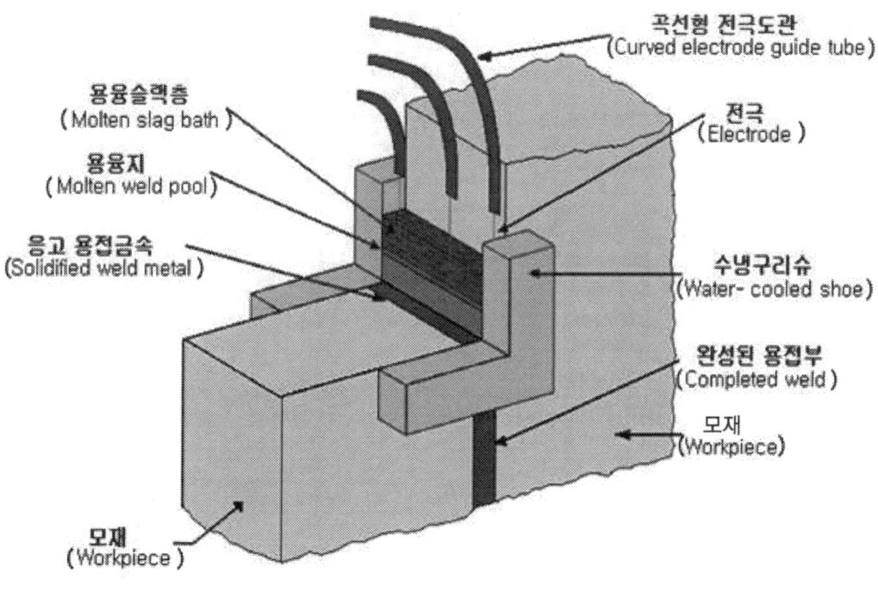

그림 4.1 ESW의 원리

④ 아크 소멸 후 전류는 용융 슬래그를 통해 흐름
⑤ 용융 슬래그의 전기저항열에 의해 모재와 용가재가 계속 용융됨
⑥ 용융물 중 금속은 용융 슬래그의 밑에 쌓여 응고되어 용접부를 형성함

용융 슬래그는 전도체로 전기저항열을 발생시켜 모재와 용가재를 용융시킴과 동시에 용융금속 상부에 위치하여 용융지를 보호한다. 또한 플럭스의 합금성분을 통해 용접부의 특성을 향상시키는 역할도 한다.

ESW는 대입열 용접법으로 시간당 와이어 용융량이 15~20 kg에 이를 만큼 용착속도가 빠르며 통상 10~300 mm의 후판용접에 적합하여 조선, 중기계, 대형 압력용기 제작에 많이 사용된다. 최근에는 6개의 전극을 사용하여 910 mm의 극후판 용접에까지 적용한 사례가 있다.

4.1.2 용접장치

ESW 장치는 그림 4.2에서 볼 수 있는 바와 같이 전원, 전극 송급장치, 전극가이드, Cu 받침대, 제어반으로 구성되어 있다. 전극 가이드는 전극와이어와 함께 용융되는 소모성 가이드와 용융되지 않는 비소모성 가이드로 나누어지며 양쪽 모두 전극와이어가 휘지 않고 직선으로 용융 슬래그에 공급되도록 하는 역할을 한다. 소모성 가이드의 경우는 전극의 지지뿐만 아니라 전류의 주된 통로이기도 하다.

비소모성 가이드식 ESW에서는 용접와이어를 가이드를 통해 공급하며 와이어 용융속도에 맞추어 용접부 양쪽에 설치된 수냉식 구리냉각판과 용접기를 수직상향으로 이동하며 용접한다. 반면에 소모성 가이드식 ESW에서는 전극와이어와 가이드로 구성된 용가재가 용접부의 시작 부분부터 끝 부분까지 전 용접부의 길이에 설치되어 용접기와 수냉식 냉각판이 이동하지 않는다. 전류는 가이드를 통하여 흐르므로 가이드는 절연되어 있다.

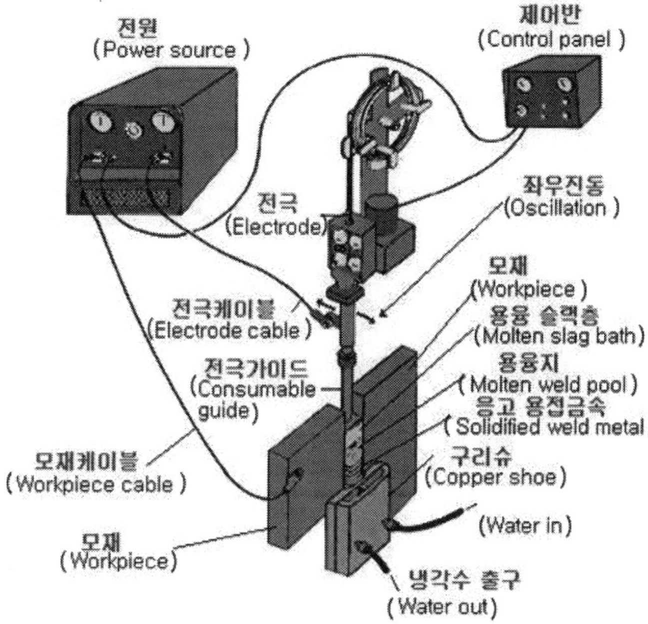

그림 4.2 ESW 장치

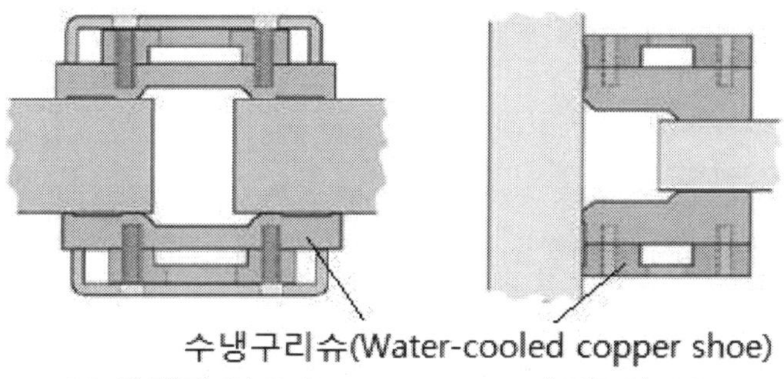

(a) 맞대기 이음부 (b) T-이음부

그림 4.3 ESW용 수냉 구리슈가 설치된 모습

그림 4.3은 맞대기 및 T 이음부에 구리슈(받침대)를 장착한 형태를 보여주고 있으며 그림 4.4는 ESW의 적용 예를 보여주고 있다.

그림 4.4 ESW의 적용 예

4.1.3 용접재료

용접재료는 전극와이어와 플럭스이며 소모성 가이드 방식인 경우 가이드가 포함된다. 전극와이어는 솔리드형과 메탈 코어드형가 있다. 전극의 직경은 2.4~3.2 mm가 주로 사용된다. 플럭스는 용융 슬래그를 형성하는 중요한 재료로 SiO_2, MnO, Al_2O_3, CaO가 주성분인 용융형 플럭스를 많이 사용하며 용접부의 기공방지를 위해 건조 후 사용한다. 소모성 가이드는 전류의 주된 통로이며 용융 슬래그의 표면에서 녹아 용융금속의 일부가 되므로 용융금속과 화학성분이 비슷한 재료로 만들어진다.

4.2 전자빔 용접 (EBW: Electron Beam Welding)

4.2.1 원리

전자빔 용접(이하 EBW)는 진공 중에서 음극에서 방출된 전자를 고전압으로 가속하고 전자기 렌즈로 집속시켜 얻어진 고밀도 에너지를 이용하여 용접하는 용접법이다. EBW의 용접원리 및 과정은 그림 4.5와 같다.

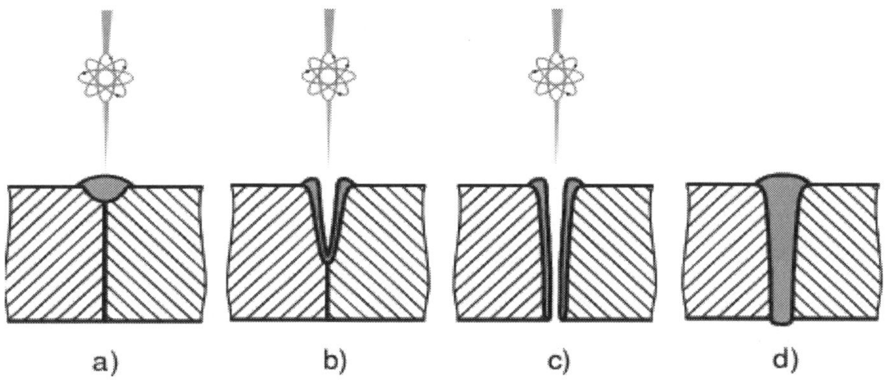

a) 고전압에 의해 가속된 전자가 모재표면에 충돌함과 동시에 전자의 운동에너지가 열에너지로 변환됨
b) 모재 표면에 가해진 고밀도의 열에너지는 금속을 용융시키며 전자빔이 직접 조사되는 부분은 기화되어 좁고 깊은 공동을 형성함
c) 증기 공동에 의해 전자빔이 모재 깊이 조사되어 공동이 모재를 관통하여 키홀을 형성함
d) 전자빔이 앞으로 이동하면 금속 증기압에 의해 공동 주변으로 밀려나 있던 용융금속이 공동을 채워 좁고 깊은 용접부가 형성됨

그림 4.5 EBW 원리 및 용접과정

4.2.2 EBW 장치

EBW 장치는 그림 4.6에서 볼 수 있는 바와 같이 전자총(electron gun), 진공 챔버(vacuum chamber), 부재이송장치, 전원, 진공펌프, 제어장치로 구성되어 있다.

전자총은 그림 4.7에서 볼 수 있는 바와 같이 크게 빔 발생부와 빔 제어부의 2부분으로 이루어져 있으며 빔 발생부는 텅스텐 음극(W-cathode), 제어전극, 양극으로 구성되고 빔 제어부는 집속 및 편향 코일, 관측용 광학장치로 구성되어 있다.

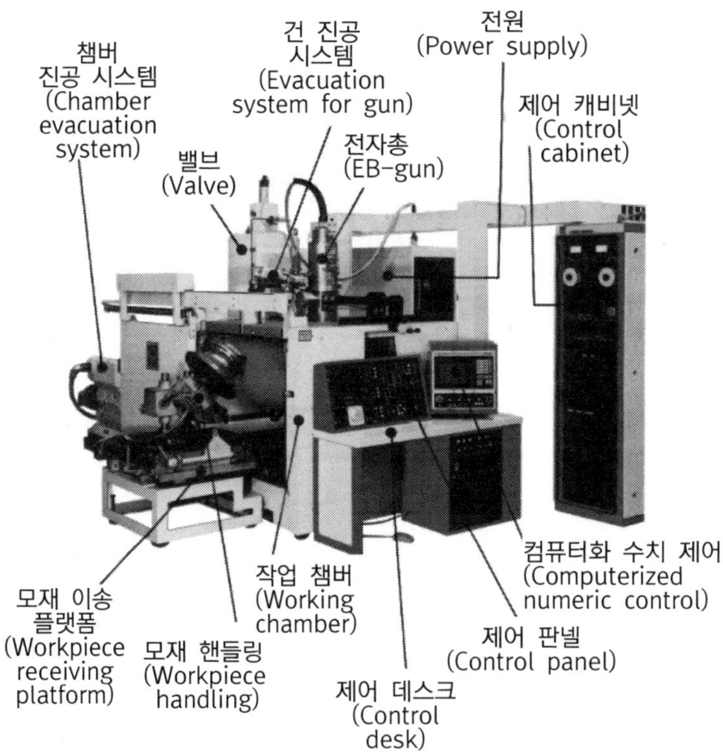

그림 4.6 EBW 장치

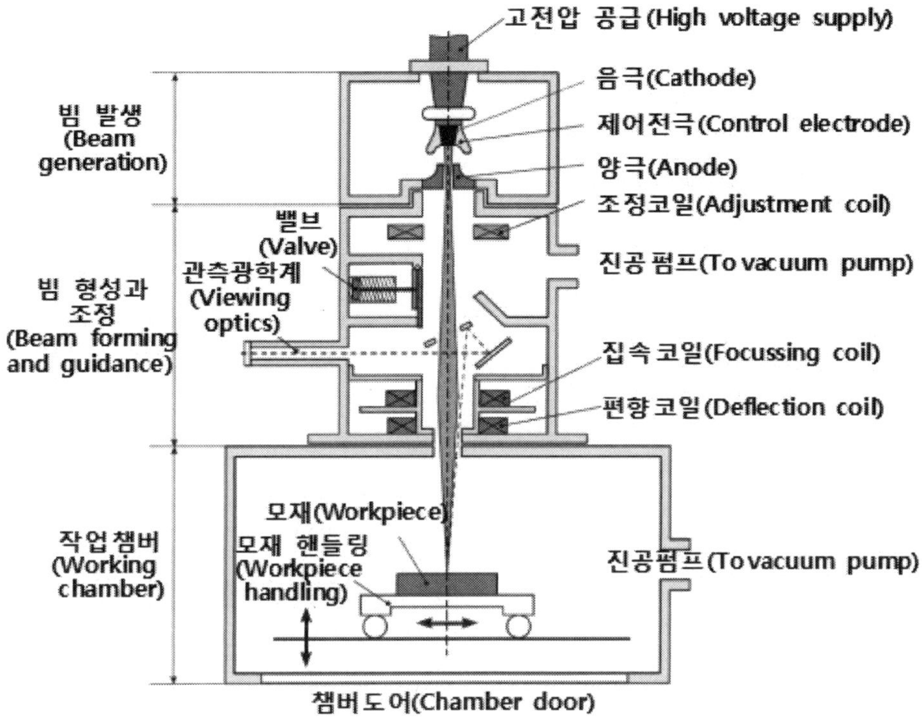

그림 4.7 EBW 주요 구성요소

전자빔은 텅스텐 음극을 고온으로 가열하여 열전자를 방출시킴으로써 얻어지며 방출된 전자는 음극과 양극 사이에 인가된 고전압(통상 60~150 kV)에 의해 가속된다. 가속된 전자는 양극 중앙에 있는 구멍을 통과한 후 집속코일에 의해 집속되고 편향코일을 통해 진공챔버에 있는 이음부로 조사된다. 음극의 부근에는 제어전극이 있어 전자량을 조절해준다.

진공챔버는 용접이 이루어지는 작업실이며 전자빔이 피용접물에 도달할 때까지 가스 또는 공기 입자와의 충돌로 에너지가 산란되어 에너지 밀도가 저하되는 것을 방지하기 위해 진공으로 유지된다. 진공도는 10^{-4}~10^{-2} torr(1 torr = 1 mmHg = 133.3 Pa = 1/760 atm)로 유지된다.

부재이송장치는 전자빔의 집속영역이 매우 좁으므로 빔의 조사 위치와 이음부 위치가 정확히 일치할 수 있도록 정밀 제어가 가능해야 한다.

4.2.3 EBW 특징

전자빔은 고출력의 에너지가 직경 0.1~0.2 mm의 영역으로 집속되어 에너지 밀도가 10^6~10^8 W/cm^2 로 매우 높다. 따라서 비드 폭과 깊이의 비가 1:40 이상이 되는 좁고 깊은 비드가 형성되며 용접 깊이는 300 mm까지 가능하다. 그림 4.8에서 EBW, GMAW, SAW 용접비드에 대한 차이를 볼 수 있다.

■ EBW의 주요 특징을 요약하면 다음과 같다.

- 용접속도가 빠르고 박판에서 후판까지 광범위한 용접이 가능
- 열영향부(HAZ: Heat Affected Zone)가 좁고 변형이 거의 없음
- 고융점 재료의 용접이 가능
- 동종 및 이종재료 용접이 용이
- 정밀부품의 용접가능
- Ti, Zr 등과 같은 활성금속의 용접이 가능
- 이음부의 정밀 가공 및 전자빔과 이음부의 정밀 제어 요구
- 진공챔버 크기에 의해 작업물의 크기가 제한됨
- X-선이 발생함

그림 4.9는 다양한 이음부에 대한 EBW의 적용 예를 보여주고 있다.

	EBW	GMAW (narrow gap)	SAW (narrow gap)	SAW (conventional)
비드모양	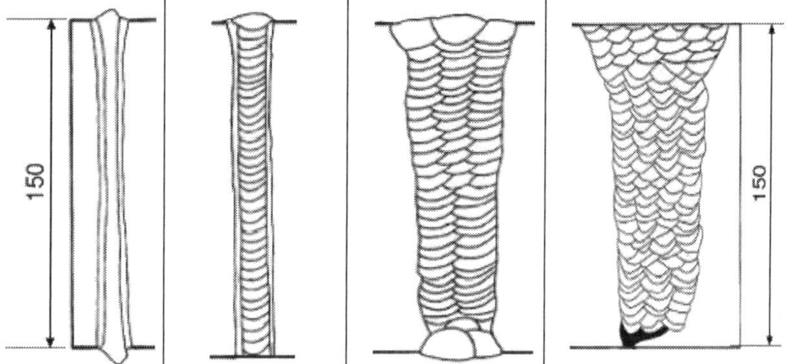			
용접전류	0.27A	260A	650A	510A
용접전압	150,000V	30V	30V	28V
그루브면적	896 mm^2	2,098 mm^2	4,905 mm^2	5,966 mm^2
패스수	1	35	81	143
용가재소요량	0	23 kg	54 kg	66 kg
용융효율	7.7 kg/h	5 kg/h	13 kg/h	9 kg/h
입열	64x10^3 kJ	128x10^3 kJ	293x10^3 kJ	377x10^3 kJ
용접시간	27min	4h 35min	4h 11min	7h 20min

그림 4.8 동일한 두께 용접 시 EBW와 타 용접법의 비드 비교

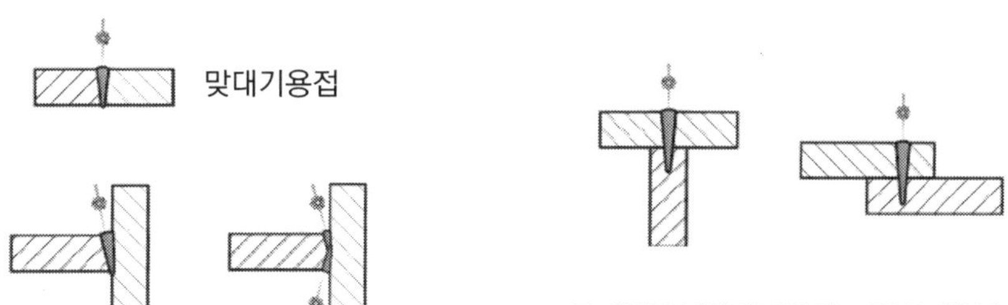

그림 4.9 다양한 이음부에 대한 EBW의 적용

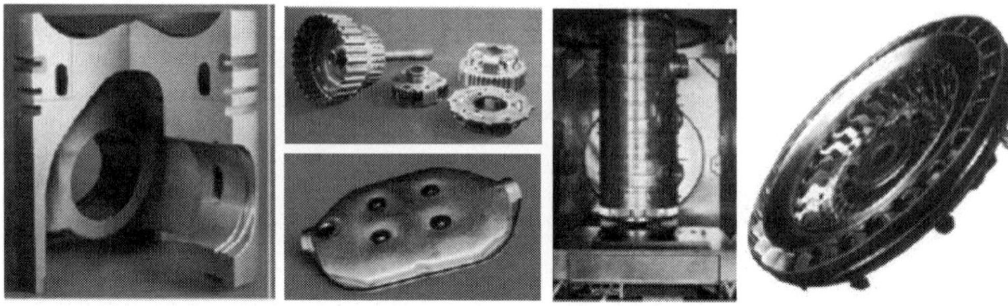

그림 4.10 EBW를 적용한 제품

EBW는 모든 금속의 용접에 적용될 수 있으며 대표적인 적용 분야는 원자로, 항공기, 우주선, 자동차, 터빈, 기어제작, 공구 등이다. 그림 4.10은 EBW를 사용하여 제작한 제품을 예시한 것이다.

4.3 레이저빔 용접 (LBW: Laser Beam Welding)

4.3.1 레이저 발생 원리

LASER는 Light Amplification by Stimulated Emission of Radiation의 머리문자의 합성으로 이루어진 용어로서 “유도방출에 의한 빛의 증폭”이란 의미이다. 레이저의 발생 원리는 다음과 같다. 원자는 외부로부터 에너지를 받으면 에너지 레벨이 낮은 안정한 기저상태로부터 에너지 레벨이 높은 여기상태로 변한다. 이 여기상태의 수명은 매우 짧아 다시 기저상태로 돌아가며 두 에너지 레벨의 차이에 해당되는 에너지를 빛으로 방출한다. 이것을 자연방출이라고 한다. 여기상태에 있는 원자가 외부에서 가해진 에너지에 의해 기저상태로 떨어지게 되면 외부에서 입사된 에너지와 파장과 위상이 같은 빛이 방출되는데 이를 유도방출이라고 한다. 이 때 외부에서 입사된 빛도 함께 방출되므로 2개의 빛으로 증폭된 결과가 된다. 이러한 과정이 반복되면 점점 빛의 세기가 증폭되어 레이저로 방출된다.

레이저는 단파장이며 간섭성이 높고 직진성이 좋은 빛으로 백열등에서 나오는 복합광과 비교하였을 때 그림 4.12와 같은 차이점을 지닌다.

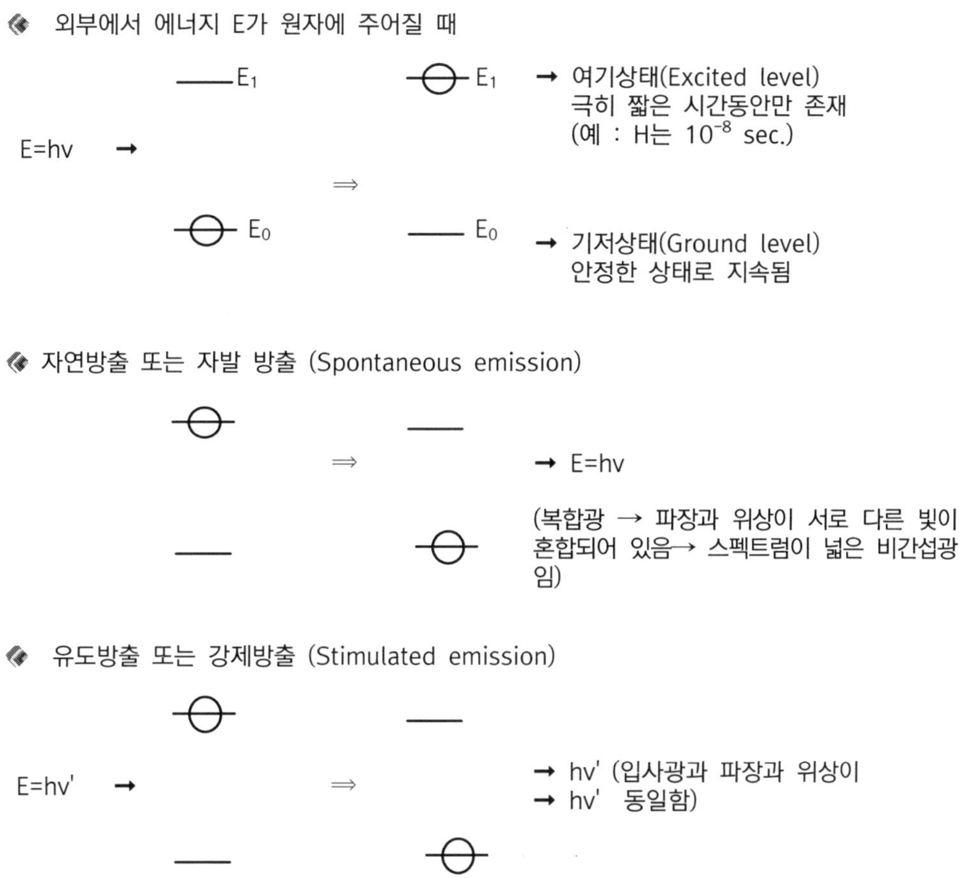

그림 4.11 레이저 발생 원리

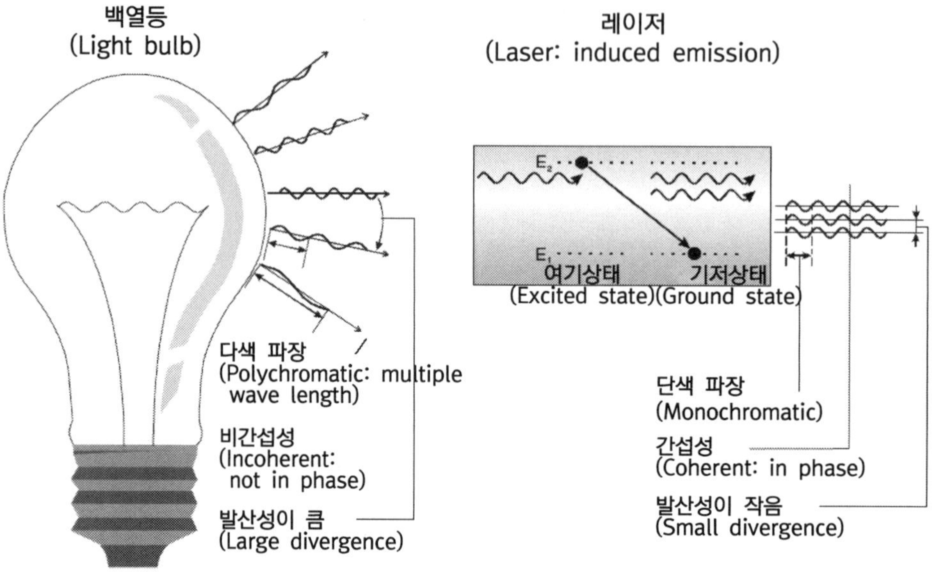

4.3.2 레이저 발생장치

레이저 발생 장치는 그림 4.13에서 볼 수 있는 바와 같이 레이저 매질(laser medium), 여기매체(pumping source) 및 광학 공진기(optic resonator)의 3부분으로 구성되어 있다.

레이저 매질은 기체, 반도체 또는 고체로 되어 있으며 열역학적 균형을 이루면서 다른 에너지 준위를 갖는 물질로 구성되어 있다. 레이저 매질의 입자는 외부에서 에너지를 흡수하여 여기상태로 활성화되며 이후 연쇄적으로 일어나는 유도방출에 의해 빛은 기하급수적으로 증폭된다. 여기매체는 레이저 매질을 여기상태로 만들어주기 위한 에너지를 공급한다. 레이저 매질이 가스인 경우는 전기적 방전, 반도체인 경우는 전류, 고체인 경우는 플래시 램프에서 나오는 고

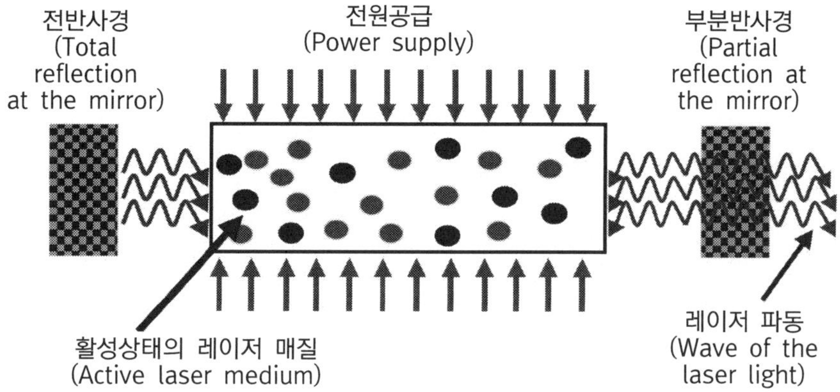

그림 4.13 레이저 발생장치

휘도의 빛이 여기매체가 된다. 광학 공진기는 전반사경(high reflector)와 부분반사경(output coupler)의 두 개의 거울로 이루어져 있다. 전반사경은 빛을 전부 반사시키며 부분반사경은 증폭된 빛이 경계치(threshold value)인 일정 수준의 에너지밀도에 도달할 때까지는 반사하나 그 이상이 되면 외부로 발출시키는 거울이다. 따라서 레이저 매질에서 일어나는 유도방출은 두 개의 거울에 의한 빛의 반사에 의해 더욱 촉진되며 빛의 에너지 밀도가 경계치 이상이 되면 부분반사경을 통과하여 외부로 레이저가 방출된다.

레이저빔 용접(이하 LBW)는 이러한 과정을 통해 방출된 레이저를 매우 좁은 영역으로 집속하여 10^6 W/cm^2 이상의 고밀도의 에너지를 얻고 이를 이용하여 용접하는 용접법이다.

4.3.3 레이저의 종류

레이저는 고체레이저, 반도체레이저 및 가스레이저의 3종류로 구분되며 레이저의 종류에 따라 레이저의 강도와 파장은 서로 다르다.

1) 고체레이저

고체 레이저는 루비 레이저, Nd:glass 레이저, Nd:YAG 레이저가 있으며 각 레이저의 매질 및 특성은 표 4.1과 같다.

고체레이저의 구성은 그림 4.14와 같이 막대형의 레이저 활성화 매질이 공진기의 두 반사경 사이에 위치하며 매질은 양측에 위치한 광학 펌프에 의해 활성화된다. 광학펌프인 플래시 램프는 펄스 레이저, 아크램프는 연속 레이저를 발생시킨다. 레이저 출력은 통상 10 W~5 kW 범위이나 펄스 레이저의 경우는 20 kW까지 얻을 수 있어 다양한 금속의 용접에 사용된다.

표 4.1 고체레이저의 종류

종류	매질	레이저 활성화 매질	파장 길이
Ruby 레이저	Rubin	크롬이온(Cr^{3+})	0.694 ㎛
Nd:Glass 레이저	Glass	네오디뮴 이온(Nd^{3+})	1.06 ㎛
Nd:YAG 레이저	YAG	네오디뮴 이온(Nd^{3+})	1.064 ㎛

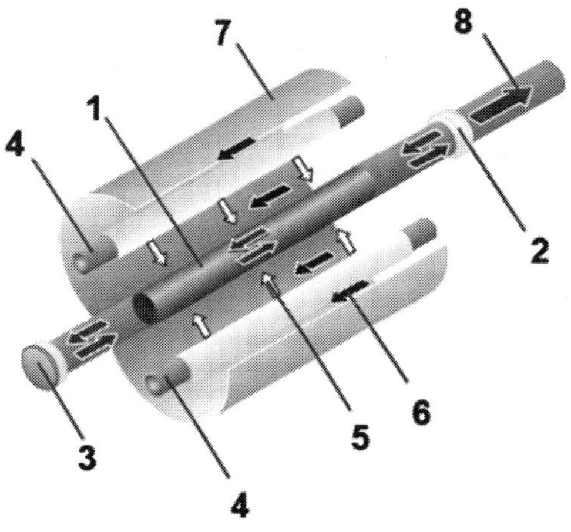

1. 활성화 매질(Active medium)
2. 방출 반사경(Output mirror)
3. 고 반사경(High reflective mirror)
4. 여기체(Excitation)
   (동축 플래시 Coaxial flashes)
5. 증폭 광원(Pumped light)
6. 냉각수(Cooling water)
7. 반사경(Reflector)
8. 레이저 빔(Laser beam)

그림 4.14 고체레이저의 구성

그림 4.15 Nd:YAG LBW

Nd:YAG를 사용하는 고체레이저는 용접 및 절단에 널리 사용되며 효율은 3~10%정도이다. 고체레이저는 광섬유로 분할 및 전달이 가능하여 작업의 효율성이 높다. 그림 4.15는 Nd:YAG 레이저빔으로 자동차의 부품을 용접하는 모습을 보여주고 있다.

2) 반도체레이저

반도체레이저는 다이오드(diode)레이저라고도 하며 GaAs, GaAlAs가 매질로 사용된다. 레이저 파장은 0.78~0.94 ㎛이며 에너지 밀도는 5×10^5 W/cm^2 정도로 고체나 기체레이저보다 낮다. 반도체레이저는 플라스틱이나 금속 재료의 솔더링, 경화 및 용접에 사용된다.

3) 가스레이저

가스레이저는 엑시머(KrF, XeCl), ArF, HeNe, CO_2 등이 매질로 사용되며 용접이나 절단에 사용되는 매질은 CO_2이다. CO_2 레이저의 구성은 그림 4.16

과 같으며 공진기내에는 CO_2 : N_2 : He = 1 : 2 : 10의 혼합가스가 채워져 있다. 전극사이에서 방전이 일어나면 질소가 활성화되며 질소의 진동에너지가 CO_2로 전달되어 레이저가 방출된다. 냉각기의 냉각작용은 He의 높은 열전도성을 통해 혼합가스를 냉각시켜 안정적인 공정이 지속될 수 있게 한다. CO_2 레이저는 파장이 10.6 ㎛이고 효율은 10~15%, 출력은 통상 5~20 kW이나 40 kW까지도 얻어진다. CO_2 레이저는 절단, 용접 및 표면처리 작업에 널리 적용된다. 그림 4.17은 CO_2 레이저빔을 이용한 자동차 차체의 용접 모습이다.

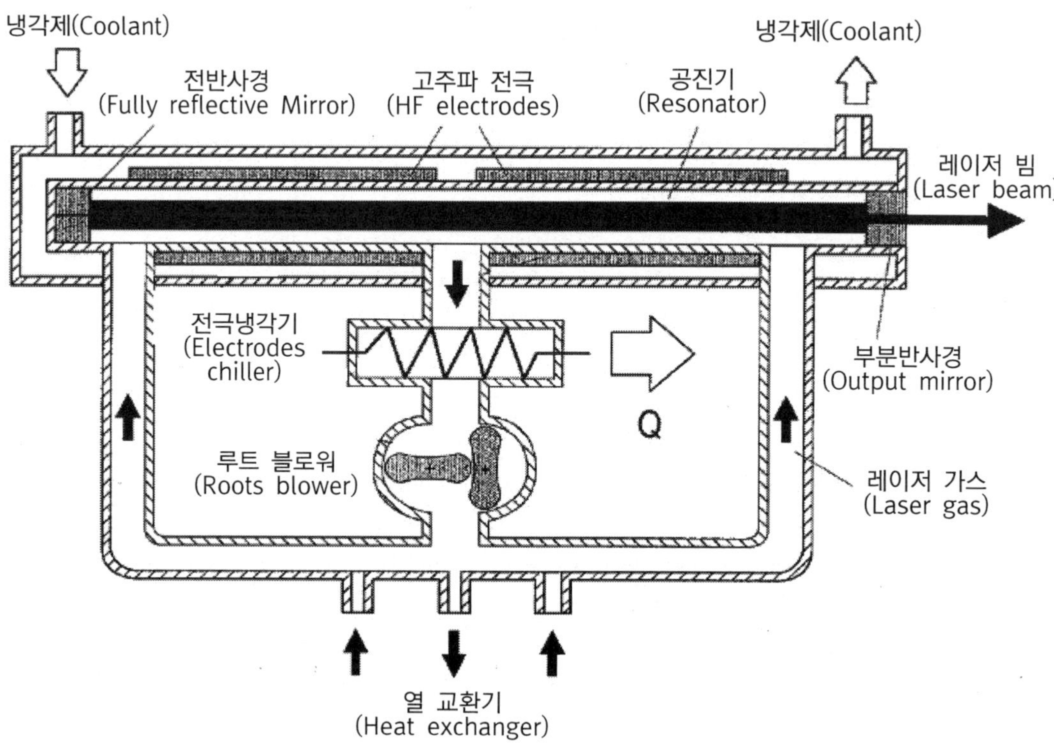

그림 4.16 CO_2 레이저의 구성

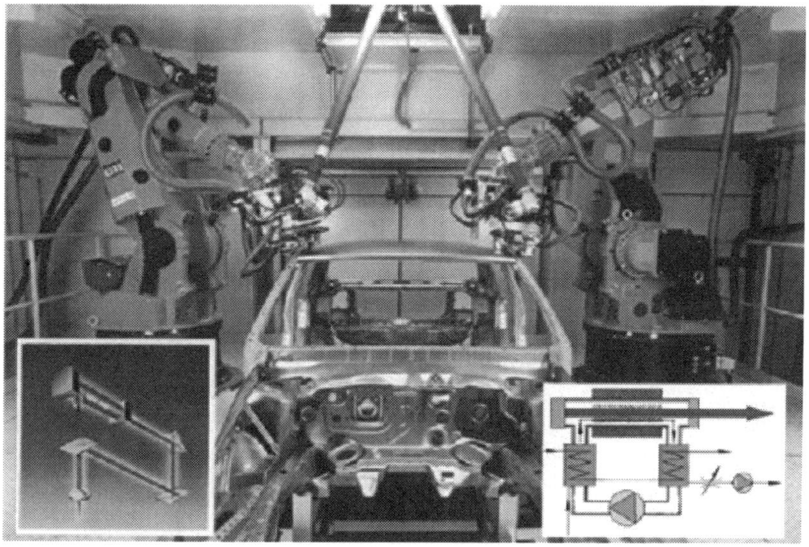

그림 4.17 차체의 CO_2 LBW

4.3.4 LBW의 원리와 특성

레이저빔은 모재에 조사되면 재료가 급속하게 가열되어 고온의 금속 증기가 형성되고 금속 증기압에 의해 조그만 원통 모양의 키홀이 형성된다. 키홀에 의해 레이저빔은 이음부를 관통하고 키홀이 이동하면 키홀 주위의 용융 금속이 키홀 뒤쪽을 메우면서 진행하여 마치 좁고 깊은 관(vapor capillary)이 이동하는 현상을 보이며 용접 비드를 형성한다. 키홀의 직경은 CO_2 레이저 용접의 경우 대략 0.2~1 mm정도이다.

철강재료의 용접인 경우 10^6 W/cm^{2}이상의 에너지 밀도가 요구되며 박판의 경우 최대 용접속도는 15 m/min에 이른다. LBW의 경우 이음부의 가장자리 가공은 용접품질에 큰 영향을 미친다. 이음부의 갭과 모서리의 오프셋은 그림 4.18에 나와 있는 허용범위 내에 있어야 용접이 가능하다. 또한 그림 4.19는 갭에 따른 비드의 형상의 변화와 모서리의 오프셋이 클 때 비드의 모양을 보여주고 있다.

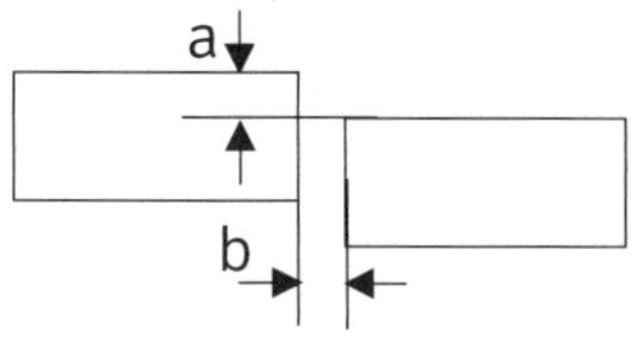

시편두께 d	갭폭 b	모서리 오프셋 a
0.5~3 mm	0.1 x d	0.1 x d
3~10 mm	0.05 x d	

그림 4.18 이음부의 갭과 모서리 오프셋의 허용범위

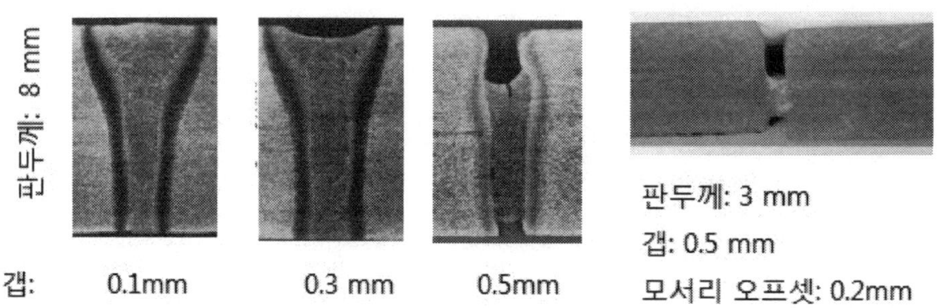

그림 4.19 갭과 모서리 오프셋의 변화에 따른 LBW 비드 모양의 변화

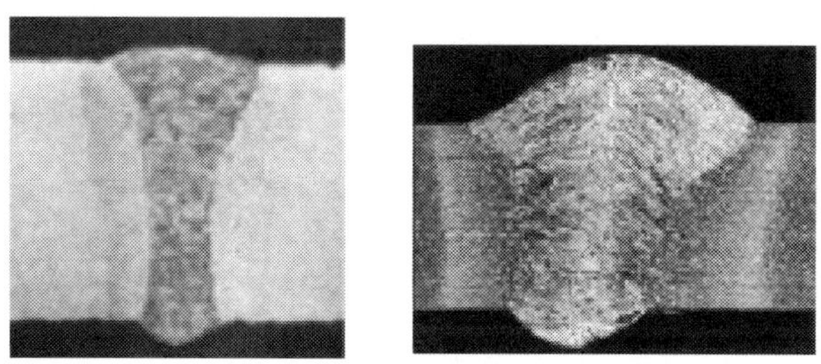

그림 4.20 LBW 비드와 SAW 비드

LBW는 고에너지 밀도의 열을 집속하여 용접하기 때문에 좁고 깊은 비드가 형성된다. 그림 4.20은 LBW 비드와 SAW 비드의 차이를 보여주고 있다.

LBW의 특성을 요약하면 다음과 같다.

- 용접부가 좁고 깊음
- 입열이 적어 HAZ가 좁고 열변형이 적음
- 고속 용접이 가능하며 용접 생산성이 높음
- 접합될 부품의 조건에 따라서 한 방향의 용접이 가능
- 이음부의 가공 및 정렬에 있어서 고도의 정밀성이 요구됨
- 용접부의 급냉으로 경도가 높고 인성값이 저하됨

그림 4.21은 상기한 LBW의 특성을 활용하여 자동차 차체 일부의 용접에 적용되고 있는 이음부의 형상을 보여주고 있다.

최근에는 이음부 가공 및 정렬의 정밀도가 낮거나 갭이 큰 경우에도 LBW를 적용할 수 있도록 LBW에 용가재를 사용하거나 아크용접과 LBW를 조합한 하이브리드(hybrid) LBW가 개발되어 후판을 사용하는 조선 및 플랜트 분야에까지 적용범위를 넓히고 있다. 그림 4.22는 갭이 큰 경우에도 용가재를 사용한 LBW를 적용하여 정상적인 비드를 얻을 수 있음을 보여주고 있고 그림 4.23은 하이브리드 LBW의 원리와 하이브리드 LBW를 크루즈선 조립에 적용하는 모습을 보여주고 있다.

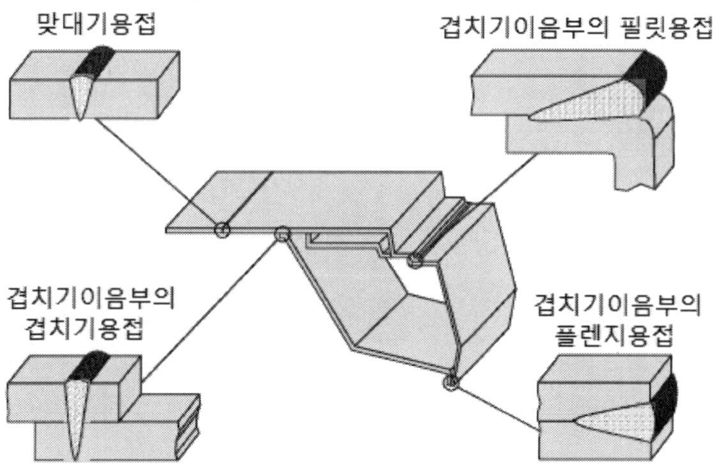

그림 4.21 자동차 차체의 LBW 이음부 형상

용가재 미사용　　　　　　용가재 사용

그림 4.22 용가재를 사용한 LBW 비드

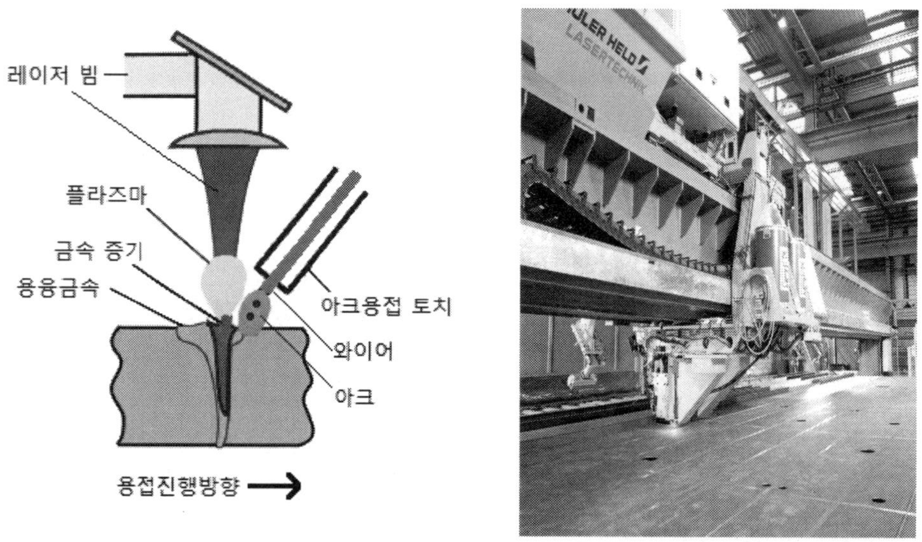

(a) 하이브리드 LBW　　　　(b) 크루즈선 조립에의 하이브리드 LBW의 적용

그림 4.23 하이브리드 레이저빔 용접의 원리와 크루즈선 조립에의 적용 모습

4.4 산소아세틸렌 가스용접 (OAGW: Oxyacetylen Gas Welding)

4.4.1 산소아세틸렌 가스용접의 원리

산소아세틸렌 가스용접(이하 OAGW)는 산소와 연료가스인 아세틸렌에 의한 불꽃으로 모재와 용가재를 용융시켜 접합하는 용접법이다. 아세틸렌 외에 연료가스로 사용되는 대표적 연료가스는 수소, 프로판, 천연가스(주로 메탄)가 있으며 그 가스들의 중요한 특성은 표4.2에 나와 있는 바와 같다. 연료가스의 특성 중 용접에 중요한 요소는 불꽃힘(flame power)과 불꽃온도(flame temperature)인데 표4.2에 의하면 아세틸렌이 가장 적합한 연료가스임을 알 수 있다.

OAGW 불꽃은 그림 4.24와 같은 특징을 가지고 있다. 즉, 불꽃은 다음과 같은 3단계의 연소과정을 거쳐 형성되며 불꽃의 형상도 3부분으로 나누어져 있다. 불꽃의 최고온도는 약 3,200℃이다.

3부분으로 구성된 용접불꽃과 3단계의 연소과정은 다음과 같다.

① 흑심(Dark core)

해리과정: $C_2H_2 \rightarrow 2C+H_2+Q_1$ (=227 kJ/mole)

② 1차 불꽃(Primary flame)

1차 연소: $2C+O_2 \rightarrow 2CO+Q_2$ (=221 kJ/mole)

표 4.2 연료가스들의 특징

연료가스	열량 kJ/m³	연소속도 m/s²	불꽃온도 ℃	불꽃힘 kW/cm²
수소(H_2)	10,800	8.9	2,500	13.98
아세틸렌(C_2H_2)	57,000	13.5	3,150	42.74
프로판(C_3H_8)	93,000	3.7	2,750	10.27
천연가스	36,000	3.3	2,770	8.51

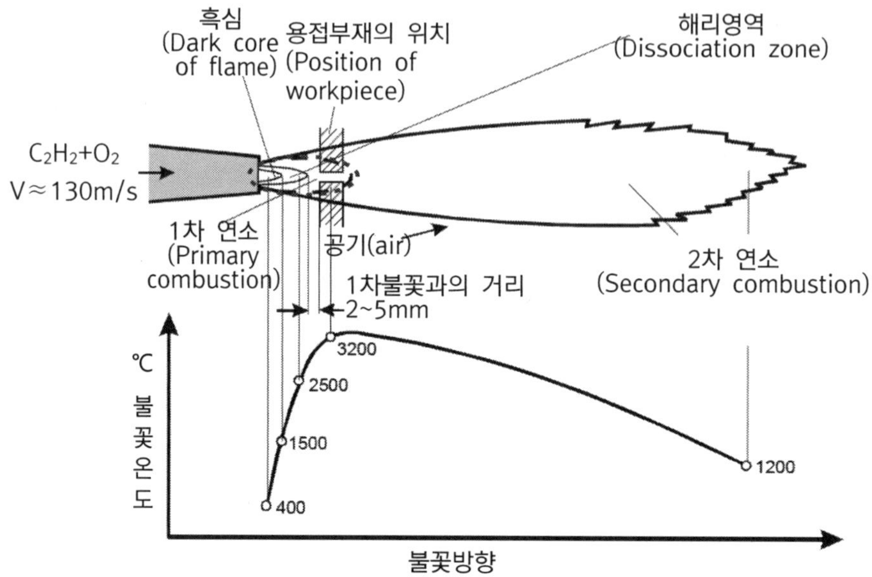

그림 4.24 OAGW 불꽃의 구조

③ 2차 불꽃(Second flame)

2차 연소: $2CO+H_2+3/2O_2 \rightarrow 2CO_2+H_2O+Q_3$ (=812 kJ/mole)

여기에서 1차연소의 산소는 산소 실린더에서 토치로 공급된 산소가 사용되며 2차연소에 필요한 산소는 대기로부터 공급된다.

4.4.2 용접장비

OAGW 장비는 그림 4.25와 같이 아세틸렌 및 산소 실린더, 용접토치 및 가스 호스로 매우 간단하며 전기가 사용되지 않는 큰 특징이 있다.

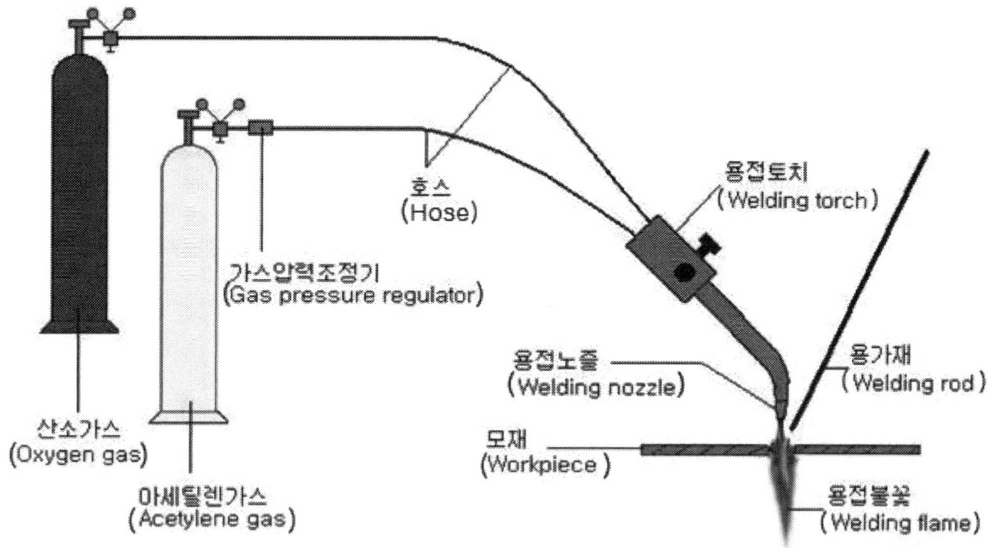

그림 4.25 OAGW 장비

1) 아세틸렌 실린더

아세틸렌은 고압상태에 있으면 폭발하기 쉬우므로 아세톤에 용해된 상태로 저장되고 아세틸렌이 용해된 아세톤은 돌로 만들어진 다공성 물질 속에 채워진다. 아세틸렌 실린더는 노란색으로 표기되며 50ℓ 체적의 실린더에는 16 kg의 아세톤이 채워지고 여기에 10 kg(9,090ℓ)의 아세틸렌이 용해되어 있다.

2) 산소 실린더

산소 실린더는 파란색으로 나타내며 고압용기이다. 50 ℓ 체적의 산소 실린더는 200 bar의 압력으로 50 ℓ의 산소를 저장하며 이 산소량은 대기압에서는 10,000 ℓ에 해당된다.

3) 용접토치

OAGW 토치는 불꽃의 상태를 간단한 방법으로 조절할 수 있도록 산소밸브와 연료가스 밸브를 가지고 있다. 가장 널리 사용되는 토치는 인젝터형 토치(injector type torch)로 그림 4.26와 같은 구조로 되어 있다. 이 토치는 연료가스와 산소가 토치의 노즐 밖으로 분사되기 전에 토치 내의 인젝터(injector)라 부르는 곳에서 혼합된다.

인젝터는 그림 4.27과 같은 구조로 되어 있고 산소가 약 2.5 bar의 압력으로 고속으로 분사되면 압력노즐과 혼합노즐 사이에 압력차가 발생하여 연료가스를 흡입하게 된다.

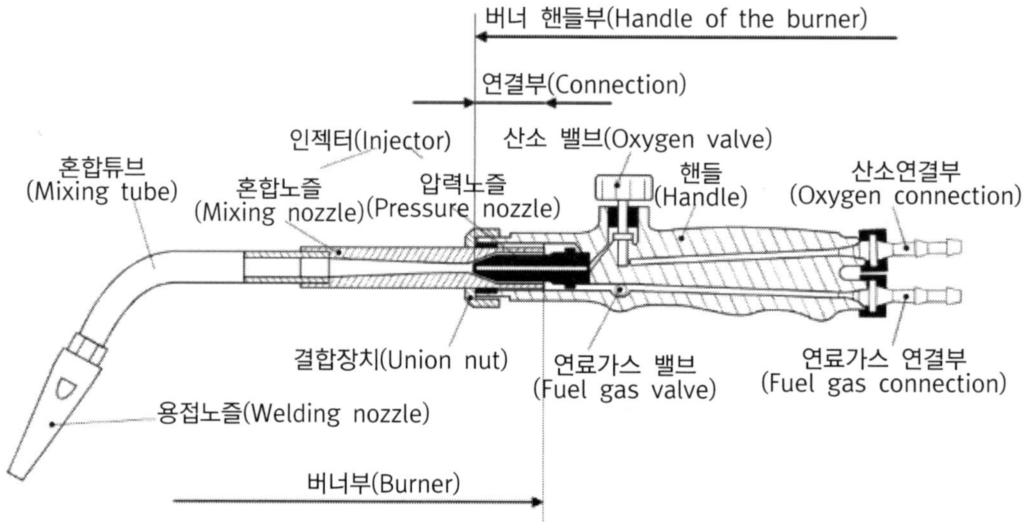

그림 4.26 인젝터 토치의 구조

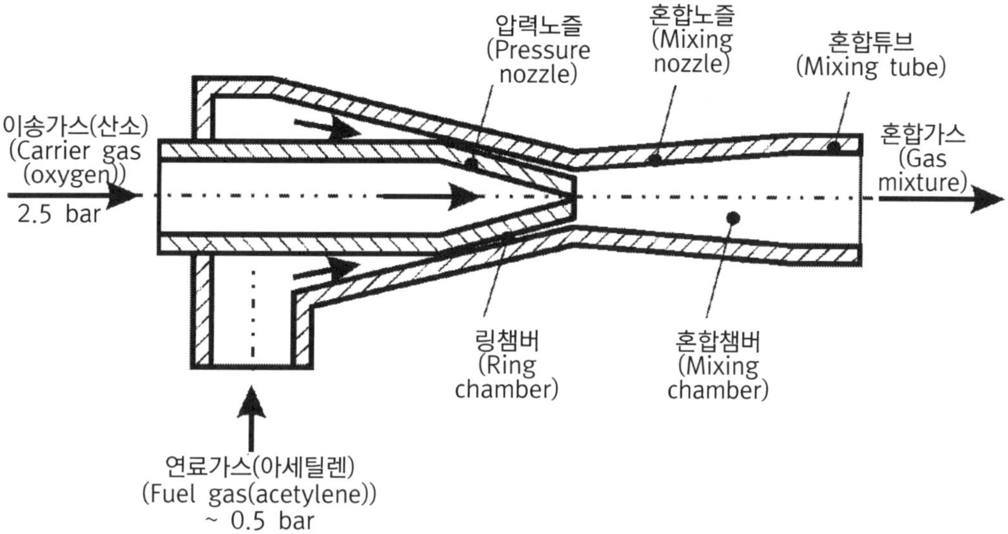

그림 4.27 인젝터 토치의 혼합기

4.4.3 용접기법

1) 불꽃의 종류

불꽃의 종류는 3가지가 있으며 각 불꽃의 특성 및 용도는 그림 4.27과 같다.

2) 운봉법

운봉법은 불꽃의 방향이 어디로 진행하는가에 따라 좌진법과 우진법이 있으며 모재의 판두께에 따라 5 mm 이하의 박판인 경우는 좌진법, 5 mm 이상은 우진법을 적용한다.

3) 점화 및 소화 방법

토치에 점화할 때는 산소와 아세틸렌의 압력을 적절히 조정한 후 아세틸렌

밸브를 1/4~1/5정도 열고 산소밸브를 약간 열어주면서 점화라이터로 점화한다. 그 다음 산소밸브를 서서히 열어 불꽃의 크기를 조정한다. 소화할 때는 먼저 아세틸렌 밸브를 닫고 산소밸브를 닫는다.

불꽃모양	불꽃종류	특성	용도
	산소과잉불꽃	산화성	황동용접
	중립불꽃	환원성	대부분의 금속재료
	아세틸렌 과잉불꽃	탄화성 경화성	주철용접 하드페이싱

그림 4.28 불꽃의 종류와 특성 및 용도

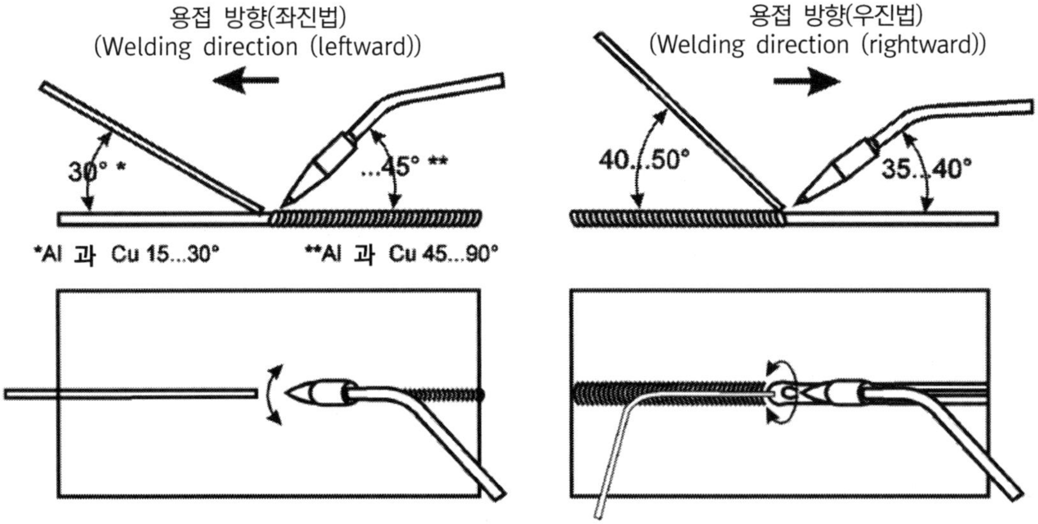

그림 4.29 좌진법과 우진법

Chapter 5

압력용접
(Pressure Welding)

5.1 저항 점용접(RSW: Resistance Spot Welding)

5.1.1 저항 점용접의 원리

저항 점용접(이하 RSW)는 전기저항열과 압력을 이용하여 부재를 접합시키는 용접법이다. 도체에 전류가 흐르면 식 5.1로 표현되는 저항열이 발생한다.

$$Q = i^2Rt \qquad (5.1)$$

여기서, Q : 발열량

i : 용접 전류

t : 통전 시간

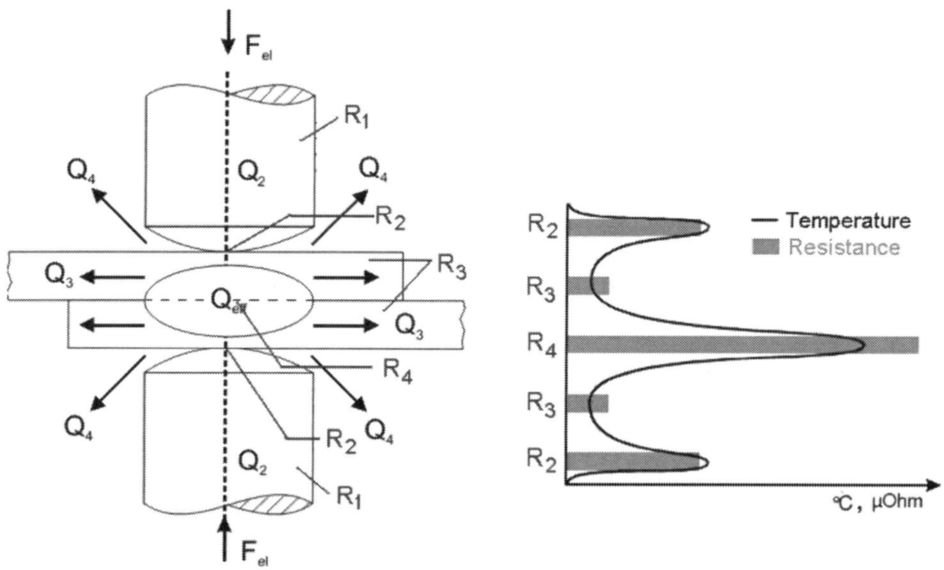

R_1 : 전극의 저항 R_3 : 전극과 모재 사이의 접촉저항

R_2 : 모재의 저항 R_4 : 모재 사이의 접촉저항

그림 5.1 RSW에서 접촉저항과 온도분포

두 판재와 전극이 그림 5.1의 왼쪽 그림과 같이 위치해 있을 때 전극을 통해 전류가 흐르면 전류는 최단거리로 흐르게 되며 접촉면에서는 접촉저항이 존재하게 된다. 접촉저항은 밀착도가 클수록 작으며 각 접촉면에서의 저항의 크기는 그림 5.1의 오른 쪽 그림과 같이 나타난다. 저항열의 발생은 식 5.1에서와 같이 저항의 크기에 비례하므로 각 접촉면에서 저항열에 의한 온도분포도 그림 5.1과 같이 저항의 분포와 유사하게 나타난다.

용접이 이루어지는 과정은 그림 5.2와 같이 가압, 통전, 유지, 개방의 4단계를 거치며 용접은 수초 이내에 완료된다.

1) 가압시간(Squeeze Time)

가압시간은 그림 5.2에서 ②~③사이의 시간으로 전극이 모재에 밀착되도록 압력을 가하는 시간이다.

2) 용접시간(Weld Time)

용접전류가 흐르는 ③~④사이의 시간으로 통전시간이라고도 한다. 용접전류에 의해 접촉저항이 가장 큰 모재 사이에 큰 저항열이 발생하고 이 열에 의해 두 부재가 접촉하고 있는 부분이 용융되어 너깃이 형성된다.

3) 유지시간(Hold Time)

전류는 흐르지 않지만 가압이 계속 유지되는 시간으로 그림 5.2의 ④~⑤사이의 시간이다. 이 시간동안 너깃이 냉각되어 응고되며 동시에 가해지는 압력에 의해 두 부재가 접합된다.

4) 개방시간(Off Time)

개방시간은 전극을 들어올려 용접된 부재를 꺼내고 다음으로 용접할 부재를 설치하는 시간이다.

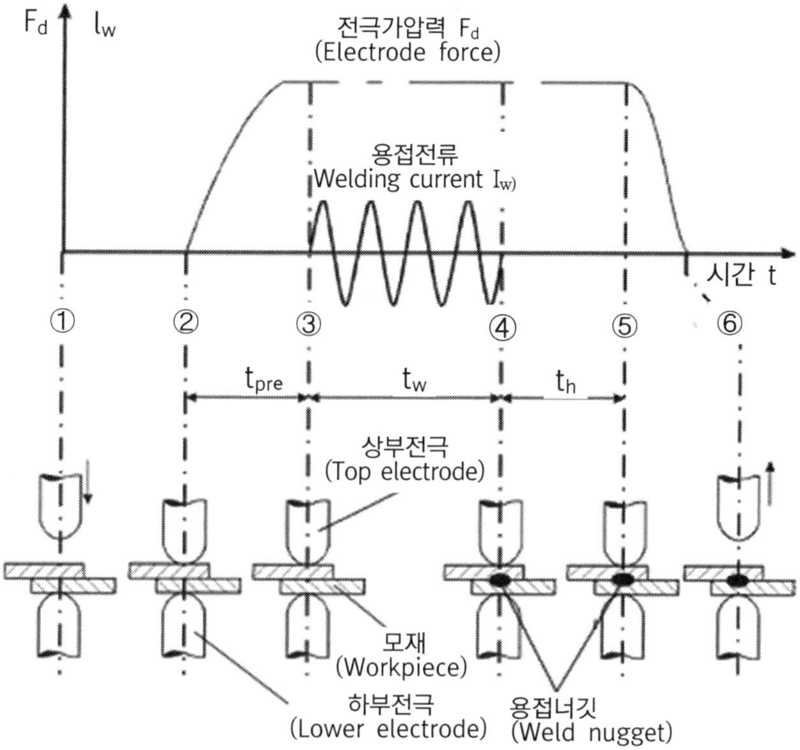

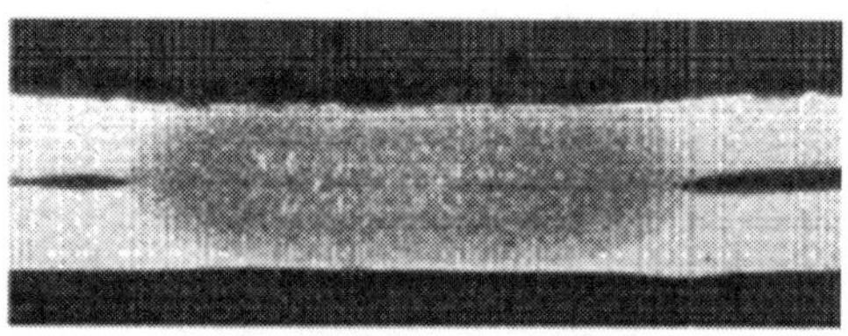

불완전 용융 용접 너깃

완전 용융 용접 너깃

그림 5.2 RSW의 용접과정과 용접너깃

용접결과에 영향을 주는 인자는 가압력, 전류의 크기, 용접시간 및 전류의 파형이며 특히 용접시간과 전류의 크기는 용접품질을 결정짓는 중요한 인자이다. 용접전류의 크기와 시간은 저항열의 크기를 결정하는 요소이며 전류의 크기가 클수록 용접시간은 짧아지는 반비례 관계에 있다. 전류가 너무 높으면 모재의 과도한 용융으로 스패터 발생과 전극 수명의 단축 등을 야기할 수 있다.

이 4개의 인자들은 모재종류, 두께, 전극의 종류 및 형상에 따라 적절히 결정된다.

5.1.2 RSW 장비

RSW 장비는 여러 종류가 있지만 그림 5.3은 대표적인 RSW 장비를 보여주고 있다.

1) 전극

전극은 모재를 가압하고 전류를 흘려 보내는 역할을 하며 대부분 전극홀더와 전극팁으로 구성되어 있고 용도에 따라 다양한 형상을 가지고 있다. 전극은 모재와의 접촉저항에서 생기는 발열과 너깃에서 전달되는 열을 냉각장치로 흘려보내는 통로이므로 대부분 고온 상태에 있고 모재에 가압을 하는 부품이므로 용접품질 및 생산성과 직접 연결되는 중요한 부품이다.

■ 전극이 갖추어야 할 요건은 다음과 같다.

- 고온에서 전기전도성과 열전도성이 좋아야 함
- 고온에서 높은 경도값을 가져야 하며 내마모성이 좋아야 함
- 고온에서 수명이 길어야 함

전극은 상기한 특성을 갖는 CuCr, CuCrZr, CuCd와 같은 구리 합금으로 만들어진다.

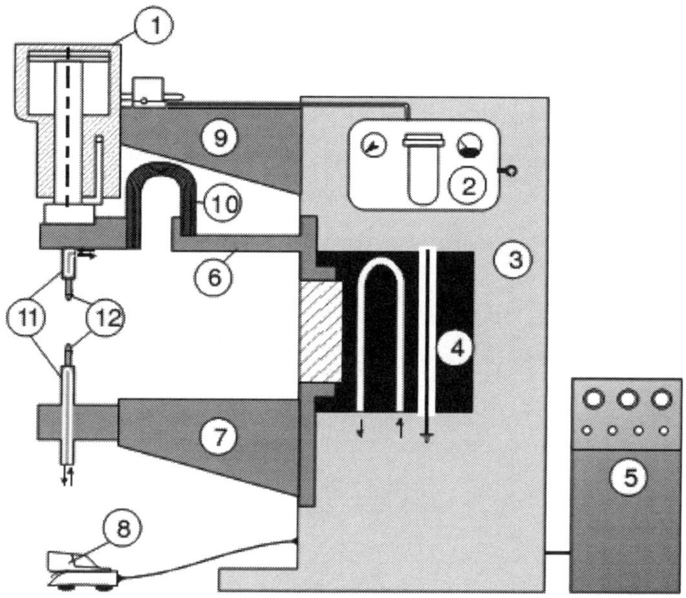

① 전극가압실린더 (Electrode force cylinder)
② 공압장치(Peumatic equipment)
③ 용접기프레임(Machine tool frame)
④ 용접변압기(Welding transformer)
⑤ 전원제어부(Power control unit)
⑥ 도체(Current conductor)
⑦ 하부암(Lower arm)
⑧ 발스위치(Foot switch)
⑨ 상부암(Top arm)
⑩ 전원케이블(Electrical power supply cable)
⑪ 수냉전극홀더(Water cooled electrode holder)
⑫ 전극(Electrode)

그림 5.3 RSW 장비

2) 용접기

용접기는 용접전원과 타이머 및 가압실린더로 구성된다. 전원은 교류용접기, 정류기형 또는 인버터형 직류용접기 및 컨덴서 방전형 용접기가 사용되며 이 중 교류용접기가 가장 흔히 사용된다. 타이머는 가압, 통전, 유지, 개방의 4

단계로 진행되는 각 용접과정의 시간을 정확히 제어하기 위해 사용하며 싸이클(cycle) 단위로 제어한다. 가압실린더는 모재에 가압을 주기 위한 장비로 공압, 유압, 또는 기계적인 장치를 사용하지만 대부분 공압이 사용된다.

5.1.3 RSW의 종류

RSW는 모재 양면에 전극이 접촉하는 직접용접, 모재의 한쪽 면에만 전극이 접촉하는 간접용접, 한점 용접과 다점 용접 등 다양한 종류의 점용접이 있다. 그림 5.4는 다양한 RSW의 종류를 보여주고 있다.

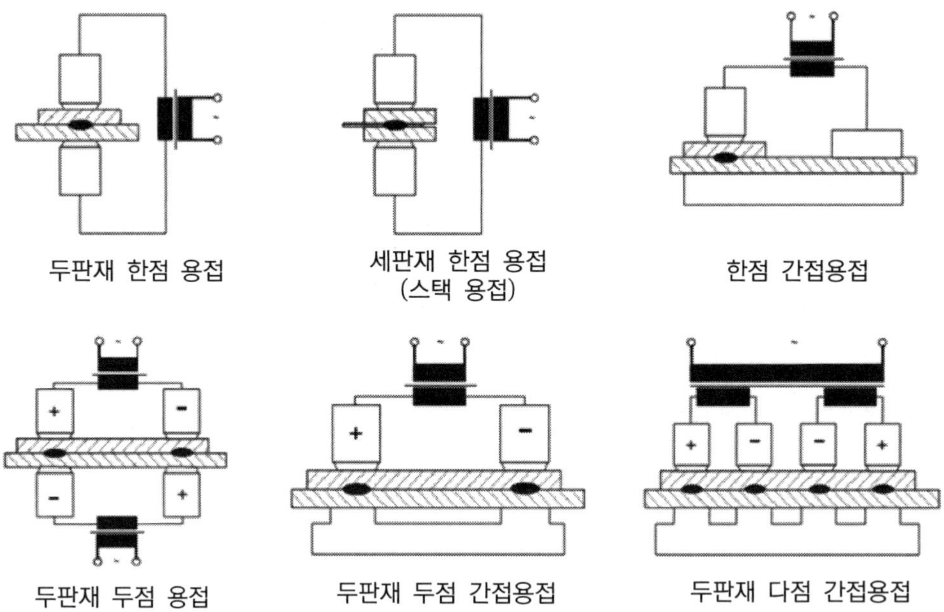

그림 5.4 RSW의 종류

5.1.4 RSW의 적용 분야

RSW는 박판의 겹치기 용접에 적용되며 철강, 알루미늄, 니켈, 티타늄 등 여러 종류의 재질에 적용 가능하다. 주로 자동차의 차체 및 부품용접에 널리 활용된다.

5.2 저항 프로젝션용접 (RPW: Resistance Projection Welding)

5.2.1 저항 프로젝션용접의 원리

저항 프로젝션용접(이하 RPW)는 저항 돌기용접이라고도 하며 RSW의 변형으로 볼 수 있다. RPW는 전류와 압력을 이용하여 용접하는 점에 있어서는 RSW와 동일하나 모재에 돌기(projection)가 만들어져 있어 돌기를 통해 전류가 흘러 용접이 이루어진다는 점이 다르다. 따라서 전극의 형상도 RSW와 달리 넓적한 형태의 전극을 사용한다.

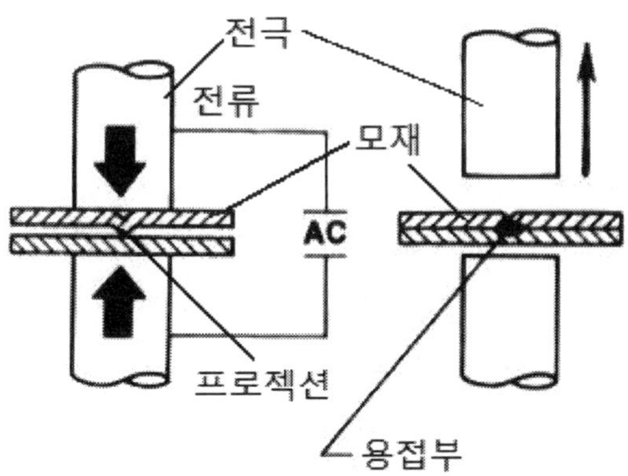

그림 5.5 RPW

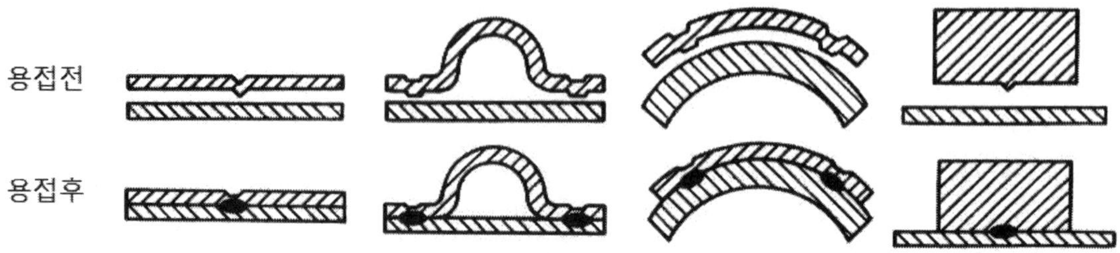

그림 5.6 다양한 돌기형상

돌기는 인위적으로 성형하기도 하지만 볼트나 핀과 같이 부품의 형상에 의해 자연적으로 형성되는 경우도 많다. 그림 5.6은 다양한 부품의 저항 프로젝션용접의 용접 전과 용접 후의 모습을 보여주고 있다.

5.2.2 RPW의 장단점

RPW는 RSW에 비해 여러 가지 장점을 갖는 반면 돌기로 인한 제한 요소도 많으며 이를 요약하면 다음과 같다.

1) 장점

- 여러점의 동시 용접이 가능 → 생산성이 높음
- 전류흐름의 집중도가 높고 분류 현상이 없음
- 전극의 형상이 크고 편평하여 마모가 적고 수명이 길
- 피용접재의 특성 즉, 두께, 강도, 재질이 다른 경우도 용접부가 양호함
- 너깃의 크기 및 간격이 작은 용접이 가능함

2) 단점

- 반드시 돌기를 만들어야 함
- 돌기 성형에 판두께의 제한이 있음

- 다점 돌기인 경우 돌기 높이의 정밀한 조절이 요구됨
- 용접기의 용량이 커야 하므로 설비비가 높아짐
- 전극의 가격이 고가임

5.2.3 RPW의 적용

RPW는 볼트, 너트, 핀, 브라켓 용접 등에 많이 사용되며 콘크리트 구조물 속에 들어가는 와이어 메쉬의 용접(크로스 와이어 용접)에도 사용된다. 그림 5.6은 다양한 RPW의 적용 예를 보여준다.

그림 5.6 RPW의 적용 예

5.3 저항 심용접 (RSEW: Resistance Seam Welding)

5.3.1 저항 심용접의 원리

저항 심용접(이하 RSEW)는 점용접이 연속적으로 반복된 용접으로 볼 수 있으며 그림 5.7과 같이 원판형의 전극 사이에 두 장의 판재를 끼우고 가압을 한 상태에서 전극을 회전시키면서 용접 전류를 흘려서 용접하는 용접법이다.

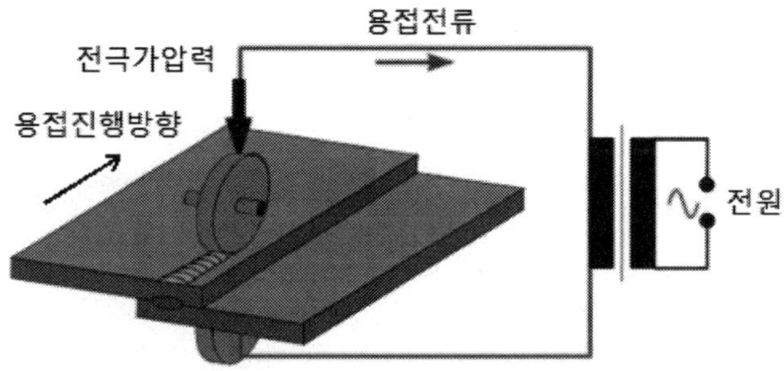

그림 5.7 RSEW의 원리

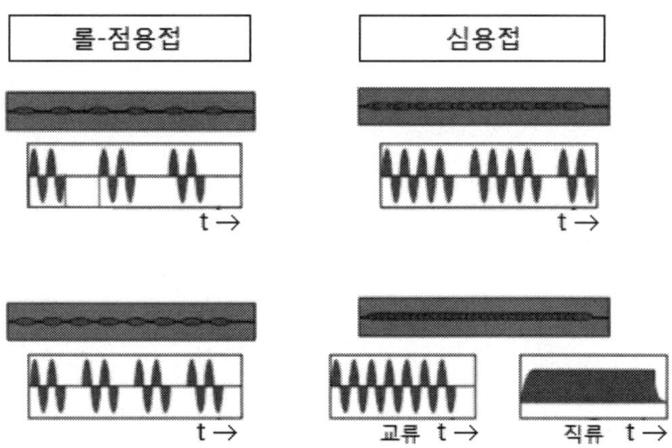

그림 5.8 전류제어에 의한 RSEW 결과

RSEW는 용접전류의 제어를 통해 그림 5.8과 같이 너깃의 간격을 조절할 수 있고 연속적인 심을 얻을 수도 있다. RSEW는 연속된 직선 또는 곡선 용접이 가능하기 때문에 유밀, 기밀 및 수밀이 요구되는 용기의 접합에 적합하다. RSEW의 적용 판 두께는 0.2~4 mm범위이며 자동차의 연료 탱크 용접, 각종 캔의 용접 등 소형 용기에서 대형 드럼에 이르기까지 다양한 부품의 용접에 널리 적용된다. 또한 조선소에서 LNG 선박의 니켈합금 LNG 탱크의 용접에도 적용되고 있다.

5.3.2 RSEW의 종류

RSEW는 그림 5.9에서와 같이 용접이음의 종류에 따라 겹치기 심용접(overlap seam welding), 메쉬 심용접(mesh seam welding), 맞대기 심용접(butt seam welding), 와이어 심용접(wire seam welding)으로 나눈다.

겹치기 심용접은 RSEW의 가장 기본적인 형태로 두 장의 판재를 원판형 전극으로 용접하는 방법이다. 매쉬 심용접은 원리는 겹치기 심용접과 같지만 용접 후

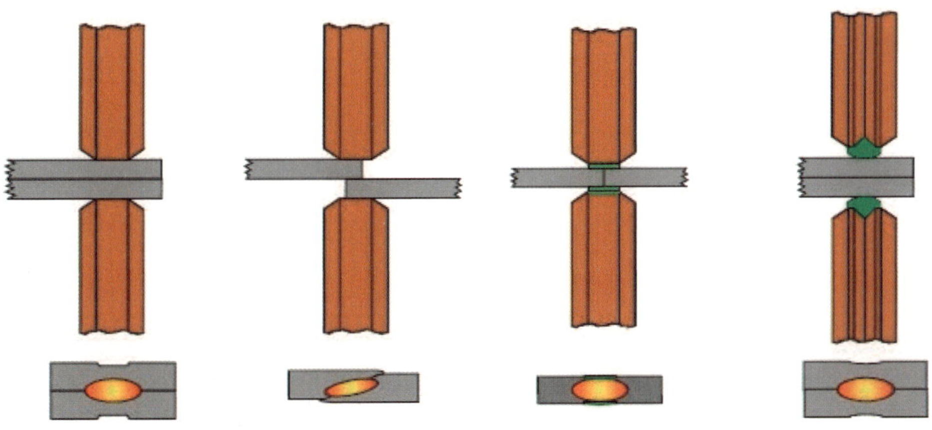

(a) 겹치기 심 용접 (b) 매쉬 심 용접 (c) 맞대기심 용접 (d) 와이어 심 용접

그림 5.9 RSEW의 종류

(a) 겹치기 심 용접 모습

(b) 파이프 심 용접

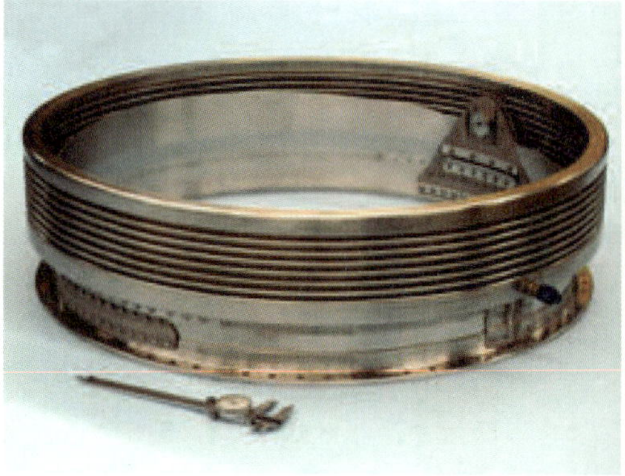

(c) 심 용접된 엔진 배기계 벨로

(d) 차체 심 용접

그림 5.10 RSEW의 적용 예

겹치기 용접부가 생기지 않고 용접과 동시에 열간 압착 효과로 인해 평면 용접부가 만들어진다.

맞대기 심용접은 그림 5.9의 (c)처럼 모재를 맞대어 용접을 한다. 경우에 따라서는 포일을 모재 한면 또는 양면에 포일(foil)을 놓은 다음 심용접을 하면 모재와 동등한 수준의 강도를 얻을 수 있는데 이를 포일 심용접(foil seam welding)이라고 한다. 와이어 심용접은 Al, Zn 또는 Sn 도금 강판의 심용접에 많이 사용하는 용접으로 원판 전극의 주위에 와이어가 설치되어 있다. 도금 강재의 심용접에서는 전극표면에 Al, Zn 또는 Sn 합금층이 형성되어 용접성을 저하시켜 품질과 생산성에 문제를 야기시키는데 와이어 심용접에서는 원판전극 둘레에 와이어가 설치되어 와이어가 전극을 대신하여 용접을 완료한 후 한번 사용된 와이어 전극은 폐기한다. 따라서 항상 새로운 전극을 사용하여 용접하는 효과를 얻기 때문에 식음료용 캔 등의 자동화된 용접 장치에 의한 대량의 고속 용접의 경우에는 매우 효율적이다.

그림 5.10은 판재, 파이프 및 차체 심 용접이 이루어지는 모습과 심용접된 제품을 보여주고 있다.

5.4 업셋 용접 및 플래시 용접(UW and FW : Upset Welding and Flash (Butt) Welding)

5.4.1 업셋 용접 및 플래시 용접의 원리

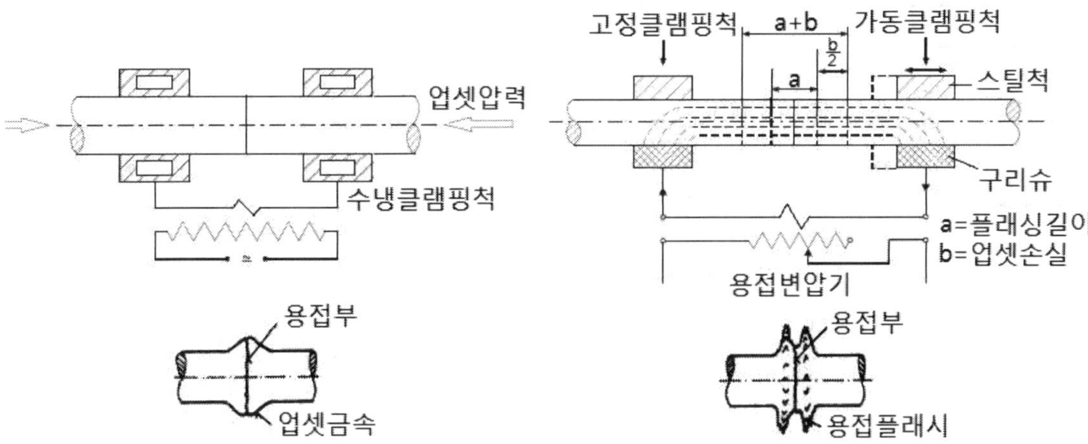

그림 5.11 업셋 용접과 플래시 용접

표 5.1 업셋 용접과 플래시 용접

	업셋 용접	플래시 용접
용접 과정	Cu클램프로 양 표면 압착→통전→가열에 의해 표면 주변부 소성변형→가압에 의해 업셋팅(플래시 없음)	표면접촉→통전→고전류밀도에 의한 강렬한 발열→표면용융 및 증기화→가압에 의한 업셋→용융금속 및 산화물 배출과 동시에 플래시 형성→플래시 제거
용접가능 단면크기	1~600 ㎟	50~120,000 ㎟

업셋 용접과 플래시 용접은 저항용접법에 속하며 그림 5.11에서 볼 수 있는 바와 같이 두부재의 금속단면을 접촉시킨 상태에서 압력을 가하고 고전류를 흘려 발생하는 저항열로 표면을 용융시키고 가압 하에 냉각시켜 접합하는 용접법이다.

두 용접법은 원리는 같지만 용접 가능한 부재단면의 크기, 용접과정 및 용접부 품질에서 차이가 있다. 표 5.1은 업셋 용접과 플래시 용접의 용접과정과 차이점을 보여주고 있다.

5.4.2 적용 예

업셋 용접과 플래시 용접은 철, 구리, 알루미늄, 황동, 티타늄, 몰리브덴 등의 재질로 되어 있는 부재 접합에 적용 가능하며 철도레일, 자동차, 전기부품, 체인 및 케이블 제작 산업에 널리 적용되고 있다. 그림 5.12는 업셋 용접과 플래시 용접을 적용할 수 있는 다양한 부재 단면 형상을 보여주고 있고 그림 5.13은 플래시 용접으로 철도레일을 용접하는 모습을 보여주고 있다. 그림 5.14는 업셋 용접과 플래시 용접을 적용한 다양한 제품을 보여주고 있다.

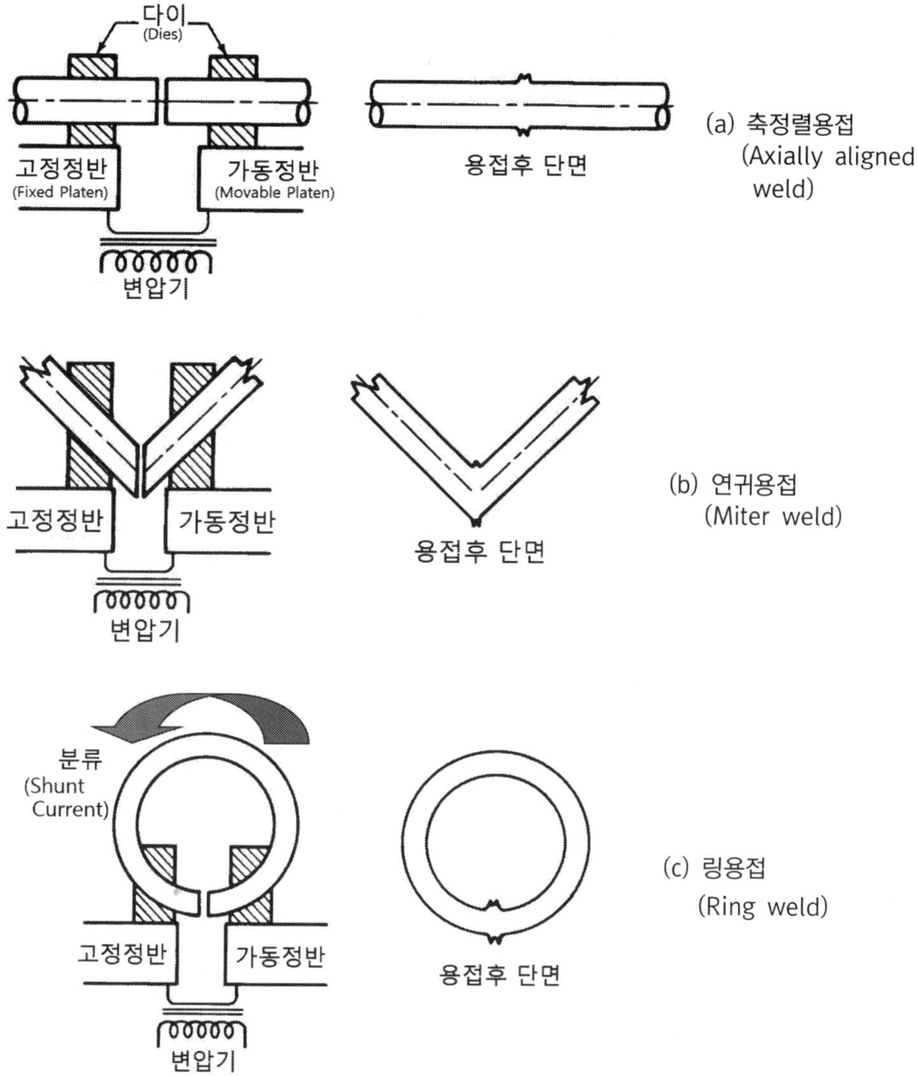

그림 5.12 업셋 용접과 플래시 용접을 적용할 수 있는 단면

그림 5.13 플래시 용접으로 철도레일을 용접하는 모습

그림 5.14 업셋 용접 및 플래시 용접을 적용한 제품들

5.5 마찰용접(FRW: Friction Welding)

5.5.1 마찰용접의 원리 및 과정

마찰용접은 회전하고 있는 한 부재에 대해 축방향으로 힘을 가하여 다른 부재를 접촉시킴으로써 발생하는 마찰열을 이용하여 두 부재를 접합하는 용접법이다. 그림 5.15는 마찰 용접의 3단계를 도식적으로 보여주고 있다.

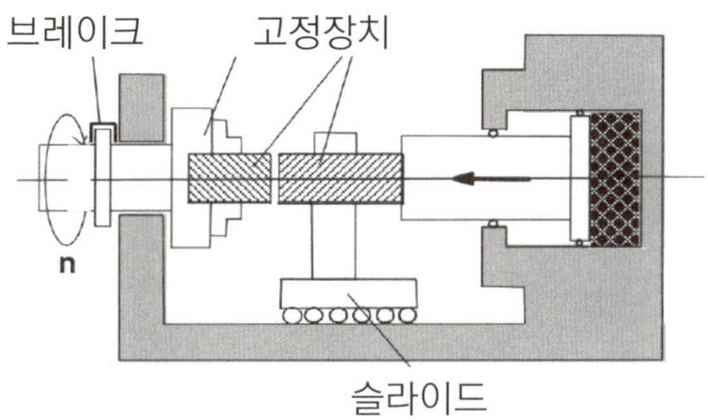

(a) 2개의 단단하게 고정된 소재 중 한쪽 소재가 회전을 하며, 축의 직선 움직임에 의해 용접부에서 접촉된다.

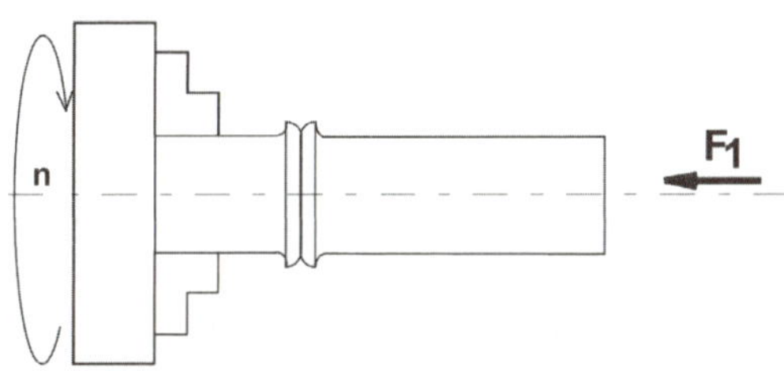

(b) 그림에서 보이는 소재를 미는 가압력 F_1과 회전에 의해 형성된 마찰력은 소재의 끝부분을 가열하며. 가열된 소재는 바깥으로 밀려나게 되는데 이는 소재를 미세하게 축소시킨다.

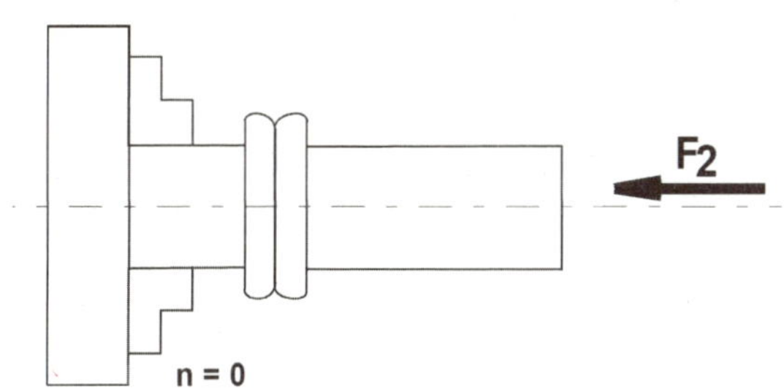

(c) 마찰저항 혹은 부가적인 제동으로 인해 소재의 회전이 멈춤과 동시에 증가된 가압력 F_2와 마찰열로 인해 두 소재는 용접이 된다.

그림 5.15 마찰 용접 과정

5.5.2 마찰용접기

마찰용접기는 구동방식에 따라 연속구동 마찰용접기, 관성 마찰용접기로 구분되며 용접기 구조는 그림 5.16과 같이 모터, 브레이크 또는 플라이휠(flywheel), 모재 고정용 척, 유압실린더, 전원, 제어장치 및 공정 모니터링 장치로 구성된다. 그림5.17은 실제의 마찰용접기의 모습을 보여주고 있다.

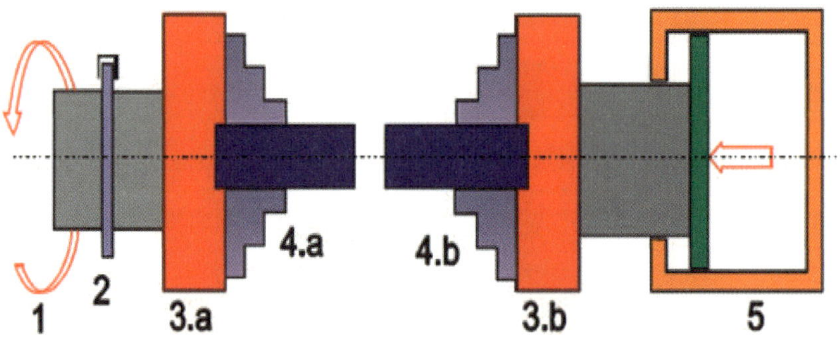

1: 모터 2: 브레이크(플라이휠) 3a: 척(회전부) 3b: 척(슬라이딩부)
4a: 모재(회전부) 4b: 모재(슬라이딩부) 5: 유압 실린더

그림 5.16 마찰용접기의 구조

(a) 30 톤 마찰용접기

(b) 2000 톤 마찰용접기

그림 5.17 마찰용접기

연속구동 마찰용접기는 스핀들이 모터에 직접 구동되거나 또는 클러치를 통해서 구동되며 마찰운동을 정지시키기 위한 브레이크가 스핀들에 설치되어 있는 구조이다. 척에 고정된 모재 한 쪽을 회전시켜 일정 속도에 이르면 유압장치로 슬라이딩부 모재를 접촉시키고 축방향의 압력을 가하여 설정된 시간 또는 축방향 수축량에 이르면 마찰운동을 중지시킨다. 경우에 따라서는 마지막에 추가압력을 가하기도 한다.

관성 마찰용접기는 플라이휠이 구동부와 모재 고정용 척의 중간에 설치되어 있다. 모터에 의해 플라이휠, 스핀들, 척 및 모재가 함께 가속되어 목표 속도에 도달하면 모터 구동을 정지시키고 클러치에 의해 구동부와 분리한 후 플라이휠과 모재가 관성에 의해 계속 회전한다. 이 시점에서 유압장치에 의해 슬라이딩부 모재를 접촉시키고 압력을 가하면 접촉면은 접합되고 마찰운동속도는 감소하여 정지하게 된다.

5.5.3 용접가능 단면 형상

마찰용접 대상물은 두 부재 중 한 부재는 원형이어야 하며 축대칭이 되어야 한다. 봉재 및 튜브 간의 용접이 일반적이며 봉재와 판재 또는 판재 간의 용접이 이루어지기도 한다. 그림 5.18은 마찰용접이 가능한 단면을 보여주고 있다.

5.5.4 용접변수

마찰용접의 주요 용접변수는 회전수 또는 원주속도, 마찰압력, 마찰시간, 마찰과정의 축방향 수축량, 업셋시간, 업셋과정의 축방향 수축량 등이다. 마찰용접의 방법에 따라 관성질량, 제동 모멘트, 업셋 모멘트 등이 추가될 수 있다. 표 5.2는 대표적인 재질의 마찰용접 변수값을 보여주고 있다.

그림 5.19는 마찰용접된 모습과 마찰용접 제품들을 보여주고 있다.

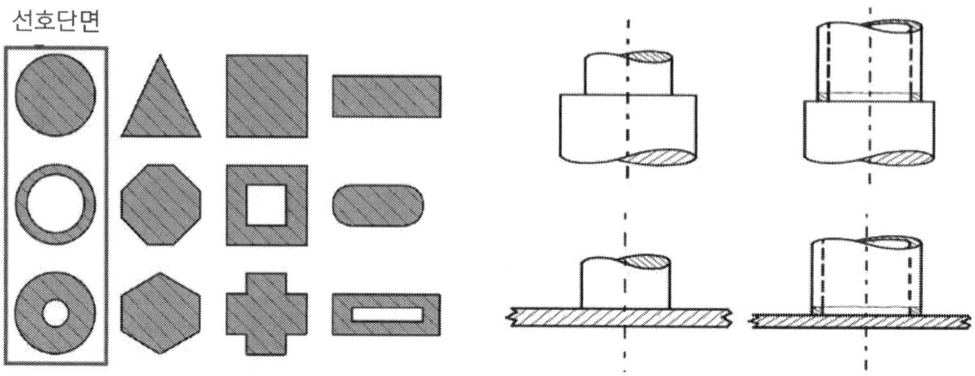

(a) 봉재 및 튜브의 단면 (b) 크기가 다른 단면 및 봉재와 판재의 접합

그림 5.18 마찰용접이 가능한 부재 단면형상

표 5.2 대표적인 마찰용접 변수값(동일 재질의 직경 20mm 단면)

모재	접촉표면		마찰시간 s	업셋시간 s	원주속도 m/s
	마찰력 N/mm^2	업셋 가압력 N/mm^2			
비합금 및 저합금강	20~80	80~200	1~100	2~10	0.5~5.0
C60	50~80	150~250	3~6	2~3	1.5~3.0
42 CrMo 4	50~80	150~250	3~6	2~3	1.5~3.0
고합금강	40~100	120~400	3~120	2~10	0.5~5.0
X 5 CrNi 18 8	60~80	250~300	6~10	2~3	1.5~3.0
S 6-5-3	61 60~100	190~250	10~15	2~3	1.5~3.0
고온 합급	60~180	180~600	5~150	2~15	0.5~5.0
Nimonic 80	60~100	180~400	5~10	2~3	2.0~3.0
inconel 713 C	60~100	400~500	5~10	2~3	1.5~3.0
비철금속 및 중금속	10~80	20~150	1~6	2~5	0.5~4.0
E-Cu	〈 10	20~80	1~6	2~5	〉 4.0
TiAl 6 V 4	20~30	60~80	2~8	2~5	1.0~4.0
Al 99.5	10~30	30~80	0.1~4	2~5	2.0~4.0
AlMgSi 0.5	30~80	50~150	0.1~6	2~5	0.5~2.0
PB	50~70	70~100	2~4	2~3	1.5~2.0

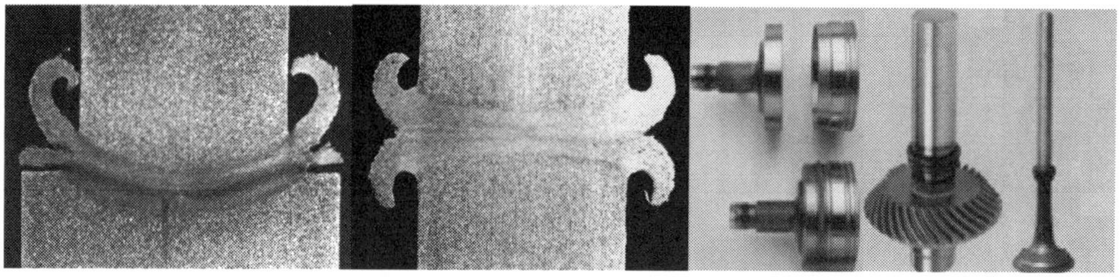

직경 16mm/25mm　　직경 16mm/16mm　　연결링　　크라운힐　　바이메탈 밸브

그림 5.19 마찰용접의 예와 마찰용접 제품

5.5.5 마찰용접의 장단점과 적용분야

마찰용접의 장단점과 적용 가능 재료 및 분야는 표 5.3에 요약되어 있다.

표 5.3 마찰용접의 장단점과 적용분야

장점	단점
1) 재료소모가 적음 2) 용접 시간이 짧음 3) 방사능, 연기, 비산물과 같은 유해물질이 없음 4) 재현성 및 용접공정 제어가 양호함 5) 용가재가 불필요 6) 용접공정을 포함한 통합 생산라인 구축 용이 7) 접합부의 정밀도 우수	1) 모재의 한 부분이 축대칭이어야 함 2) 플래시 생성 3) 축방향 수축량 발생 4) 고비용 5) 부재의 치수가 제한됨
적용 재료 및 분야	◆ 복합재료, 소결합금, 이종 금속(스틸/알루미늄, 알루미늄/구리, 티타늄/스틸, 알루미늄/세라믹 등)간의 접합이 가능 ◆ 항공우주산업, 농기구, 자동차, 방위산업, 해양 및 석유산업

5.6 마찰교반용접(FSW: Friction Stir Welding)

5.6.1 마찰교반용접의 원리 및 특징

마찰교반용접(이하 FSW)는 영국의 용접기술연구소(TWI: The Welding Institute)에서 1991년에 특허를 출원한 용접법으로 기존의 마찰용접의 적용범위를 크게 확대시켜 주목받고 있는 용접법이다.

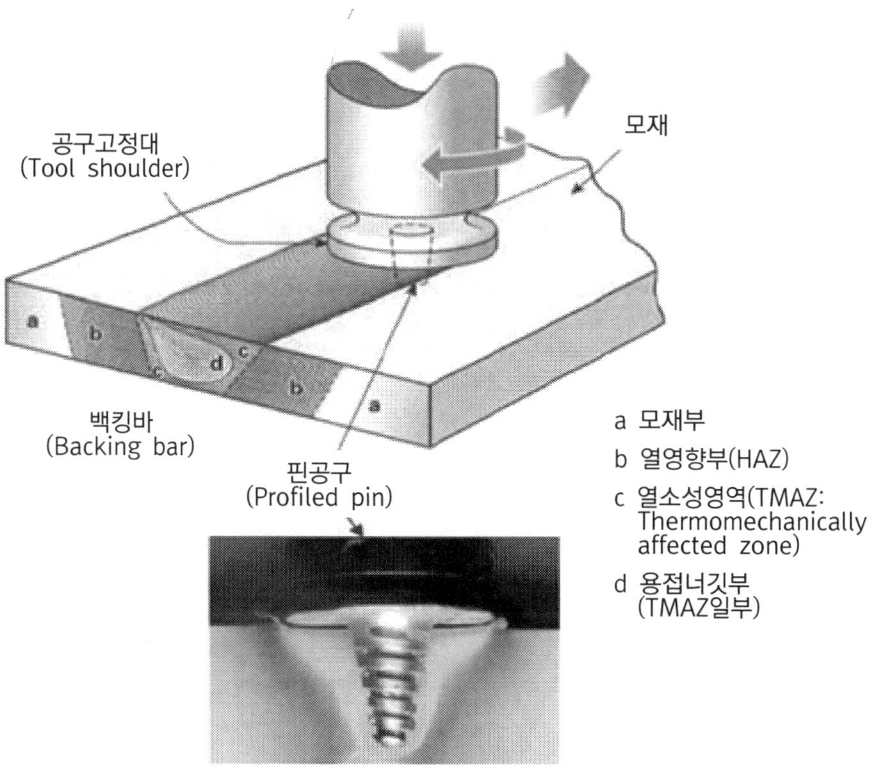

그림 5.20 FSW 원리

FSW는 그림 5.20에서 보는 바와 같이 접합할 모재를 고정시킨 후 비소모식 툴을 이음부에 삽입시킨 후 회전하여 마찰열을 발생시켜 접합한다. FSW는 모재 용융점의 약 80% 이하의 온도에서 접합이 이루어지는 고상접합법으로 용융으로 인한 변형, 결함 등의 문제점이 없다. FSW용 툴은 모재와의 마찰에도 소모되지 않을 만큼 매우 경한 재질이어야 하며 현재는 경량 합금인 Al 및 Mg 합금의 접합에 주로 활용되고 있다.

5.6.2 FSW의 장단점 및 적용분야

FSW는 다양한 장점을 가지고 있어 경량합금 구조물에는 적용범위가 급증하고 있으며 표 5.4는 FSW의 장단점 및 적용분야를 요약해서 나타내고 있다.

표 5.4 FSW의 장단점 및 적용분야

장점	단점
(1) 용접전 가공 불필요 (2) 변형이 매우 적음 (3) 용가재 및 보호가스 불필요 (4) 퓸이나 스패터가 없고 친환경적임 (5) 결함발생이 적고 용접부가 미려함 (6) 에너지 효율이 높음 (7) 용접이 어려운 25mm이상의 고강도 알루미늄 합금에도 적용가능	(1) 고강도 재료에는 적용이 어려움 (2) 구속용 클램프가 필요 (3) 용접부 끝부분에 크레이터가 생김 (4) 용접덧살 형성 불가 (5) 3차원 용접부 설계 등이 어려움 (6) 필릿부 적용이 어려움
적용 재료 및 분야	• Al 합금, Mg 합금에 널리 적용 • 자동차산업의 테일러드 블랭크, 선박의 상부구조, 알루미늄선박 제조, 철도차량, 우주항공산업

(a) FSW 적용 모습

(b) FSW가 적용된 항공기 동체 및 날개

그림 5.21 FSW의 적용 모습과 항공기 적용 예

그림 5.21은 FSW가 적용되고 있는 모습과 항공기 동체 하부와 날개에 FSW로 용접된 부분을 보여주고 있다.

5.7 고주파 업셋용접 (UW-HF: High Frequency Upset Welding)

5.7.1 고주파 업셋용접의 특징 및 종류

고주파 업셋용접(이하 UW-HF)이란 450 kHz 정도의 고주파 전류를 피용접재에 흘려 그 때 발생하는 저항열로 용접부를 가열하고 압축력을 가하여 접합하는 방법이다. 이 용접법은 특히 강관 제조에 널리 적용된다. 우리나라에서 생산되는 강관의 70%이상을 이 용접법을 적용하여 제조하고 있다.

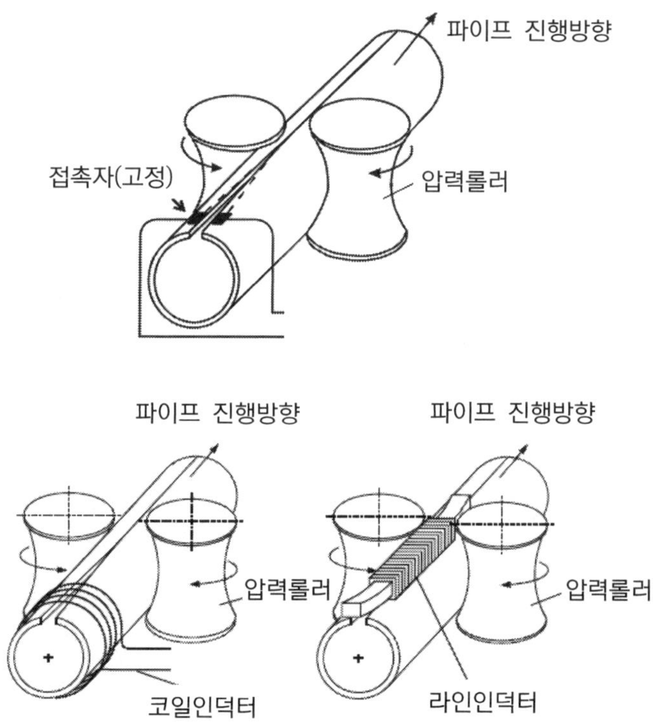

(a) 고주파 저항용접

(b) 고주파 유도용접

그림 5.22 UW-HF 구성도

UW-HF법은 피용접재에 고주파 전류를 인가하는 방법에 따라서 그림 5.22에서 볼 수 있는 바와 같이 고주파 저항 용접법과 고주파 유도 용접법으로 나누어 진다.

고주파 저항 용접법은 접촉자를 피용접재에 접촉시켜 고주파 전류를 직접 흘려 용접부를 가열하는 방식이고 고주파 유도 용접법은 유도 코일을 이용하여 피용접재에 고주파 전류를 유도시켜 가열하는 방식이다. 이와 같은 방법에 의해 용접부의 표면이 용융되면 가압 롤로 압력을 가하여 접합하며 이 때 용융금속 일부가 접합면 밖으로 돌출된다. 이 돌출된 부분은 플래시라하며 후공정에서 절삭기에 의해 제거된다.

UW-HF에서는 용접부의 표피만 가열되므로 에너지 소모가 적어 10~200 m/min에 이르는 고속용접이 가능하며 용접결함도 적은 편이다.

5.7.2 UW-HF의 원리

UW-HF에서 용접부 표면만 가열되어 접합될 수 있는 것은 표피효과(skin effect)와 근접효과(proximity effect)의 원리에 기인한다. 직류전류가 도체를 통과할 때는 단면에 전부 같은 전류밀도로 흐르지만 교류전류의 경우는 도체의 표면에 전류밀도가 커지는데 이를 표피효과라고 한다. 이 이유는 도체내의 중심부로 갈수록 자속이 서로 교차되어 엉키는 현상이 커져서 저항(=인덕턴스)가 증대되므로 중심부에는 전류가 잘 흐르지 못하고 표면으로 몰려 흐르게 되기 때문이다. 표피효과는 도체 단면적과 주파수가 커질수록 두드러지게 나타난다.

한편, 근접효과는 근접한 2개의 도체에 흐르는 전류의 크기와 주파수에 따라서 각 도체의 단면에 흐르는 전류의 밀도분포가 변화하는 현상이다. 근접효과는 주파수가 높을수록 또 마주보는 도체가 가까울수록 현저하게 나타나 두 도체의 마주보는 표면에 전류가 집중된다.

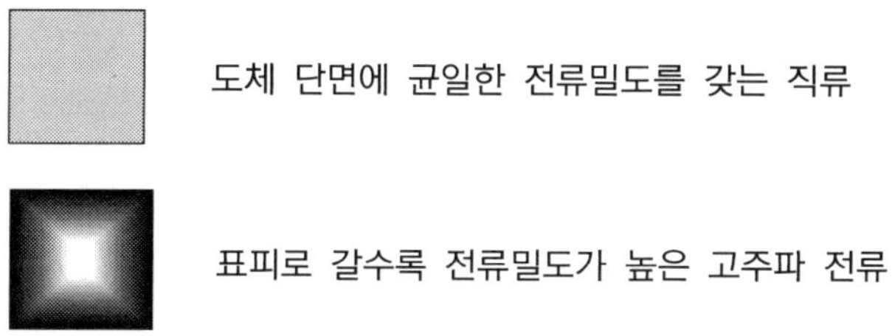

그림 5.23 표피효과

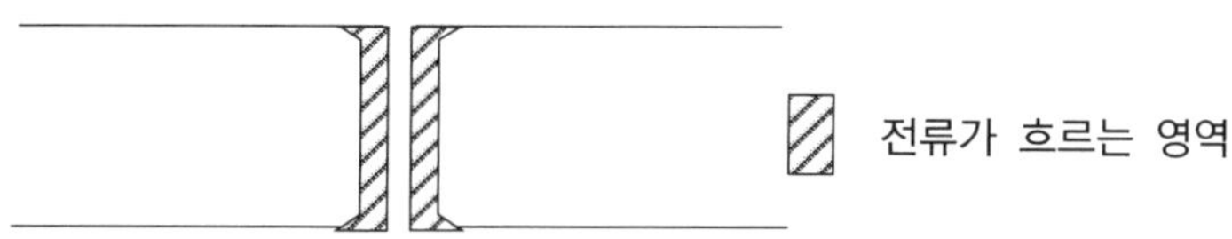

그림 5.24 근접효과

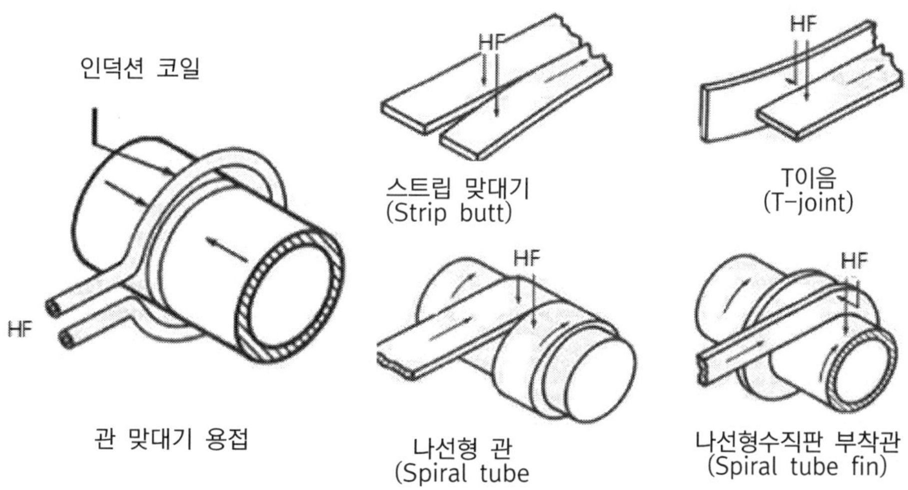

그림 5.25 UW-HF의 다양한 응용

5.7.3 UW-HF의 응용

UW-HF는 연속적인 관의 제작에 주로 사용되지만 그림 5.25와 같이 두 관의 맞대기 용접, 두 판재의 맞대기 용접, 두 판재의 T이음 용접, 나선형 관 제작, 나선형 수직판(fin)을 가진 관의 제작 등에도 적용된다.

5.8 스터드 용접(SW: Stud Welding)

5.8.1 스터드 용접의 원리 및 특징

스터드 용접은 볼트, 너트, 핀과 같은 다양한 형상의 금속 스터드의 끝부분과 모재 사이에 아크를 일으켜서 스터드와 모재의 접합면을 용융시킨 후 스터드에 압력을 가하여 용융된 끝부분을 모재에 눌러 접합시키는 용접법이다.

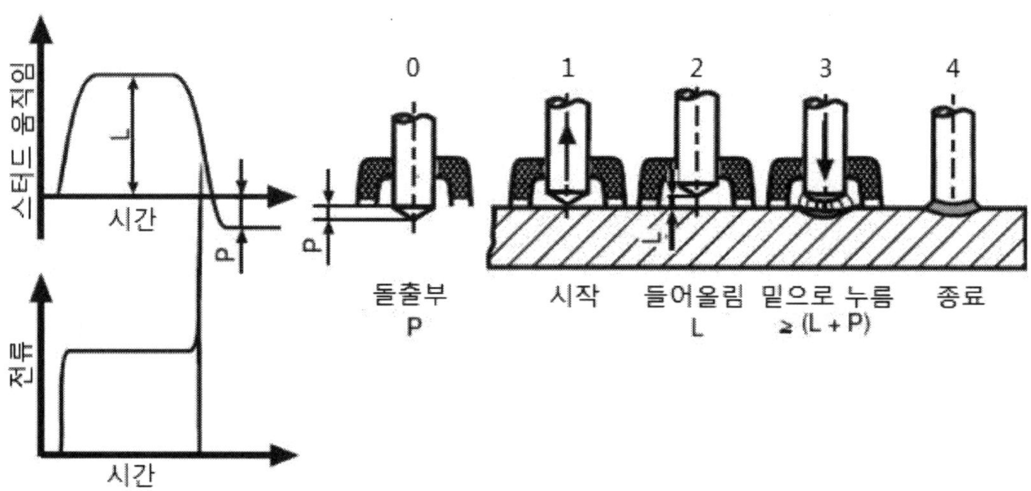

그림 5.26 스터드 용접과정

그림 5.26은 스터드 용접 단계를 나타낸 그림으로 스터드 끝에는 작은 돌출부가 마련되어 있어 이 돌출부를 모재에 밀착시킨 후 전류를 흘리면서 토치의 스위치를 당기면 스터드 끝과 모재 사이에 아크가 발생한다. 아크에 의해 스터드와 모재의 끝이 용융되면 전류가 끊어져 아크가 소멸되고 동시에 압력에 의해 양 용융면을 접촉시키면 응고와 동시에 접합이 이루어진다.

스터드 용접법은 열원으로 아크 대신 저항이나 마찰을 이용하는 저항 스터드 용접 및 마찰 스터드 용접도 있지만 아크를 사용하는 아크 스터드 용접이 가장 널리 이용된다. 아크 스터드 용접법은 아크에 의해 접합면을 용융시키기 때문에 아크용접 범주에 포함시키기도 하지만 압력이 반드시 필요하므로 압력용접에 포함시키는 것이 일반적이다.

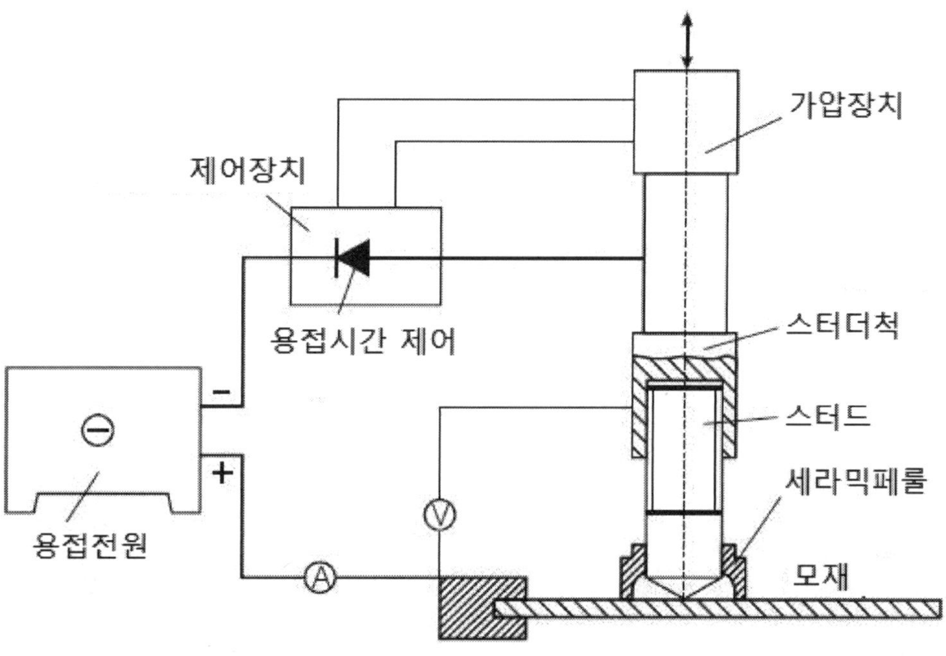

그림 5.27 스터드 용접장치

아크 스터드 용접법에서는 보통 스터드의 끝부분에 플럭스나 탈산제를 충전하고 내열성 세라믹으로 만든 링 형태의 페룰(ferrule)로 둘러싼다. 페룰은 아크를 보호하고 아크열을 집중시키며 용융금속의 산화를 방지하는 기능을 한다. 페룰과 모재가 접촉하는 부분은 홈이 파져 있어 페룰 내부에서 발생하는 열과 가스를 방출하며 용접이 종료되면 페룰은 제거한다. 그림 5.27은 스터드 용접장치의 구성을 보여준다.

5.8.2 스터트 용접의 적용

스터드 용접은 탭이나 구멍 뚫기 등의 작업없이 고속으로 모재에 볼트나 핀 등을 용접할 수 있기 때문에 조선, 철도, 건축, 교량, 자동차, 항공기 등의 다양한 분야에서 사용된다. 스터드 용접에 쓰이는 스터드와 모재의 재질은 아크용접이 가능한 재질이면 모두 용접할 수 있지만 용접 후 급냉되기 때문에 저탄소강 용접이 고탄소강보다는 유리하다.

용접시간은 대략 1초 이내에 완료되며 스터드 직경은 2~25 mm까지 적용이 가능하다. 그림 5.28은 다양한 스터드 용접의 적용 예를 보여주고 있다.

그림 5.28 스터드 용접의 적용 예

5.9 확산용접(DFW: Diffusion Welding)

5.9.1 원리 및 장치

확산용접은 동종이나 혹은 이종 모재를 적절한 압력과 온도 하에서 접합면을 원자의 인력권 내에 접근시킴으로써 원자의 확산이 일어나도록 하여 금속을 접합시키는 방법이다.

확산용접은 이종금속 간 접합의 경우 원자의 확산 촉진과 금속간 화합물 생성 방지, 팽창계수 차이가 큰 이종금속 간 접합에서 열응력 완화 등의 목적으로 접합모재 사이에 포일형태의 삽입금속을 사용하는 경우가 많다.

확산용접은 가열 및 유지 시간동안 산화작용이 일어나기 때문에 진공상태 및 불활성 가스 분위기에서 용접하는 경우가 많다. 진공인 경우는 10^{-3}~10^{-5} mbar (10^{-1}~10^{-3} Pa)정도의 진공도가 많이 사용된다. 또한 접합면의 소성변형을 형성시켜 접합면적의 증가와 산화피막 제거 및 순수표면 접촉을 통한 원자의 확산 운동이 촉진될 수 있도록 용융점의 0.6~0.7배 온도까지 가열하고 5~100 N/mm^2

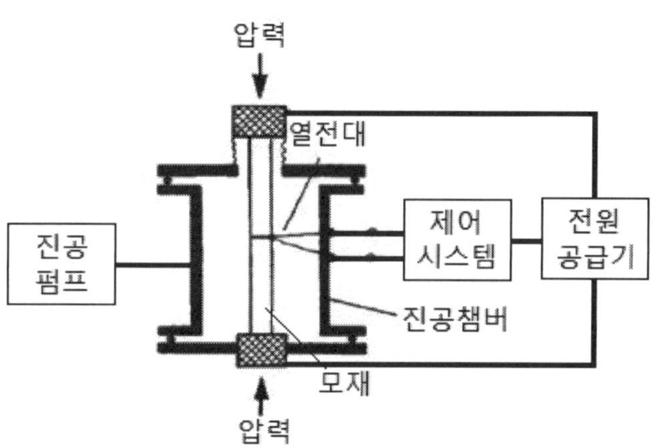

그림 5.29 확산용접장치

의 압력을 가한다. 확산용접장치는 그림 5.29와 같이 진공챔버 및 진공펌프로 구성되는 진공시스템과 가열장치 및 가압장치로 구성된다.

5.9.2 특성 및 적용

확산용접의 특징은 접합부의 물리적 및 기계적 특성치가 모재의 성질과 거의 동일하며 따라서 용접으로 발생하는 문제에 대한 후처리가 필요 없다. 또한 정밀 접합이 가능하고 다양한 금속조합에 대해 적용이 가능하다. 최근에는 삽입금속의 이용과 표면처리를 통해 접합이 불가능한 조합이 거의 없을 정도로 광범위하게 적용할 수 있다. 반면에 용접시간이 십 분에서 수 시간 정도로 길다는 점과 표면조도가 1㎛이하로 유지되어야 하므로 모재의 표면 가공비가 많이 드는 점은 단점이다.

확산 용접은 일반적인 용접공정으로는 불가능한 특수한 접합에 많이 사용되며 항공 우주, 원자로, 전자 산업 분야 등에서 많이 적용된다. 그림 5.30은 확산용접장치에서 용접이 진행되고 있는 모습과 확산용접이 적용된 예를 보여준다.

5.10 초음파 용접(USW: Ultrasonic Welding)

5.10.1 원리

초음파 용접은 접합할 재료를 가압한 상태에서 접합계면에 20 kHz 이상의 초음파 진동을 주어 접합하는 방법이다.

(a) 확산용접장치

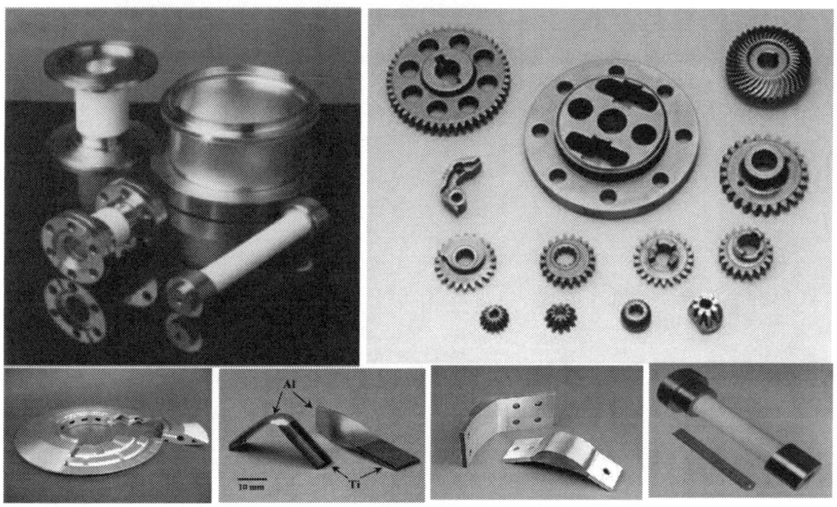

(b) 확산용접 적용 예

그림 5.30 확산용접장치와 확산용접의 적용 예

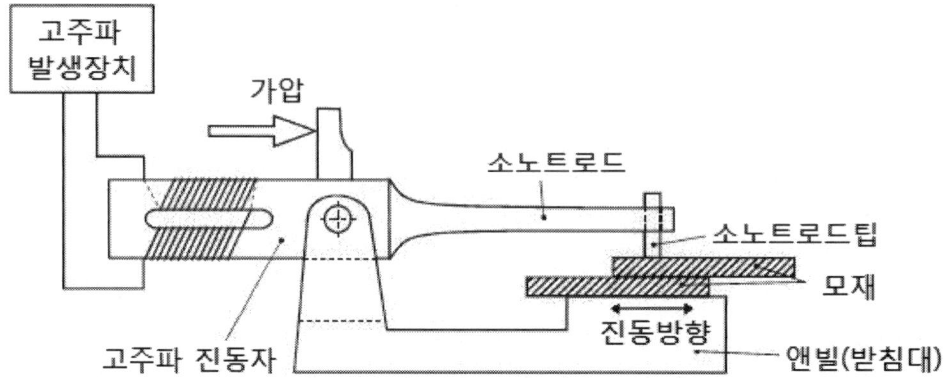

그림 5.31 초음파 용접의 개략도

초음파 용접의 원리는 먼저 고주파 발생장치에서 나온 고주파를 고주파 진동자를 통해 기계적 진동으로 변환시킨다. 진동자 끝에 부착된 소노트로드는 진동을 증폭시킴과 동시에 모재 상부 표면에 압력을 가한 상태에서 진동을 전달하여 두 모재의 접합면은 소노트로드와 동일한 주파수로 진동하면서 마찰한다. 마찰에 의해 접합면의 산화막과 불순물은 제거되며 마찰열에 의해 소성변형이 유발되면서 접합된다.

5.10.2 적용 분야

초음파 용접은 고상용접이기 때문에 동종재료는 물론 이종재료의 접합에도 널리 적용된다. 용접과정에서 산화막이 제거되므로 알루미늄과 같은 재료의 용접에도 적용이 가능하고 접합시간이 짧아 생산성도 높다. 반면에 박판이나 와이어의 접합과 같이 소형 제품으로 적용이 한정된다. 특히 반도체의 와이어 접합공정에 많이 사용된다. 초음파 용접은 플라스틱 접합에도 적용되는데 그 경우는 재료의 표면에 종방향으로 압력과 진동을 가하여 돌출부가 있는 플라스틱 접합면에 열을 발생시켜 용융시킴으로써 접합한다.

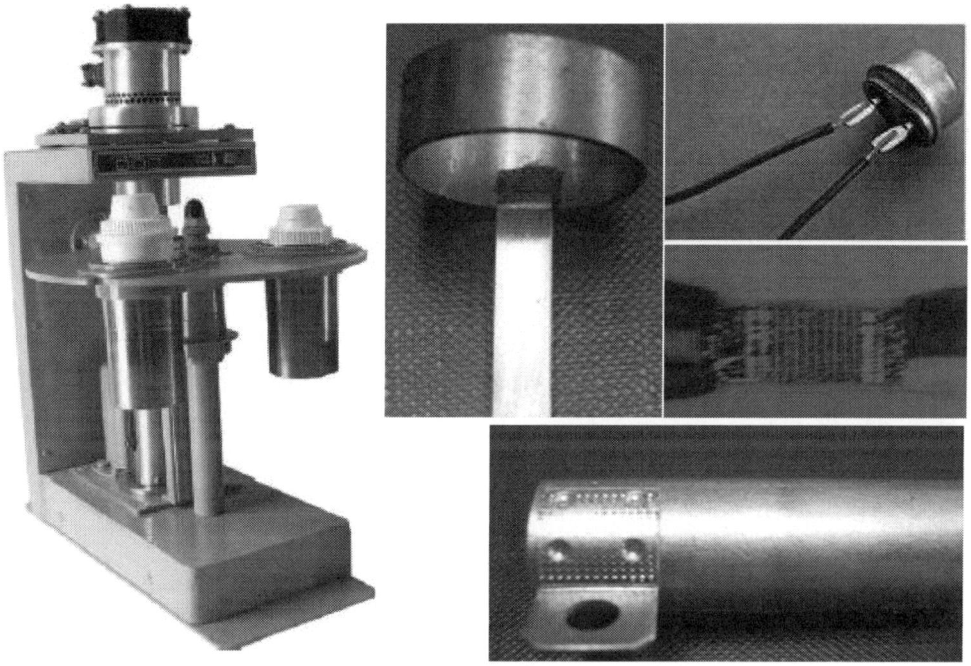

(a) 초음파 용접기 (b) 다양한 초음파 용접적용 예

그림 5.32 초음파 용접기와 초음파 용접의 적용 예

초음파 용접은 알루미늄 합금, 구리합금, 탄소강과 스테인리스강, 금, 은 등의 금속과 용융이 가능한 열가소성 플라스틱 접합에 적용된다. 적용두께는 강의 경우 최대 1 mm, 알루미늄이나 구리의 경우는 2.5 mm까지 적용이 가능하다. 사용 주파수는 15~75 kHz, 용접시간은 0.005~1초, 접합 시 최고온도는 모재 용융온도의 60%미만이다. 그림 5.32는 용접기와 전기전자 부품의 도선과 단자의 용접, 박판접합, 와이어 용접 등 다양한 초음파 용접의 적용 예를 보여주고 있다.

5.11 폭발용접(EXW: Explosion Welding)

5.11.1 폭발용접의 원리 및 특징

1) 원 리

폭발용접은 폭약의 폭발로 발생되는 순간적인 높은 충격에너지를 이용하여 금속을 접합시키는 방법으로 충격용접이라고도 한다. 폭발용접은 주로 내부식성이나 내열성을 필요로 하는 클래딩 판재를 제조할 때 많이 사용되며 그림 5.33에 보인 바와 같이 경사법(inclined arrangement)과 평행법(parallel arrangement)으로 구분 된다.

폭발용접의 원리는 모재와 용접재를 일정한 간격 또는 일정한 각도를 유지하도록 설치한 후 용접재의 위쪽 표면에 폭약을 도포하고 뇌관을 이용하여 화약을 폭발시키면 용접재가 일정 각도로 모재에 충돌하면서 접합된다.

이 때 폭발로 생기는 높은 압력에 의해 형성된 금속 제트가 표면의 산화막과

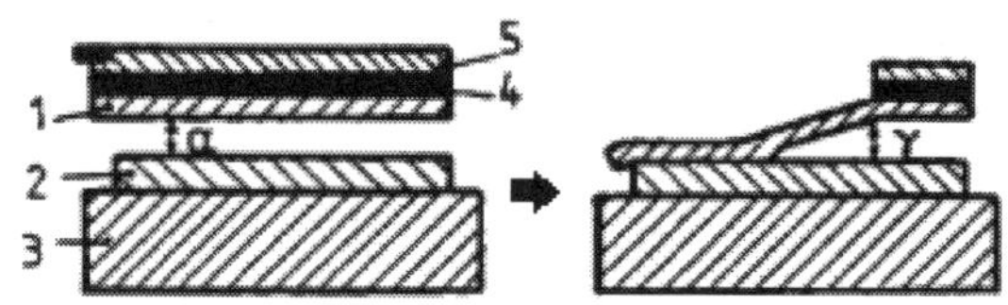

(a) 평행법

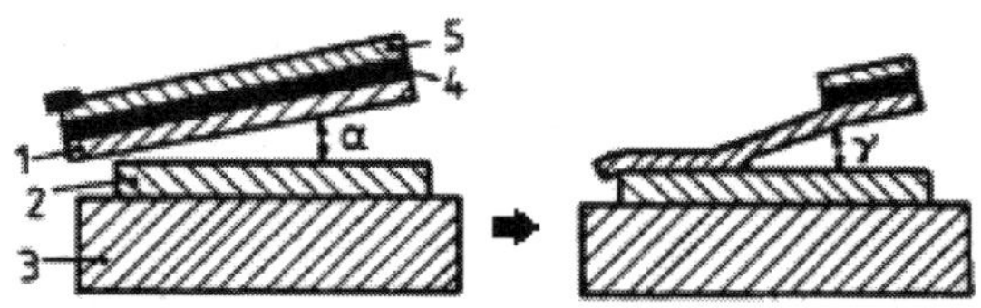

(b) 경사법

1. 용접재 2. 모재 3. 받침판 4. 완충판 5. 폭약

그림 5.33 폭발용접의 원리 및 종류

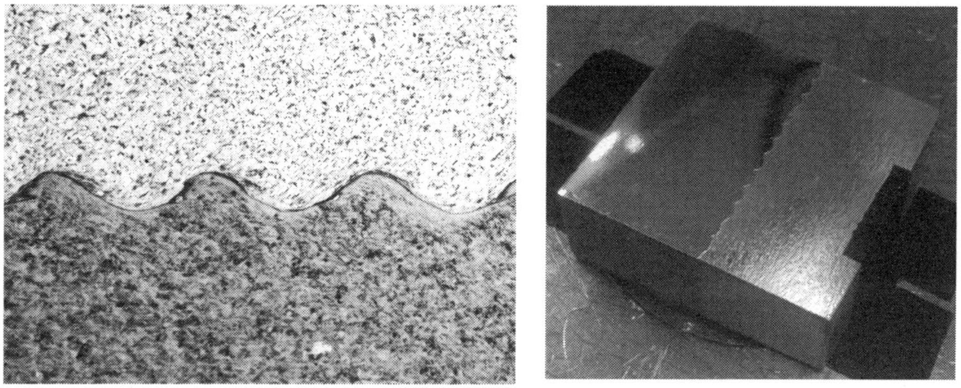

(a) Fe-Al 접합면　　　　(b) Mg-Al의 접합

그림 5.34 폭발용접의 접합면

같은 오염층을 모두 제거시켜 청결한 표면을 형성시키고 접합면은 그림 5.34와 같이 규칙적인 파동형태를 띠며 접합강도가 매우 높다.

폭발용접은 폭약의 폭발음으로 인한 소음공해로 인해 장소의 제약과 폭약의 취급 및 안전에 세심한 주의를 해야 하는 단점이 있지만 기존의 용접법으로 접합이 곤란한 동종 및 이종 금속간의 용접이 가능하며 특수한 장치가 필요하지 않고 용접속도가 매우 빠르다는 장점도 있다. 또한 용접하고자 하는 제품 크기 및 두께에 영향을 적게 받는 것도 장점이다.

5.11.2 폭발용접의 적용

폭발용접은 티타늄, 탄탈륨, 몰리브덴강의 클래딩, 알루미늄과 오스테나이트, 구리와 알루미늄, 알루미늄과 인코넬 등의 서로 다른 모재로 클래딩을 할 때 적용되며 박판, 보일러의 내부 및 바닥의 클래딩, 그림 5.35와 같은 튜브와 튜브플레이트의 접합에도 활용된다.

그림 5.36은 폭발용접의 적용 예를 보여 주고 있다.

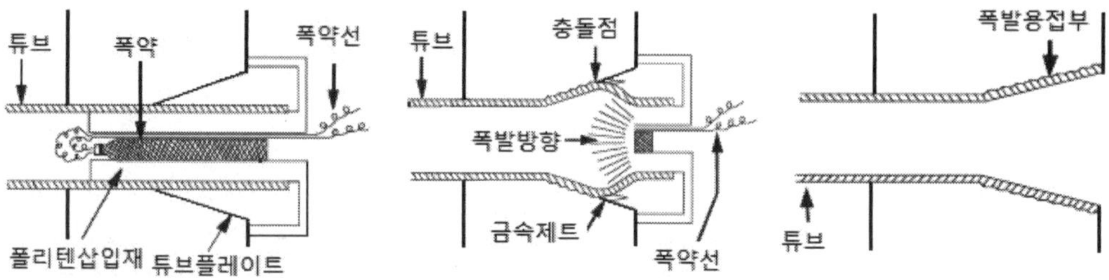

(a) 용접전 (b) 용접 (c) 용접후

그림 5.35 튜브와 튜브플레이트의 폭발용접 원리

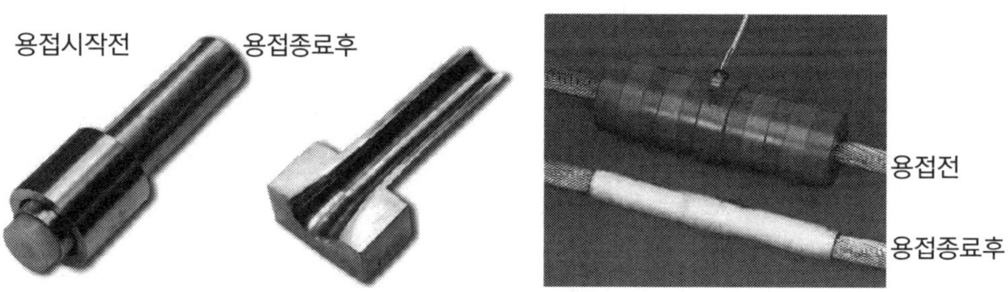

(a) 튜브와 튜브플레이트 용접 (b) 폭발용접에 의한 슬리브장착

그림 5.36 폭발용접의 적용 예

Chapter 6

브레이징과 솔더링 (Brazing and Soldering)

6.1 브레이징과 솔더링의 기초 (Fundamentals of Brazing and Soldering)

6.1.1 브레이징과 솔더링의 개요

브레이징과 솔더링은 용융온도가 모재보다 낮은 삽입금속을 용융시켜 접합하는 기술이다. 삽입금속은 용융되어 모재의 접합부 표면을 적시면서 모세관 현상에 의해 접합부의 틈 사이로 확산되어 채워지거나 접합부에 미리 삽입되어 있는 삽입금속이 용융된 후 응고되면서 모재를 접합시킨다.

그림 6.1은 겹치기 이음부에 대해 브레이징과 솔더링에 의한 접합부와 용융용접에 의한 용접부의 차이를 보여주고 있다.

브레이징과 솔더링은 모재는 용융되지 않고 삽입금속이 용융되어 접합부를 채운다. 따라서 삽입금속은 반드시 모재보다 용융점이 낮아야 하며 모재와의 반응성과 젖음성이 좋은 금속이어야 한다. 브레이징과 솔더링은 450℃를 기준으로 삽입금속의 용융온도가 450℃ 이상이면 브레이징, 450℃보다 낮으면 솔더링으로 구분한다.

브레이징: 모재의 용융점 〉 브레이징 삽입금속의 용융점 〉 450℃
솔더링　: 모재의 용융점 〉 브레이징 삽입금속의 용융점 〈 450℃

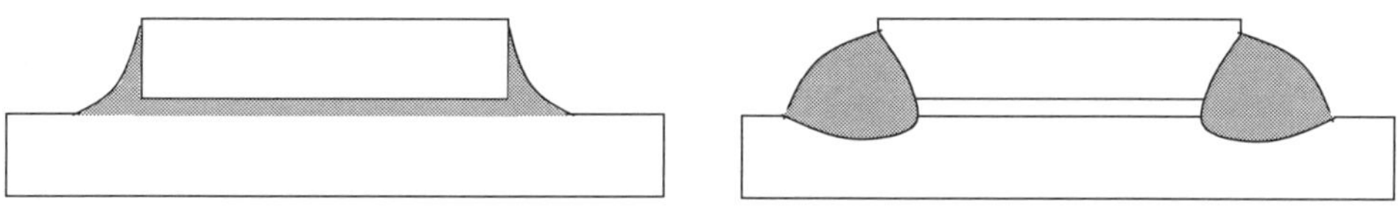

(a) 브레이징/솔더링 접합부　　　　(b) 용융 용접부

그림 6.1 브레이징과 솔더링의 접합부와 용융 용접부의 차이

6.1.2 브레이징과 솔더링의 원리

브레이징과 솔더링은 용융된 삽입금속이 모재 표면에 젖는 젖음성(wettability) 현상과 접합부의 좁은 틈 사이로 확산되는 모세관(capillary flow) 현상에 의해 접합이 가능해진다.

1) 젖음성

젖음성은 그림 6.2에서와 같이 고체 표면위에 액체가 부착되거나 스며드는 성질을 의미하며 브레이징과 솔더링의 접합과정의 핵심적인 성질이다.
그림 6.2에서 표면장력 $\gamma_{12}, \gamma_{13}, \gamma_{23}$ 는 서로 평형을 이루어 식(6.1)이 성립한다. 여기에서 γ_{12}가 작고 γ_{13}가 클수록 젖음성이 좋아진다. 또한 표 6.1에서 볼 수 있는 바와 같이 접촉각 α가 작을수록 젖음성이 양호하다.

$$\gamma_{13} - \gamma_{12} = \gamma_{23} \cos\alpha \qquad (6.1)$$

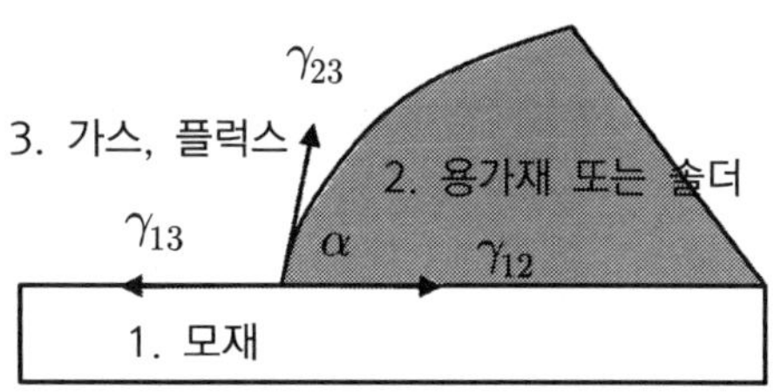

γ_{13} : 모재의 표면장력
γ_{12} : 액체의 표면장력
γ_{23} : 고체와 액체 계면 표면장력
α : 접촉각(Contact angle)

6.2 젖음성

표 6.1 접촉각에 의한 젖음성 판별

접촉각	젖음성
$\alpha = 0°$	완전 젖음
$\alpha \geq 90°$	전혀 젖지 않음
$\alpha \leq 30°$	접합 가능한 젖음

2) 모세관 현상

모세관 현상은 그림 6.3에서 볼 수 있는 바와 같이 좁은 틈 사이로 액체가 침투하는 현상으로 이 현상은 고체와 액체의 경계면의 표면장력에 의해 나타난다. 침투하는 높이는 식 (6.2)에서와 같이 양쪽 경계면의 표면장력과 틈을 채우고 있는 액체의 무게가 평형을 이룰 때 식(6.3)의 모세관 압력 Pc 에 의해 결정된다. 액체가 침투하는 높이는 그림 6.3의 오른 쪽 그래프에서 알 수 있는 바와 같이

$$2\gamma_H = b\rho g h \rightarrow h = \frac{2\gamma_H}{\rho g b} \quad (6.2)$$

$$P_c = \rho g h = \frac{2\gamma_H}{b} \quad (6.3)$$

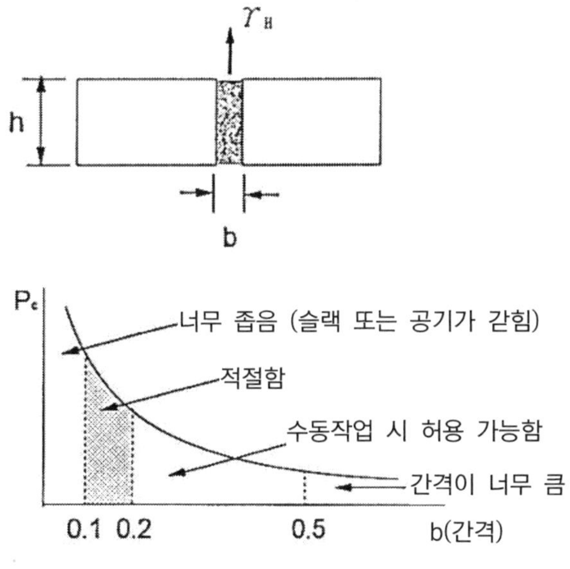

그림 6.3 모세관 현상

틈이 좁을수록 커지지만 틈이 0.1 mm보다 더 좁아지면 미세한 슬랙이나 공기에 의해 틈이 막혀 액체가 침투하는 것이 방해되므로 0.1~0.2 mm가 가장 적당하며 0.5 mm까지는 침투가 가능하다.

6.2 브레이징(Brazing)

6.2.1 삽입금속(Filler Metal or Insert Metal)

브레이징 용 삽입금속은 젖음성과 융점이 가장 중요하지만 그 외에도 다음의 요건을 갖추어야 한다.

표 6.2 브레이징 용 삽입금속의 종류와 특성

삽입금속	주성분	용융온도(℃)	적용재료 및 분야
Ag 계열	Ag, Cu, Zn	605~800	각종재료에 대한 접합성 양호 철강, Cu합금, 스텐레스강 등
Cu 및 황동 계열	Cu, Zn	800~935	가격저렴, 가공성 양호 철강재료
Al 합금 계열	Al, Si	520~615	불활성가스 또는 진공에서 작업 라디에이터, 열교환기
Cu-P 계열	Cu, P	640~900	자체 플럭스 기능, 저온접합 열교환기
Ni 계열	Ni, B, P	875~1,135	고온강도, 내식성, 고온내산화성 항공기, 각종엔진, 터빈, 원자로
Au 계열	Au, Cu, Ni	880~1,030	내식성, 내산화성 우수 보석용, 반도체, 항공기, 로켓
Pd 계열	Pd, Ag	805~1,235	고온강도, 모재침식이 적음 가스터빈, 제트엔진, 원자력기기

- 젖음성이 좋고 적당한 유동성을 가질 것
- 융점이 낮고 적당한 용융폭을 가질 것
- 접합온도에서 증발성분이 적을 것
- 기계적 성질 및 내식성이 양호할 것
- 판재나 선재로 가공이 용이할 것

브레이징 용 삽입금속은 막대형, 와이어형, 분말형 및 접합형상에 맞추어 성형된 형 등 다양한 형태로 제공되며 종류도 매우 많다. 표 6.2는 대표적인 브레이징 용 삽임금속의 종류와 주성분, 적용재료 및 분야를 나타내고 있다.

6.2.2 플럭스 및 분위기(Flux and Atmosphere)

일반적으로 금속재료의 표면은 산화피막 또는 기름과 같은 오염층이 덮여 있기 때문에 이 상태에서 브레이징을 하게 되면 젖음성이 저하되어 건전한 접합부가 형성되기 어렵다. 브레이징 용 플럭스는 모재의 표면을 청청하게 하고 표면의 산화물을 분해 또는 제거하여 젖음성을 향상시킬 목적으로 사용된다.

플럭스는 분말형태, 풀(paste)형태 또는 액상으로 되어 있으며 가열하면 액체로 변화한다. 플럭스의 성분은 모재와 삽입금속에 따라 달라지지만 주로 붕사, 붕산, 염화물, 불화물 중 2~3가지가 배합되어 있다.

브레이징은 가열과정이 동반되므로 작업 중에 산화가 일어나기 쉽다. 따라서 일반적으로 특정 가스분위기나 진공분위기에서 작업하는 경우가 대부분이다. 가스분위기의 경우는 수소와 같은 연료가스나, 암모니아가스, 질소가스 및 불활성가스를 사용하여 산화를 방지한다. 진공분위기는 Ti, Al, Zr, Au, Ag 등의 재료의 브레이징에 활용된다.

6.2.3 브레이징 공정

브레이징 공정은 가열방법에 화염(또는 토치) 브레이징, 아크 브레이징, 침지 브레이징, 고주파 브레이징, 저항 브레이징, 로(furnace) 브레이징, 진공 브레이징 등이 있다. 그림 6.4는 토치 브레이징으로 맞대기 이음부를 브레이징 하는 모습을 보여주고 있다. 그림 6.5는 브레이징에 적합한 이음부의 형상을 보여주고 있으며 그림 6.6은 브레이징으로 접합된 부재들의 형상을 보여주고 있다.

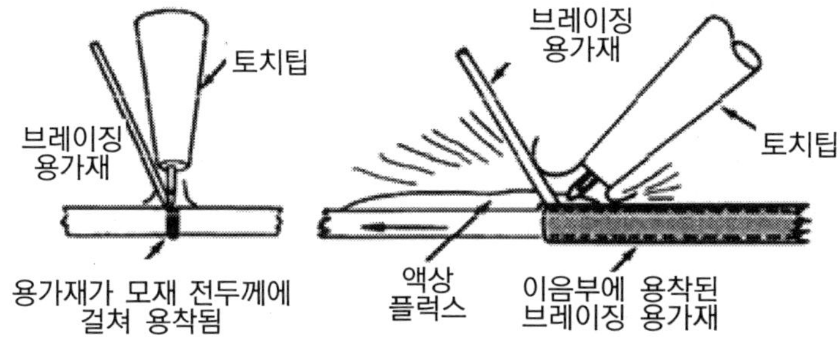

그림 6.4 맞대기 이음부의 토치 브레이징

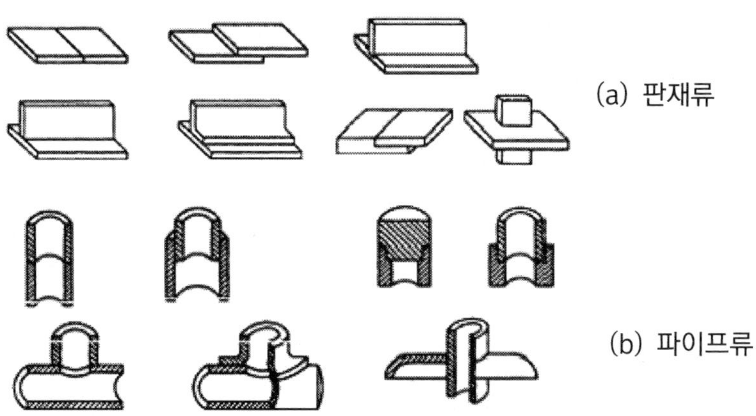

그림 6.5 브레이징을 위한 이음부 형상

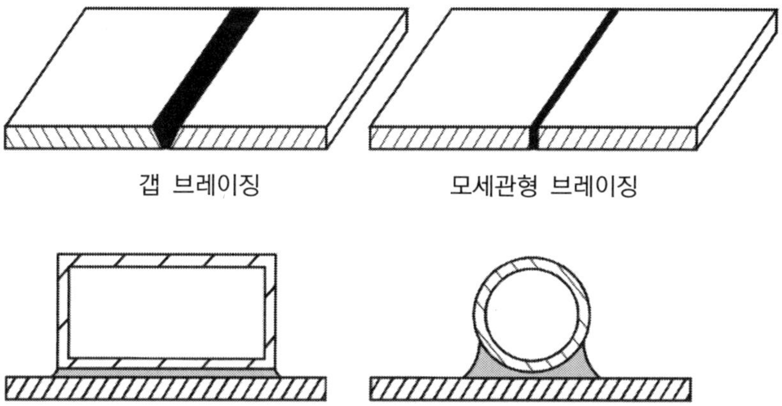

그림 6.6 브레이징으로 접합된 여러 종류의 부재들

6.3 솔더링(Soldering)

6.3.1 솔더(Solder)

솔더링에서 사용되는 삽입금속은 솔더라고 한다. 솔더는 유동성이 좋고 젖음성과 침투성이 양호해야 한다. 솔더는 조성, 형상, 융점, 용도 등에 따라 다양하게 분류된다. 솔더의 종류를 조성에 따라 분류하면 가장 널리 사용되는 Sn-Pb계와 Sn기(Sn-Ag계, Sn-Au계 등), Au기(Au-Sn계, Au-Si계 등) 솔더가 있으며 Al용으로 Zn-Al계, Sn-Zn계, Cd-Sn계가 있다.

솔더의 형상은 와이어 내부에 수지 플럭스가 내장된 수지 코어드 솔더, 크림형 솔더, 막대모양의 스레더 솔더(thread solder), 다양한 형상으로 미리 성형된 솔더 프리폼이 있다.

6.3.2 플럭스(Flux)

솔더링 용 플럭스는 젖음성을 확보하기 위해 사용되며 모재 표면의 산화피막과 반응 생성물을 제거하여 표면을 청정하게 하고 열을 접합부에 전달하는 역할도 한다. 플럭스의 종류로는 Sn-Pb계 솔더용으로 송진을 주성분으로 하는 로진계 플럭스(rosin flux), 유기산 플럭스(organic flux), 무기계 플럭스(inorganic flux)가 있고 금속 염화물이 주성분인 Al솔더링 용 플럭스가 있다.

6.3.3 솔더링 공정

솔더링 공정은 사용하는 열원에 따라 나누어진다. 인두 솔더링(iron soldering, block soldering)은 인두를 사용하며 예전에는 인두를 철로 만들어 인두를 iron으로 표기했지만 지금은 Cu합금에 철을 도금한 것을 사용한다. 주로 소형 부품 및 용기 제작에 사용되며 전기 및 전자 분야에도 사용된다. 플로우 솔더링(flow soldering)은 접합부 틈새에 용융솔더를 흘려넣어 솔더링하는 방법으로 침지 솔더링(dip soldering)이 대표적이다. 전자제품의 리드 접속이나 프린터 기판의 회로 접속에 많이 사용된다. 리플로우 솔더링(reflow soldering)은 접합부에 미리 솔더를 공급하고 여러 가지 열원을 이용하여 솔더를 용융시켜 솔더링하는 방법이다. 열원으로는 적외선, 열풍, 레이저빔 등이 사용되며 전자기기 칩 제작에 많이 사용된다.

그림 6.7은 솔더링 인두와 인두를 이용한 솔더링 모습을 보여주고 있다.

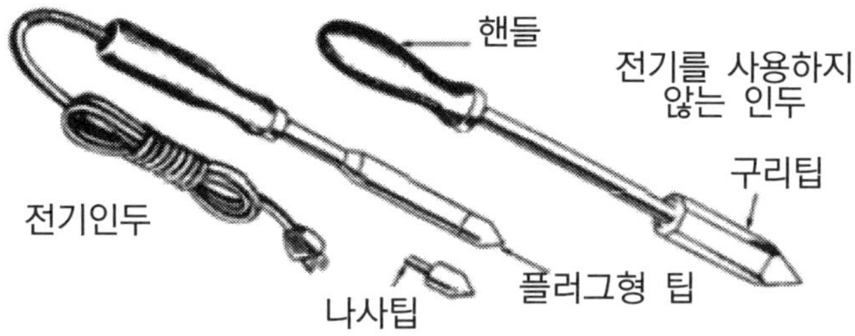

(a) 솔더링 인두

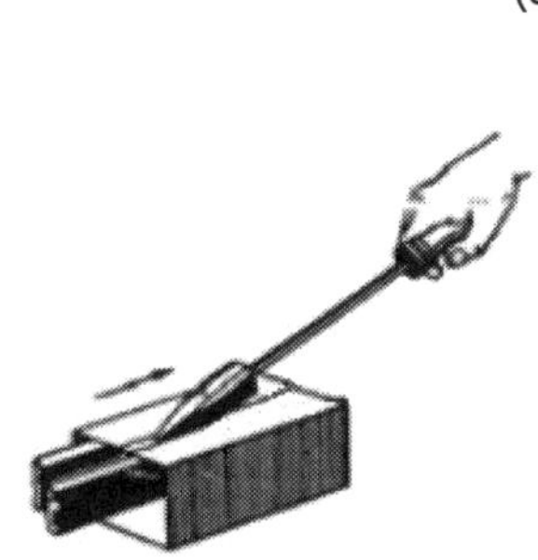

(b) 심(Seam) 솔더링

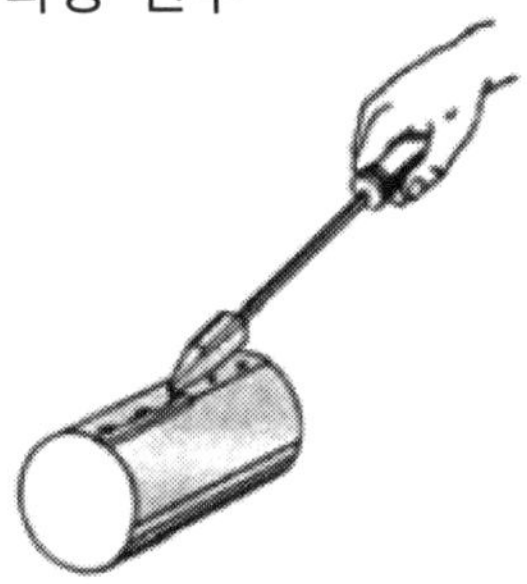

(c) 리벳형 심 솔더링

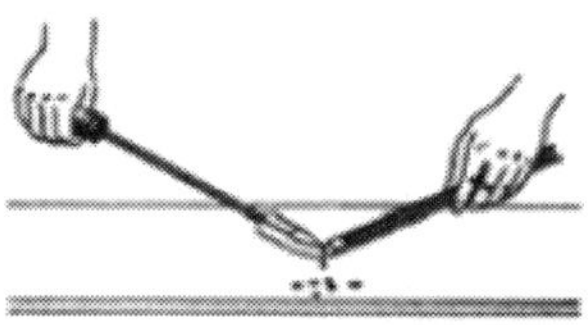

(d) 솔더 비드 만들기

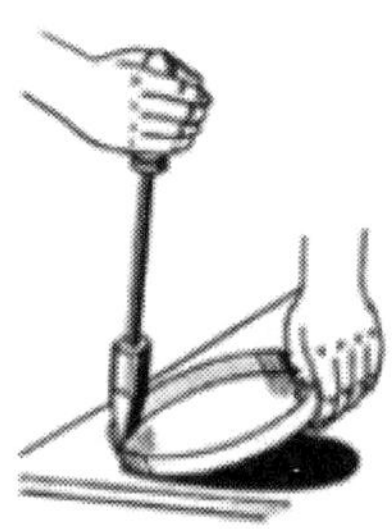

(e) 밑바닥 심 솔더링

그림 6.7 솔더링 인두와 솔더링 적용 예

Chapter 7

열 절 단
(Thermal Cutting)

7.1 열절단의 기초 (Fundamentals of Thermal Cutting)

열절단은 열에너지를 이용하여 부재를 국부적으로 가열, 용융 및 분리시키는 가공공정이다. 열절단은 열에너지를 이용하여 국부적으로 가열 및 용융시키는 점에서 용융 용접과 유사하여 용접공학에 포함되어 다루어진다. 열절단은 기계식 절단에 비해 다음과 같은 장단점을 가지고 있다.

장점

- 기계식 절단법에 비해 장비가 간단함
- 초기 투자비가 적어 경제적임
- 고능률 절단작업이 가능
- 절단작업이 용이하고 자유로운 형상으로 절단이 가능

단점

- 열원의 형상과 크기가 일정하지 않음
- 절단가공의 정밀도가 제한됨
- 절단면에 열영향에 따른 재질의 변화가 초래됨
- 열변형이 발생함

열절단법은 화학 에너지, 전기 에너지 및 에너지를 사용하거나 두 가지 이상의 에너지를 병용한 다양한 절단법이 있으나 본서에서는 그 중 널리 적용되는 산소연료가스절단, 플라즈마 절단 및 레이저 절단에 대해 다루기로 한다.

7.2 산소연료가스 절단(OGC: Oxyfuel Gas Cutting)

7.2.1 원리

산소연료가스 절단은 고온 분위기에서 산소와 금속의 산화반응으로 발생한 열을 이용하여 금속을 용융시키고 고압기류를 이용하여 용융된 부분을 불어내어 절단하는 방법으로 산소 절단 또는 화염 절단으로도 부른다.

산소연료가스 절단에서 절단은 다음의 3단계로 이루어진다.

① 연료가스 불꽃은 모재에서 산화반응이 지속적으로 일어날 수 있도록 1,100℃까지 가열한다.

② 토치에서 절단부로 공급되는 고순도의 산소에 의해 절단부의 철과 산소는 산화반응을 일으켜 산화철로 되며 이 때 발생되는 화학반응열에 의해 산화철이 용융된다.

③ 토치에서 나오는 고압의 산소기류가 용융된 산화철을 토치 반대쪽으로 불어낸다.

이 때 ②번 과정에서 일어나는 철과 산소의 산화반응과 화학반응열은 다음과 같다.

$$\mathrm{Fe} + \frac{1}{2}\mathrm{O_2} = \mathrm{FeO} + 64.0\ \mathrm{kcal} \tag{7.1}$$

$$2\mathrm{Fe} + 1\frac{1}{2}\mathrm{O_2} = \mathrm{Fe_2O_3} + 190.7\ \mathrm{kcal} \tag{7.2}$$

$$3\mathrm{Fe} + 2\mathrm{O_2} = \mathrm{Fe_3O_4} + 266.9\ \mathrm{kcal} \tag{7.3}$$

이 과정에서 발생하는 반응열은 철을 용융하는 데에 필요한 열량보다 훨씬 높아 절단이 지속적으로 이루어진다.

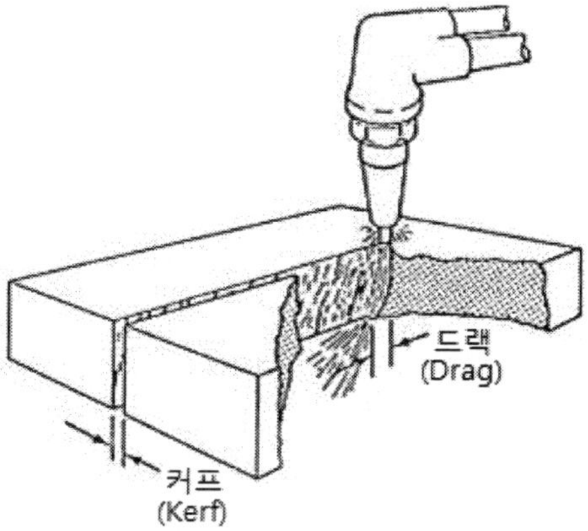

그림 7.1 커프와 드랙

모재가 절단될 때 용융금속은 고압의 산소기류에 의해 제거되는데 이 때 용융금속의 제거로 인해 생기는 절단면의 간격을 커프(kerf)라고 한다. 또한 열이 직접 닿는 모재 표면에 비해 모재 뒷면은 두께방향으로 열이 전도되기까지 소요되는 시간으로 인해 모재 표면보다 절단속도가 느리다. 이로 인해 절단면은 절단 윗면이 절단 아랫면보다 앞서게 되는데 이 차이를 드랙(drag)이라고 한다. 커프와 드랙은 그림 7.1에 나타나 있으며 모재 종류 및 두께, 토치 팁의 크기 및 형상, 절단속도, 절단가스유량 등에 의해 달라진다.

7.2.2 산소연료가스 절단법의 적용조건

산소연료가스 절단은 장비가 간단하고 사용이 간편하며 철과 산소의 반응에서 나오는 열을 이용하므로 에너지의 효율도 높아 널리 이용되고 있다. 그러나 산소연료가스 절단은 산화반응열을 이용하는 절단원리에 의해 적용할 수 있는 재료는 제한된다. 산소연료가스 절단을 적용할 수 있는 재료는 다음과 같은 요건을 갖추어야 한다.

① 산소기류 내에서 산화반응이 잘 일어나야 함
② 산화반응이 일어나는 온도가 모재의 용융온도보다 낮아야 함
③ 산화물의 용융점이 모재의 용융점보다 낮아야 함
④ 산화물 슬래그는 점성이 낮아야 함
⑤ 열전도도가 낮아야 함

회주철(grey cast iron)의 경우는 산소가 회주철 내의 탄소와 반응을 하므로 철의 산화가 원활히 일어나지 않아 ①번 요건을 만족하지 못한다. Al이나 Cr의 경우는 표 7.1에서 볼 수 있는 바와 같이 산화물의 용융온도가 모재보다 높아 ③번 요건을 만족하지 못한다. 스테인리스강(Cr-Ni강)과 같은 고합금강은 ④번 요건과 달리 산화물의 점도가 높아 고압기류로 산화물을 제거하기 어려워 적합하지 않다. Cu의 경우는 ⑤번 요건에 어긋나서 적합하지 않다. Cu는 열전도도가 높아 열이 국부적으로 집중되지 못하여 절단이 잘 되지 못한다.

표 7.1 각 금속재료와 그들의 산화물의 용융온도

재료	모재의 용융온도	산화물의 용융온도
Al	658	2,050
Fe	1,538	FeO : 1,370
		Fe_3O_4 : 1,527
		Fe_2O_3 : 1,565
Cr	1,550	1,990
Cu	1,083	1,230
Mo	2,622	795
Ti	1,800	1,775

7.2.3 산소연료가스 절단토치와 노즐

산소연료가스 절단토치는 인젝션 타입으로 산소와 연료가스의 혼합부분은 가스 용접토치와 유사하나 별도의 고압의 절단산소 공급을 위한 밸브와 배관이 있어 노즐 형상은 다르다. 그림 7.2는 수동식 절단토치와 기계식 절단토치를 보여준다.

수동 화염 절단기(Hand flame cutter)

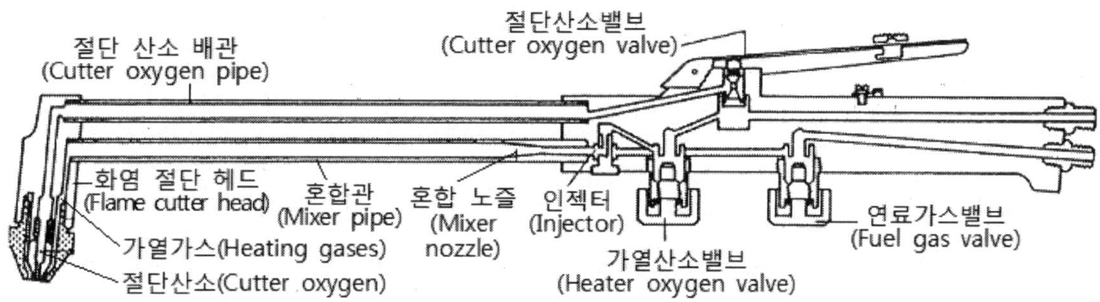

기계식 화염 절단기(Machine flame cutter)

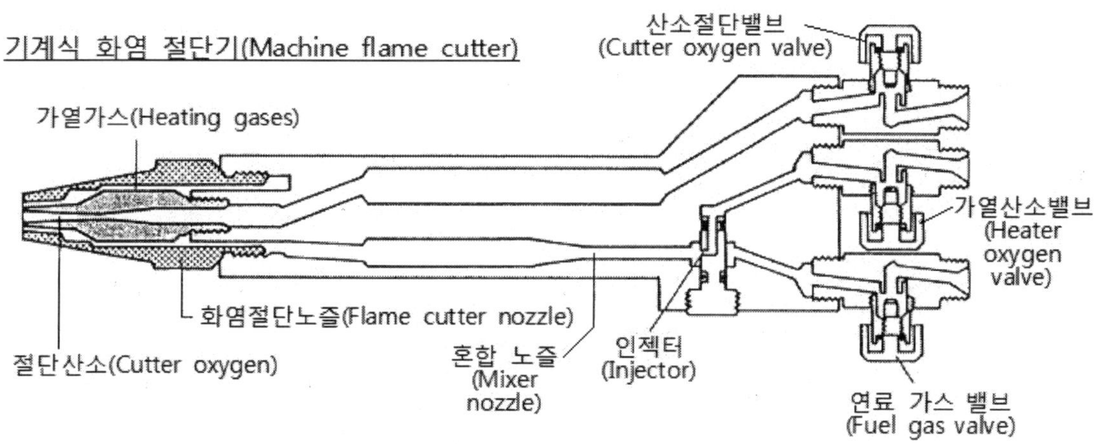

그림 7.2 산소연료가스 절단토치

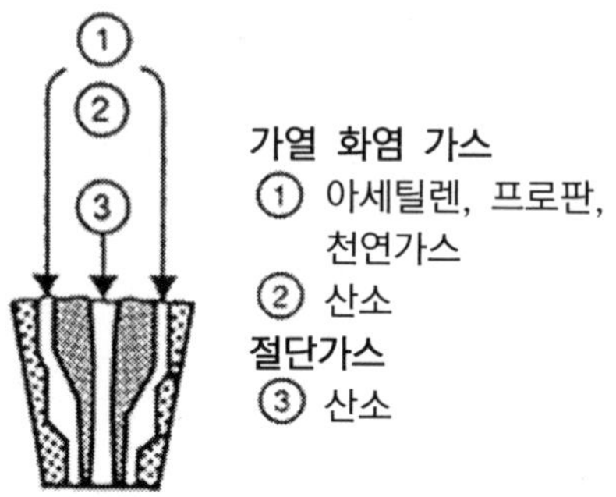

그림 7.3 절단 노즐

노즐 형상은 그림 7.3과 같으며 산소와 연료가스가 혼합된 가스는 노즐의 가장자리의 구멍으로부터 분출되며 고압 절단가스는 노즐의 중심위치에 있는 구멍에서 배출된다.

7.2.4 산소연료가스 절단의 적용

산소연료가스 절단은 한 개 이상의 토치를 사용하고 토치의 절단 각도를 조절하여 판재의 절단과 동시에 다양한 용접 그루브도 가공할 수 있다. 그림 7.4는 산소연료가스 절단을 이용한 다양한 용접 그루브 가공 방법을 보여주고 있다.

그림 7.5는 전형적인 산소연료가스 절단기를 보여주고 있으며 그림 7.6은 절단 생산성을 높이기 위해 여러 개의 절단토치를 사용한 다양한 절단장치를 보여주고 있다.

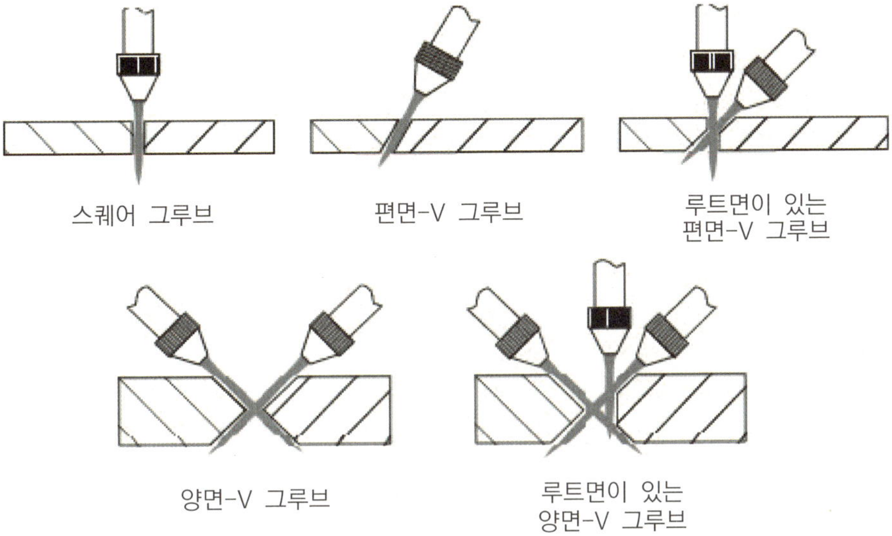

그림 7.4 산소연료가스 절단에 의한 용접 그루브 가공

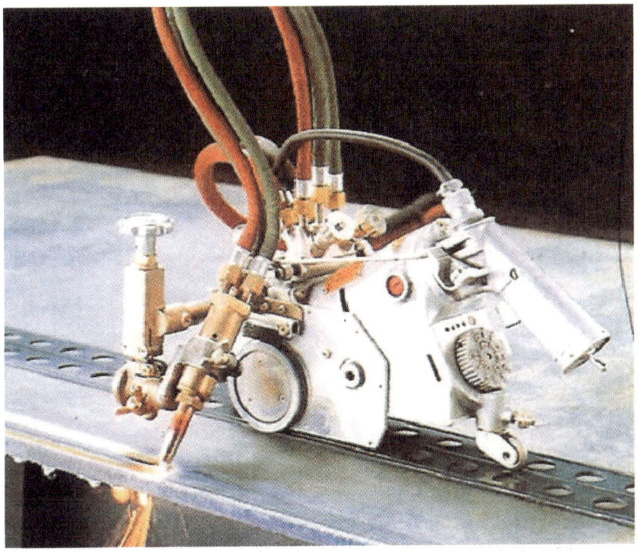

그림 7.5 산소연료가스 절단기

그림 7.6 복수의 절단토치를 사용한 절단장치의 예

7.3 플라즈마 아크절단(PAC: Plasma Arc Cutting)

7.3.1 플라즈마 아크절단

플라즈마 아크절단은 플라즈마 절단이라고도 하며 그림 7.7에서 볼 수 있는 바와 같이 토치의 전극과 모재 사이에 발생하는 플라즈마 아크를 수냉되는 노즐로 수축시킨 상태에서 절단재를 국부적으로 용융시키고 고속의 플라즈마 젯으로 용융된 금속을 제거하여 절단하는 방법이다.

플라즈마 가스로는 Al, 스테인리스강 등 비철금속 및 고합금강의 절단 시에는 $Ar+H_2$ 혼합가스가 사용되며, 일반강의 절단에는 압축공기나 O_2, N_2, N_2+H_2 혼합가스가 많이 사용된다.

플라즈마 절단은 판 두께 3~40 mm정도까지는 고속으로 절단할 수 있으며 열변형도 비교적 적다. 또 절단 시 예열이 불필요한 점도 장점이다. 그러나 장치가 고가인 편이고 커프가 콘(cone)형으로 생겨 절단간격이 크고 절단면의 윗

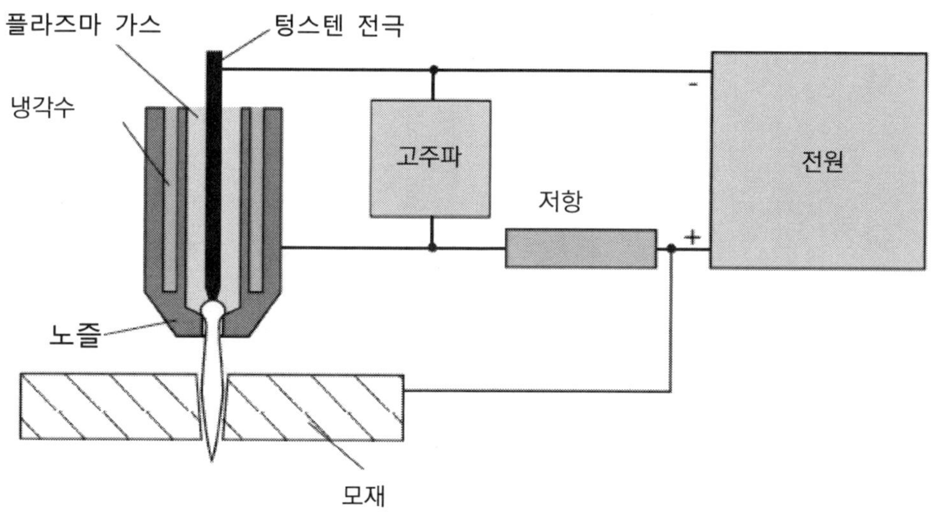

그림 7.7 플라즈마 아크절단

부분에 경사각이 생기는 문제점이 있으며 장치도 비교적 고가이다. 이 외에도 절단 시 소음과 분진이 심하게 발생하고 소모품의 수명이 짧은 것도 단점이다. 콘형의 커프는 토치를 약간 경사지게 함으로써 절단면의 한 쪽은 절단면의 경사를 줄일 수 있다.

플라즈마 절단면은 절단면 부근이 급냉되어 경화되기 쉽고 특히 절단표면에 질화층이 생기기 쉽다. 질화층이 있는 절단면을 SAW나 GMAW로 용접할 경우 기공 등의 결함이 발생하기 쉬우므로 일반 탄소강의 그루브 가공 시에는 O_2를 사용하는 플라즈마 절단이 유리하다.

7.3.2 플라즈마 절단 개량 공정

플라즈마 아크절단은 소음과 분진, 유독가스의 발생 등이 큰 문제점이었으며 이에 대한 보호책에 드는 비용이 장치비용보다 더 많은 실정이었다. 최근에는 수조 또는 수중 플라즈마 절단법, 보조가스 사용 플라즈마 절단법이 개발되어 이러한 문제를 현저히 경감시키고 있다.

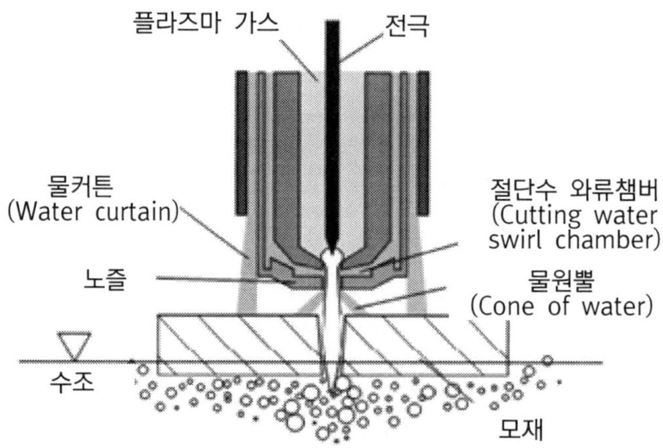

그림 7.8 물분사 플라즈마 절단

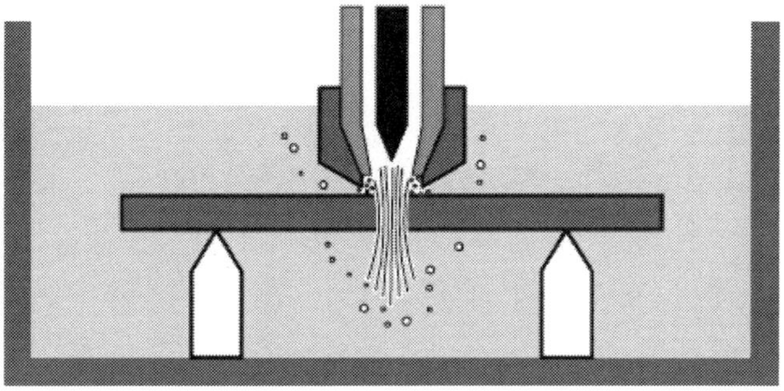

그림 7.9 수중 플라즈마 절단

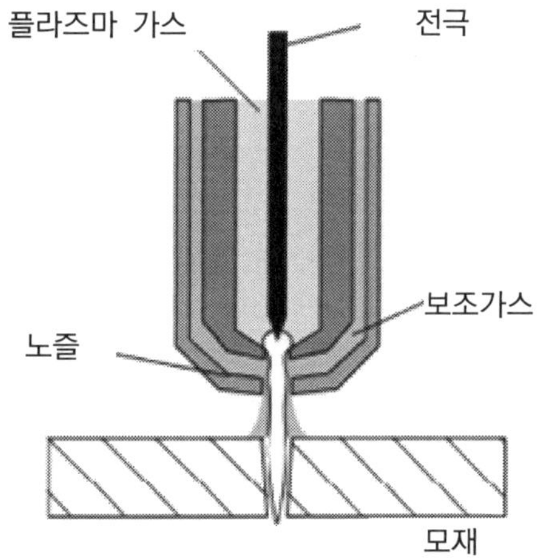

그림 7.10 보조가스 사용 플라즈마 절단

그림 7.8은 물분사 플라즈마 절단법(water injection plasma cutting)으로 피절단재 일부를 물에 담근 상태에서 플라즈마 아크 주위에 물커튼(water curtain)을 형성시켜 절단하는 방법이고 그림 7.9는 수중에서 플라즈마 절단(underwater plasma cutting)을 시행하는 방법으로 두 방법 모두 소음, 분진, 유해가스 및 자외선을 물속으로 방출시켜 주변으로 노출되지 않게 한다.

그림 7.10은 보조가스로 플라즈마 아크 주위를 둘러싸게 하여 절단하는 방법(plasma cutting with secondary gas flow)으로 보조가스를 통해 플라즈마 아크의 수축을 더욱 촉진하여 절단면을 수직에 가깝게 하고 더블아크 현상을 방지하여 노즐의 수명을 연장시키는 효과를 거둘 수 있다. 더블아크는 고전류 상태일 때 전극과 노즐사이의 아크를 거쳐 노즐과 모재사이에 발생하는 아크로 절단 효율을 크게 떨어뜨리며 노즐과 전극에 손상을 입히는 현상이다.

7.4 레이저빔 절단(LBC: Laser Beam Cutting)

7.4.1 레이저빔 절단의 기초

레이저빔 절단은 줄여서 레이저 절단이라고 하며 에너지 밀도가 매우 높기 때문에 금속재료는 물론 세라믹, 유리, 목재, 종이, 고무, 플라스틱 등과 같은 비금속재료 등 거의 모든 재료를 절단할 수 있고 고속절단 및 고정밀 절단이 가능하다. 레이저 절단은 그림 7.11에서와 같이 레이저를 모재에 국부적으로 조사하여 모재를 용융 및 증발시키고 고압의 가스로 용융된 금속을 불어냄으로써 이루어진다.

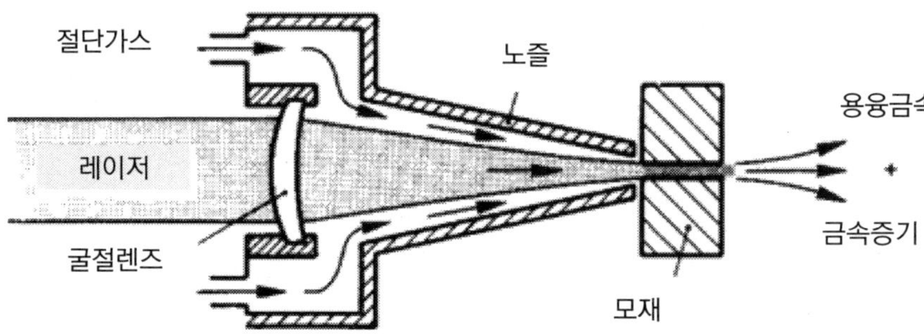

그림 7.11 레이저빔 절단

레이저는 빛이기 때문에 금속표면에서 쉽게 반사가 일어난다. 하지만 금속이 용융상태에 있거나 산화물을 형성하면 레이저가 잘 흡수되므로 산소가스를

표 7.2 레이저빔 절단의 종류

	원리	절단소재	절단가스	비고
산소기류 레이저 절단 (Laser cutting with O_2-jet)	레이저가 모재표면에 조사되면 산소기류에 의해 산화물이 형성되며 산화물이 용융됨과 동시에 산소기류에 의해 용융부가 날라가며 절단됨	철강, Al-합금, Ti-합금	O_2 N_2 Ar	- 절단속도가 높음 - 절단면에 산화물 형성
레이저 용융절단 (Laser fusion cutting)	- 레이저 빔이 절단소재 전체 두께를 용융시킴 (최적 초점은 소재 표면아래 1/3지점) - 반사손실이 큼 (>90%)	금속, 유리, 폴리머	N_2 Ar, He	- 절단속도가 산소기류 레이저 절단의 10-15% 수준임 - 용융드랙이 형성됨
레이저 기화절단 (Laser evaporation cutting)	- $10W^5/cm^2$ 이상의 에너지 밀도로 에너지 흡수율이 높고 깊은 침투효과로 소재의 기화현상이 일어남 - 금속의 자체증기압과 가스유동에 의해 공동(cavity)이 형성되며 이로 인해 금속증기가 압축됨	금속, 나무, 종이, 세라믹, 폴리머	N_2 Ar, He	- 절단속도가 낮음 - 절단모서리가 매끈함 - 입열이 최소화

보조적으로 사용하는 경우가 많다. 산화가 잘되는 철은 20 mm 이상의 중판도 절단이 가능하나 산화가 잘되지 않고 표면이 매끄러워 빛의 반사가 잘 되는 금(Au)이나 은(Ag) 등은 매우 얇은 판만 절단이 가능하다.

레이저 절단은 산소기류 레이저 절단(laser cutting with O_2-jet), 레이저 용융 절단(laser fusion cutting), 레이저 기화절단(laser evaporation cutting) 의 3가지로 구분되며 각 절단법의 특성 및 용도는 표 7.2에 나와 있다.

7.4.2 레이저빔 절단과 다른 절단법과의 비교

레이저 절단과 산소연료가스 절단 및 플라즈마 절단의 절단면의 커프는 레이저 절단이 가장 작고 플라즈마 절단이 제일 크다. 드랙도 레이저 절단이 가장 적으며 플라즈마 절단은 가스 절단에 비해 속도가 빨라 가장 크게 나타난다. 표 7.3은 각 절단법의 두께에 따른 절단면을 비교한 것이다.

표 7.3 각 절단법의 절단면 비교

두께 [mm]	레이저 절단	화염 절단	플라즈마 절단
1	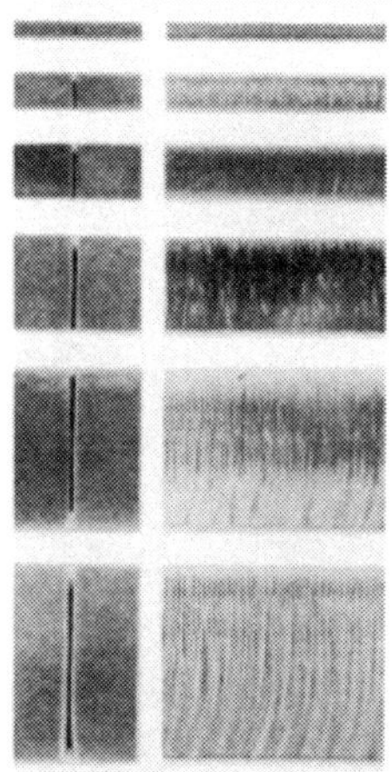	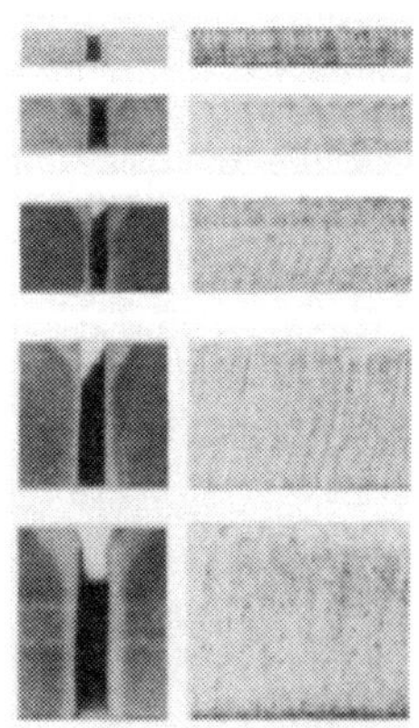	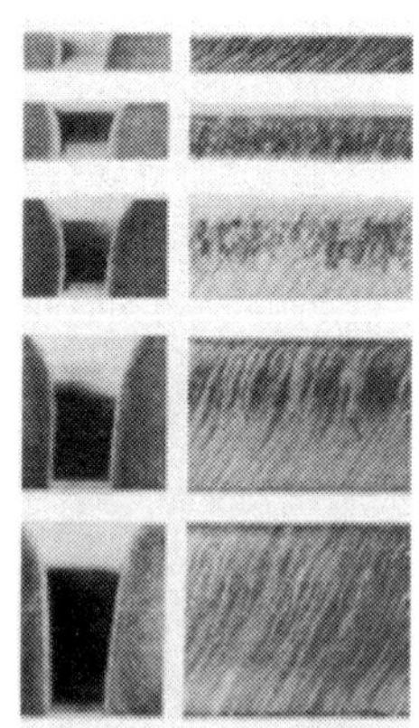
2			
3			
5			
8			
10			

절단속도를 비교해보면 일반적으로 박판에서는 레이저 절단, 중판에서는 플라즈마 절단, 후판에서는 산소절단이 절단속도가 가장 빠르다. 각 절단법의 절단속도의 순위는 피절단재의 두께범위에 따라 표 7.4와 같이 결정된다. 여러 재질과 각 재질의 두께에 따른 절단속도는 그림 7.12에 나타나 있다.

표 7.4 강판의 두께에 따른 각 절단법의 절단속도 비교

두께	절단속도(빠른 순위)
≤2	Laser 〉 Plasma 〉 Gas
2~12	Plasma 〉 Laser 〉 Gas
12~40	Plasma 〉 Gas 〉 Laser
〉40	Gas 〉 Plasma (레이저 절단 사용 불가)

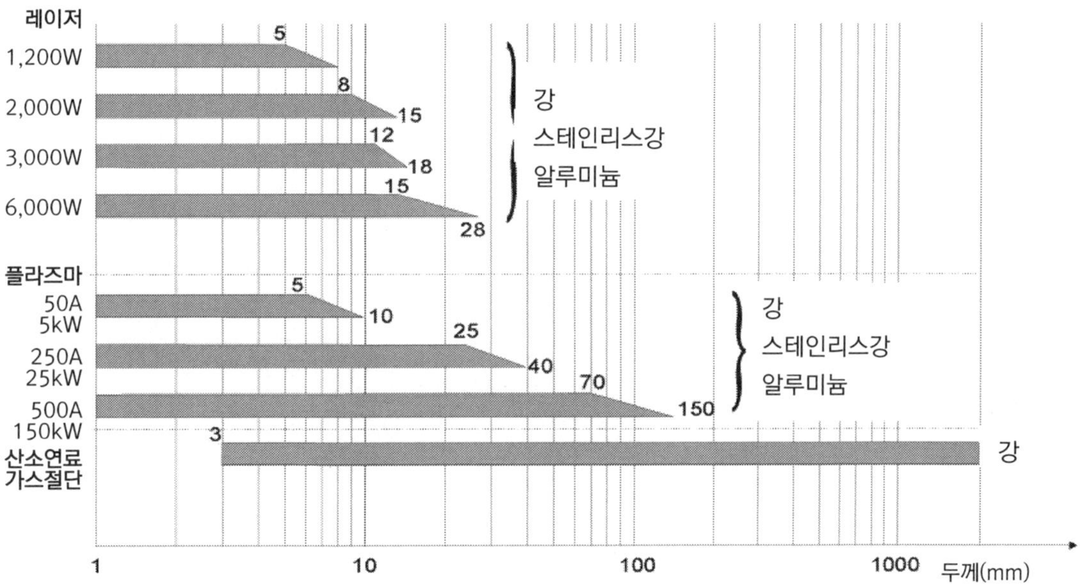

그림 7.12 탄소강, 스테인리스강 및 알루미늄 판의 절단 시 각 절단법의 절단가능 두께

Chapter 8

용접 자동화 (Automation of welding)

용접공정은 강렬한 아크, 가스, 퓸 등 유해한 작업환경이 동반되는 경우가 많으며 인력이 많이 소모되는 공정이다. 따라서 이러한 문제점을 극복하기 위한 수단으로 다양한 용접 자동화가 시도되고 있다. 용접 자동화 기술은 전자 및 컴퓨터 기술의 발전과 함께 발전해 왔으며 현재는 무인 용접 자동화의 수준까지 도달하고 있다. 그러나 용접 공정은 야금학적인 측면과 역학적인 관점에서 복잡한 현상을 동반하기 때문에 이들을 감안한 고품질 및 고효율 용접자동화 기술은 아직도 개발할 여지가 많다.

용접 자동화는 용접이 적용되는 환경과 용접 생산성 및 품질, 용접 적용 분야에 따라 요구되는 자동화 수준이 다르다. 표 8.1은 용접 자동화의 여러 단계를 보여주고 있다.

표 8.1 용접자동화의 단계

적용방법	수동	반자동	기계화	자동	로봇화	적응제어
아크용접 요소/기능					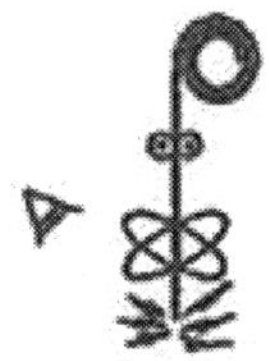	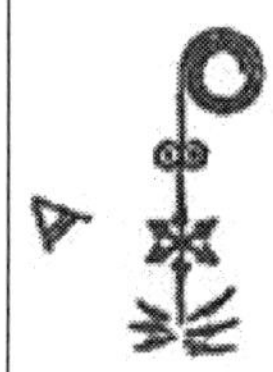
아크기동 및 유지	작업자	기계	기계	기계	기계 (센서 사용)	기계/로봇)
아크에 전극 송급	작업자	기계	기계	기계	기계	기계
용입 확보를 위한 입열제어	작업자	작업자	기계	기계	기계 (센서 사용)	기계/로봇 (센서 사용)
이음부를 따라 아크를 이동함	작업자	작업자	기계	기계	기계 (센서 사용)	기계/로봇
이음부에 대한 아크 조정	작업자	작업자	작업자	기계 (경로가 미리 설정됨)	기계 (센서 사용)	기계/로봇 (센서 사용)
아크 방향 제어를 위한 토치 제어	작업자	작업자	작업자	기계	기계 (센서 사용)	기계/로봇
편차조정을 위한 아크 제어	작업자	작업자	작업자	기능없음 (결함발생 가능)	기계 (센서 사용)	기계/로봇 (센서 사용)

8.1 용접용 도구 및 포지셔너

8.1.1 고정장치(Fixtures)

용접용 고정장치의 사용은 용접의 기계화 및 자동화의 시작 단계로 용접되는 부재 또는 구조물의 형상에 따라 다양한 장치가 사용된다. 용접용 고정장치는 가접(tacking)이나 용접작업 시에 부재를 고정시키기 위해 사용한다. 그림 8.1은 대표적인 고정장치를 보여주고 있다.

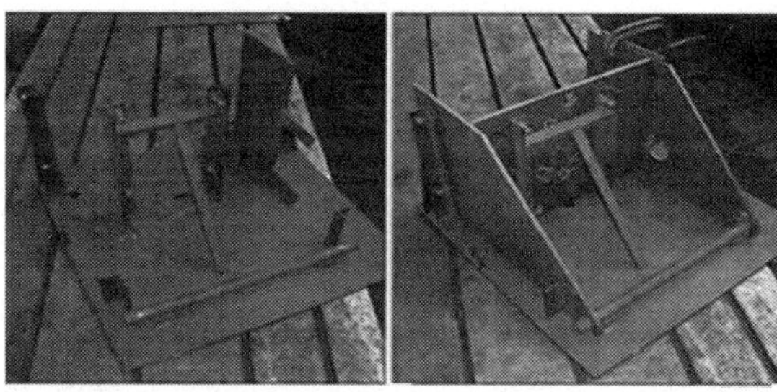

(a) 가접용 치구

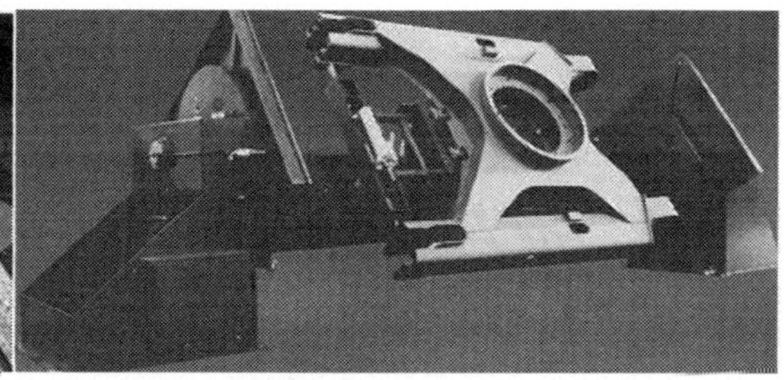

(b) 드롭센터 포지셔너(Drop-center positioner)의 치구에 고정된 크롤러 프레임 (Crawler frame)

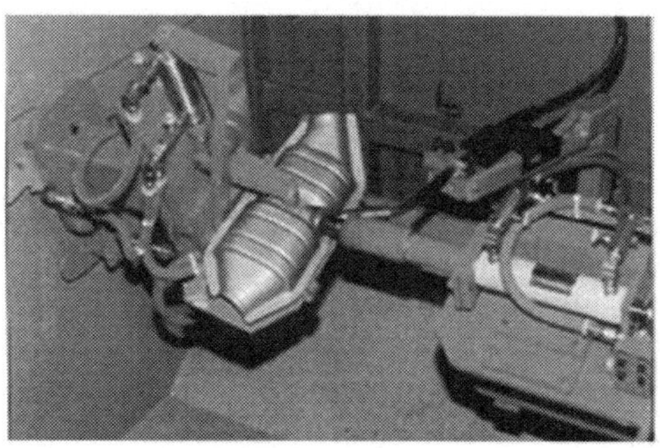

(c) 2방향 고정 치구

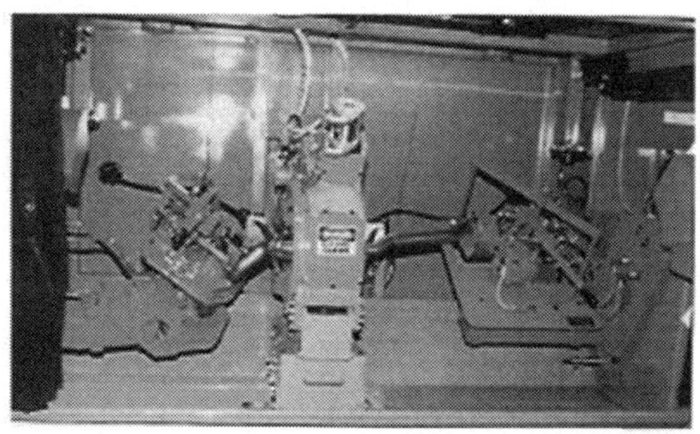

(d) 3방향 고정 치구

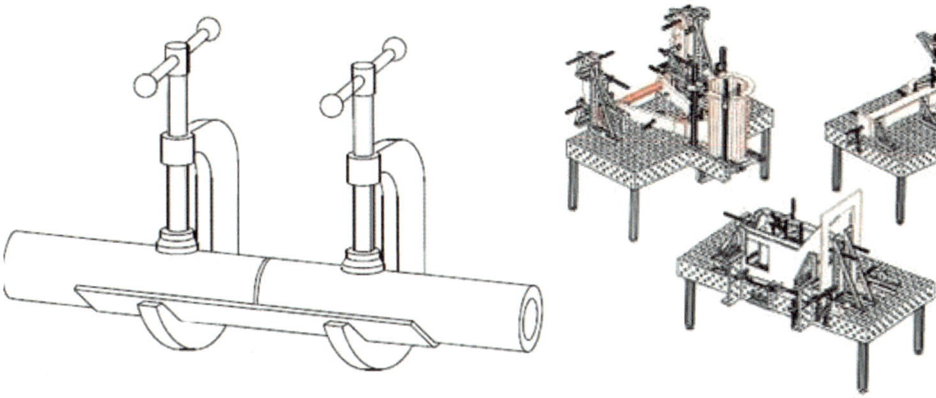

그림 8.1 다양한 용접용 고정장치

8.1.2 포지셔너(Positioner)

용접용 포지셔너는 피용접물의 위치를 상하로 조정하거나 기울이고 회전시키는 장치로 이를 통해 바람직한 용접자세로 용접을 가능하게 한다. 따라서 포지셔너를 사용하면 용접부의 많은 부분을 안정된 품질을 확보하면서도 용착속도를 높일 수 있는 아래보기 및 수평 필릿 자세로 용접할 수 있다. 특히 용접로봇과 함께 사용할 경우 용접토치의 접근성을 향상시키고 로봇의 자유도를 증가시켜 로봇의 작업영역을 넓히는 효과를 가져온다.

포지셔너는 용접 대상물의 형태와 크기, 사용 목적에 따라 다양한 종류가 있다. 그림 8.2는 대표적인 포지셔너의 종류를 보여주고 있다. 포지셔너를 선택할 때는 작업환경, 가반중량, 자유도 및 축의 형태, 정밀도 등을 고려해야 한다. 포지셔너의 가반중량은 작업물의 형태와 포지셔너에서의 고정위치에 따라 달라지므로 주의하여야 한다. 포지셔너의 가반중량을 계산할 때는 포지셔너의 토크 허용량을

$$T = W(O_1 + D) \tag{8.1}$$

단, T = 토크(Torque) [N • m]

W = 중량(Weight) [kg]
Q_1 = 고유돌출길이(Inherent overhang) [m]
D = 테이블과 작업물의 무게중심까지의 거리 [m]

식 8.1의 계산과정을 거쳐 그림 8.3의 그래프를 작성할 수 있으며 그래프에서 가반중량을 쉽게 확인할 수 있다. 포지셔너를 사용할 때 가반중량과 함께 유의하여야 할 것이 포지셔너의 테이블에 작업물을 부착하는 힘이다.

그림 8.2 다양한 포지셔너

그림 8.4의 (a)와 같이 작업물이 수평으로 테이블 위에 위치할 때는 문제가 없으나 (c) 또는 (d)와 같이 기울였을 때 작업물을 고정시키는 윗부분(Q지점)의 부착힘이 충분하지 않으면 P점을 중심으로 작업물이 회전하면서 밑으로 떨어지게 된다. Q지점의 부착힘 F는 식 (8.2)에 의해 간단히 구할 수 있다. 그림 8.4에서 알 수 있는 바와 같이 작업물이 테이블 위에 놓인 형상에 따라 동일한 작업물에 대해서도 부착힘의 크기는 달라진다.

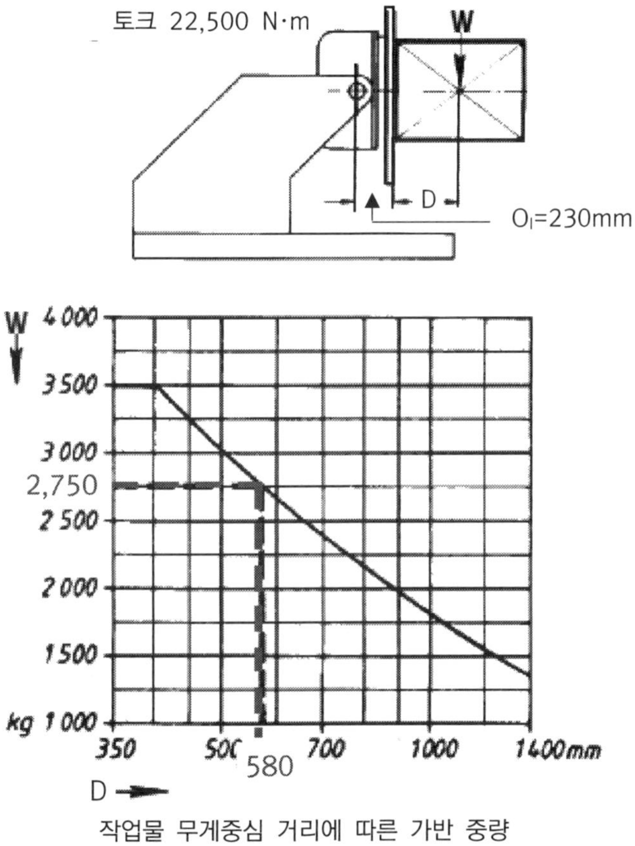

그림 8.3 가반중량 산출 그래프

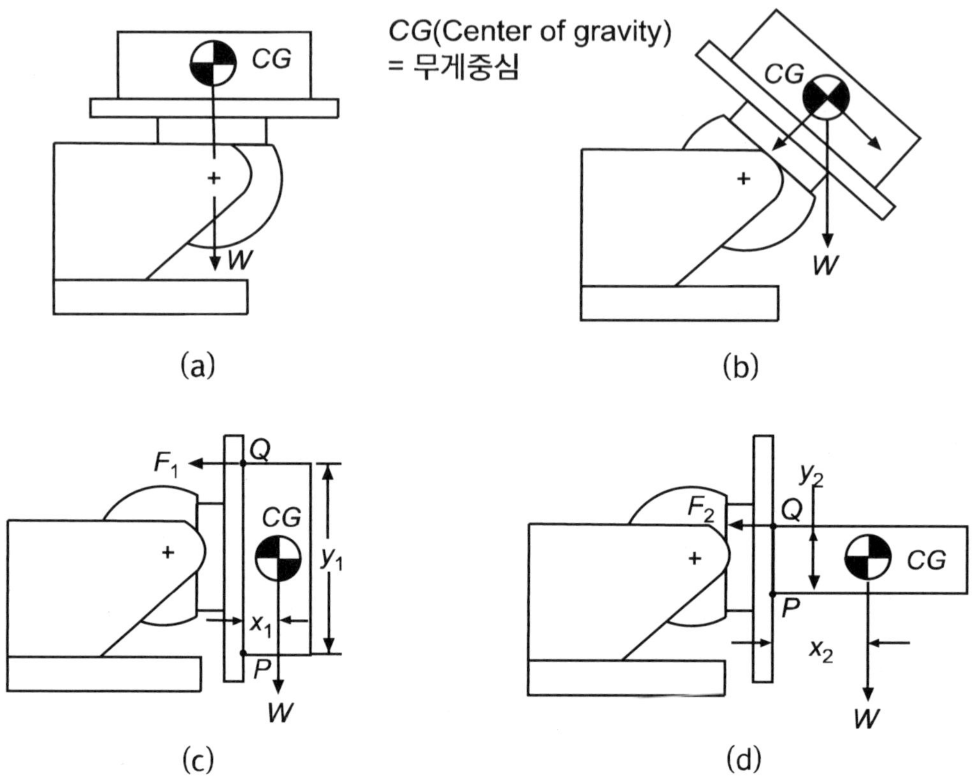

그림 8.4 포지셔너의 기울임과 작업물의 형상에 따른 부착힘의 크기

$$F = \frac{W \cdot x}{y} \tag{8.2}$$

단, F : 작업물의 부착힘(그림 8.4에서 F_1, F_2)

W : 작업물의 중량

x : 작업물 무게중심과 아래 부착점 P 사이의 거리 (그림 8.4에서 x_1, x_2)

y : 위 부착점 Q와 아래 부착점 P 사이의 거리
(그림 8.4에서 y_1, y_2)

용접모재는 아크용접의 한 전극을 형성하므로 용접기의 한 극에서 나온 전선이 모재에 연결된다. 그러나 포지셔너를 사용하는 경우 모재에 전선이 연결되어 있으면 포지셔너가 기울여지거나 회전하면서 모재에 연결된 전선이 꼬이거나 떨어질 수 있으므로 포지셔너 섀시에 전선을 연결한다. 따라서 포지셔너의 슬라이딩 브러시나 베어링은 섀시를 통해 흘러온 전류를 모재에 전달할 수 있는 형태로 되어 있어야 한다.

8.2 용접의 기계화 및 자동화

8.2.1 기계화 용접 (Mechanized Welding)

기계화 용접은 낮은 수준의 용접의 자동화에 해당되며 통상 용접 아크의 발생과 제어, 용접 와이어의 송급, 토치의 이음부에 대한 이송과 속도 제어 등이 기계에 의해 이루어진다. 캐리지(carriage)를 사용하는 SAW, EGW 및 ESW는 대표적인 기계화 용접공정이다. 그림 8.5의 (a)는 레일 위를 주행하는 캐리지를 이용하는 전형적인 SAW의 예를 보여주고 있으며 그림 8.5의 (b)는 자율 주행 트랙터를 이용한 SAW의 예를 보여주고 있다.

최근에는 캐리지에 모터와 바퀴가 장착되어 자율주행이 가능하고 슬라이딩 컨택터를 부착하여 직선부는 물론 곡률이 심하지 않는 곡선 용접부에도 적용할 수 있는 캐리지가 많이 사용되고 있다. 이 캐리지는 주로 GMAW 및 FCAW용으로 사용되며 특히 선박의 주판재와 보강재의 단면 및 양면 필릿용접에 널리 적용되고 있다. 그림 8.6은 1개의 토치를 장착하는 캐리지를 보여주고 있고 그림 8.7은 2개의 토치를 장착하여 양면 필릿을 동시에 용접할 수 있는 캐리지를 보여주고 있다.

(a) 전형적인 캐리지형 SAW 장치　　(b) 자율주행 트랙터형 SAW장치

그림 8.5 캐리지를 이용한 SAW

그림 8.6 1개의 토치 장착 캐리지

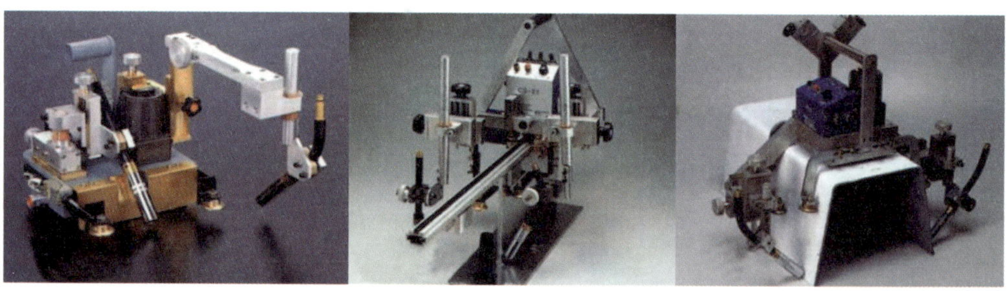

그림 8.7 2개의 토치 장착 캐리지

그림 8.8의 캐리지는 수직용접 및 수평용접에 적용되는 캐리지로 레일을 수직 또는 수평으로 부착하여 캐리지가 레일 위를 수직 또는 수평으로 주행한다. 수직 및 수평 캐리지의 레일에는 자석이 부착되어 탈착이 용이하게 되어 있다.

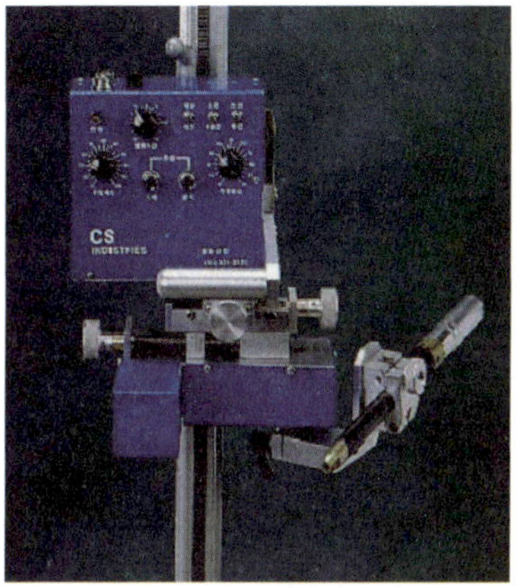

(a) 수직용접용 캐리지

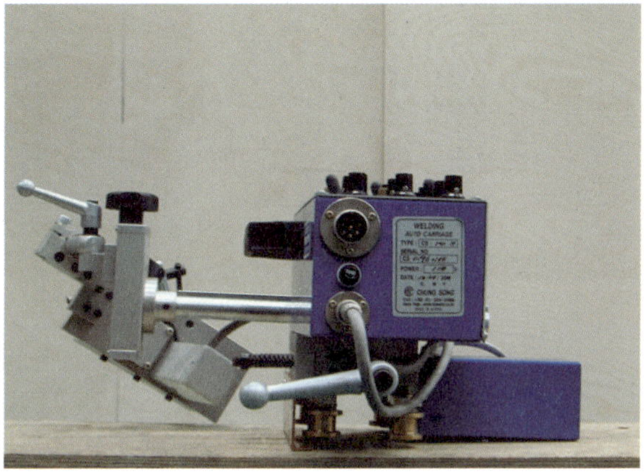

(b) 수평용접용 캐리지

그림 8.8 수직용접 및 수평용접 용 캐리지

그림 8.9 캐리지를 이용한 편면 필릿용접

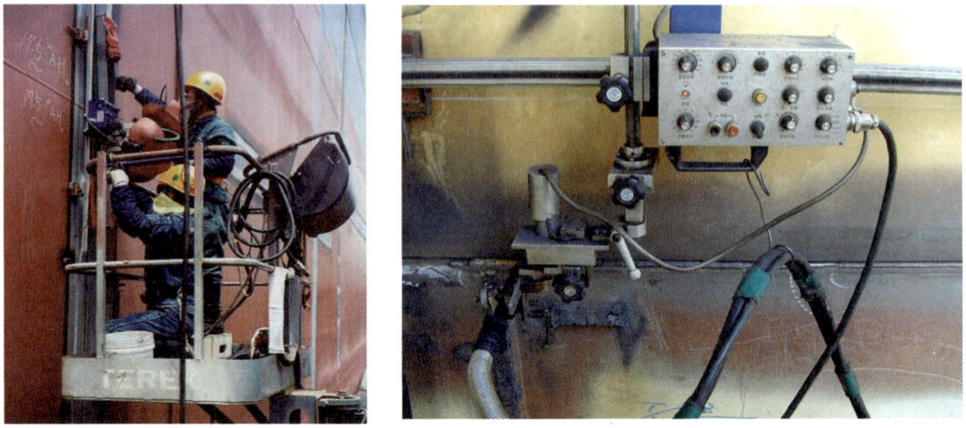

그림 8.10 캐리지를 이용한 수직 및 수평용접

그림 8.9는 캐리지를 이용한 편면 및 양면 필릿용접을 수행하는 모습을 보여주고 있다. 이 경우 작업자는 캐리지에 의해 정상적으로 용접되는가를 감시하는 역할만 수행하기 때문에 여러 대의 캐리지를 한 작업지가 운용할 수 있다.

그림 8.10은 선박의 탑재공정에서 블록들을 조립하는 과정에서 캐리지를 이용한 선체 외판의 수직용접 및 수평용접을 수행하는 모습을 보여주고 있다.

8.2.2 자동용접(Automated Welding)

자동용접은 기계화 용접에서 연속적인 용접변수의 제어, 용접아크의 위치와 움직임 제어 및 피용접물의 자세 제어까지 기계에 의해 수행되는 용접을 의미한다. 자동용접은 다음 장에서 상세히 다룰 로봇 용접을 포함해서 전용 자동장치를 사용한 용접이 대표적이다. 자동용접은 일반적으로 센서를 사용해서 용접 이음부의 형상을 인식하여 아크의 위치를 제어하고 용접선을 추적하는 기능을 갖추고 있으며 프로그래밍에 의해 용접장치의 동작 제어와 일정 동작의 반복이 가능하다.

(a) 양면 필릿 자동용접 장치

(b) 위보기 자세 전용 자동용접 장치

그림 8.11 자동용접 장치

자동용접의 경우 수동용접 또는 기계화 용접에 비해 다음과 같은 이점을 거둘 수 있다.

- 용접품질의 균일함
- 용접경비의 절감
- 용접생산속도의 예측이 가능함
- 다른 자동화된 작업과 통합이 용이함
- 높은 생산성
- 작업효율 향상
- 생산비의 절감

그림 8.11은 조선소에서 적용되는 대표적인 자동용접장치를 보여주고 있다.

그림 8.12는 대형 파이프의 외부 용접과 내부 용접을 동시에 수행하는 고능률 파이프 자동용접 장치의 예를 보여주고 있다. 그림 8.13은 용접선의 자동추적과 루트갭 인식 기능을 갖춘 곡판 자동용접장치이다.

그림 8.12 파이프 용접용 자동용접 장치

그림 8.13 곡판 용접용 자동용접 장치

8.3 로봇 용접

8.3.1 산업용 로봇(Industrial robot)

산업용 로봇은 국제로봇협회(IFR: International Federation of Robots)에 따르면 "고정 또는 움직이는 것으로서 산업자동화 분야에 사용되며 자동으로 제어되고, 재프로그램이 가능하며, 다목적인 3축 또는 그 이상의 축을 가진 자동조정 장치"로 정의하고 있다. 여기서 매니퓰레이터는 사람의 팔이나 손의 기능을 대신하는 기계장치이다. 산업용 로봇은 오늘날 조립, 용접, 도장, 운반, 가공 등의 여러 산업현장에서 널리 활용되고 있다.

산업용 로봇은 제어축 수에 따라 3축, 4축, 5축, 6축 제어로봇 등으로 분류하며 기계적 구조에 따라서는 그림 8.14와 같이 수직다관절 로봇, 수평다관절(SCARA) 로봇, 직교좌표 로봇, 원통형 로봇 등으로 구분한다.

8.3.2 로봇의 운동학(Kinematics)과 작업영역 (Work Envelop)

산업용 로봇 중 6축 수직관절 로봇은 가장 널리 쓰이고 있는 종류 중 하나이다. 6축은 3개의 주축과 3개의 보조축으로 구성되어 있는 경우가 일반적이다. 각 축은 회전운동을 하며 축의 종류, 위치 및 링크 크기에 따라 회전반경이 정해진다. 로봇의 끝 지점의 평행이동(translation)과 회전이동(rotation)은 각 축의 회전운동의 조합에 의해 이루어 진다.

로봇 하부의 3개의 주축은 작업물에 접근하는 것이 주된 기능이며 3개의 보조축은 작업을 위한 특정 자세를 취하는 역할을 담당한다. 로봇의 형상과 손목의 관절 형상 및 링크의 크기에 따라 로봇의 말단장치가 도달할 수 있는 공간은 크기가 제한된다. 이 공간을 작업영역(work envelope, work area) 또는 작업공간(working space)이라고 한다.

(a) 수직다관절 로봇

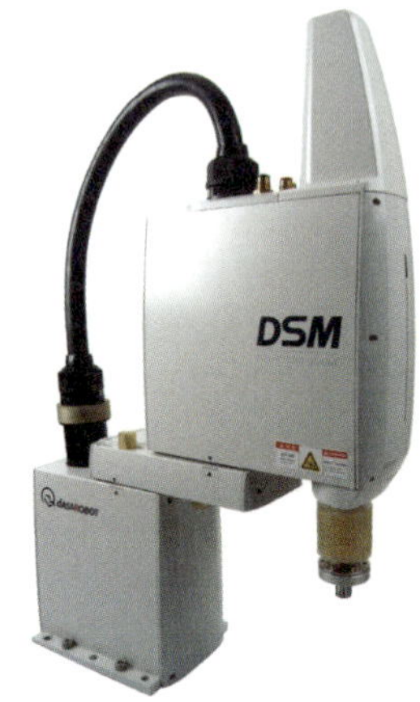

(b) 수평다관절 로봇

(c) 직교좌표 로봇

(d) 원통형 로봇

그림 8.14 기계적 구조에 따른 산업용 로봇의 종류

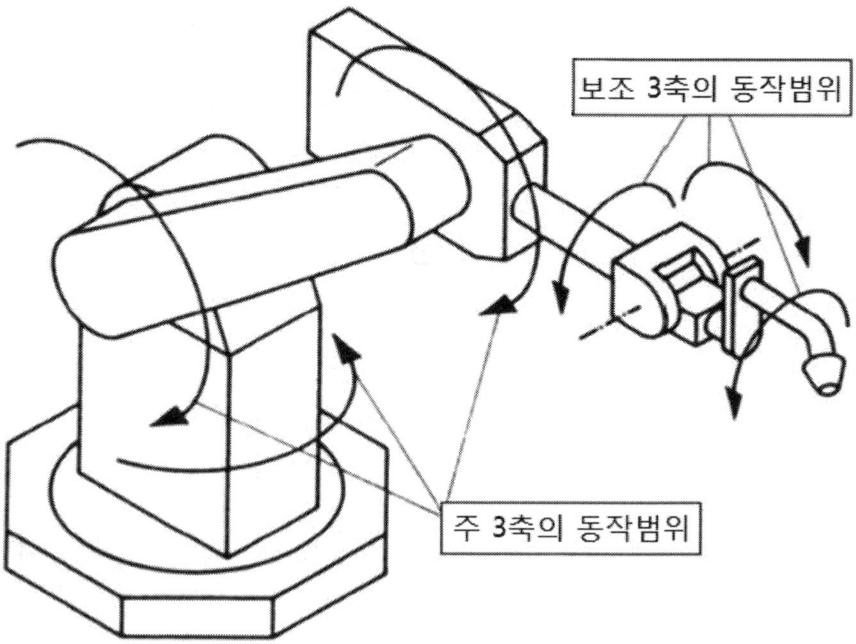

그림 8.15 6축 수직관절 로봇의 각 축의 동작범위

작업영역은 각 관절의 한계 운동영역을 포함하여 로봇의 관절과 링크를 정의하는 수학적 운동방정식으로 결정할 수 있다. 작업영역에는 말단장치가 최소한 한 개의 자세로 도달할 수 있는 도달가능 작업영역과 어떠한 자세로도 도달할 수 있는 자유자재 작업영역으로 구분된다. 또한 용접이나 절단과 같이 특정자세로 작업이 이루어지는 경우 작업영역의 크기와 형상은 달라진다.

그림 8.16은 로봇의 종류에 따라 작업영역이 달라지는 것을 보여주고 있다.

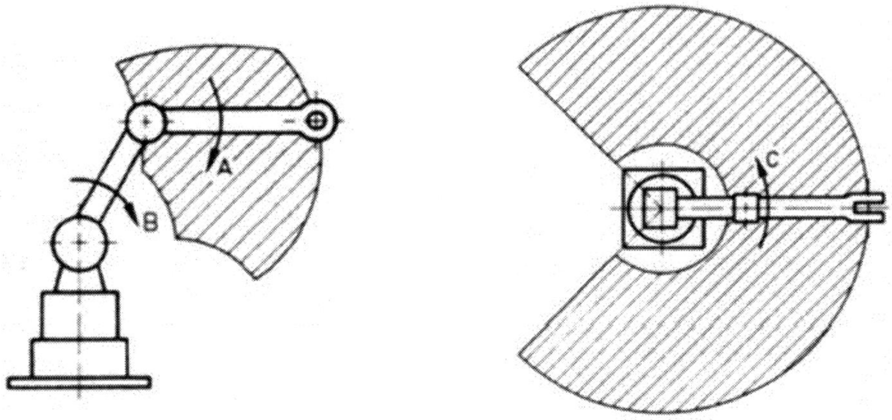

(a) 로봇 형태 1의 작업영역(측면도와 평면도)

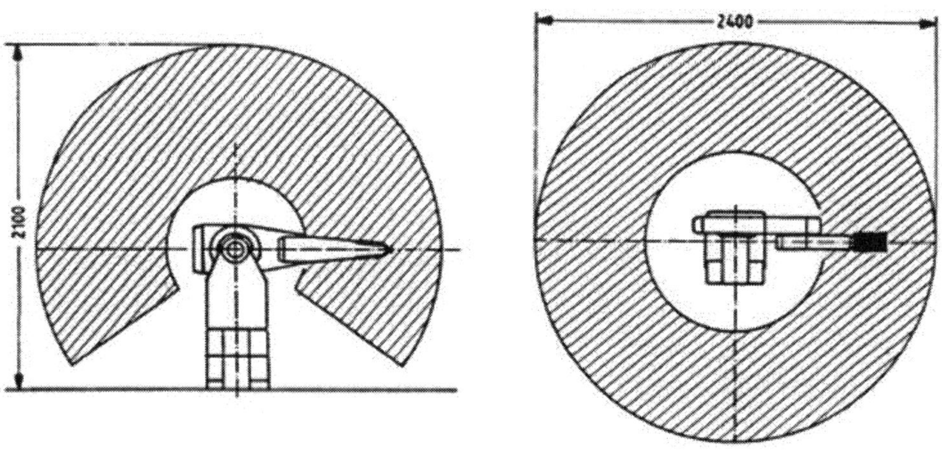

(b) 로봇 형태 2의 작업영역(측면도와 평면도)

그림 8.16 로봇의 종류에 따른 작업영역

8.3.3 용접로봇시스템(Welding Robot System)

용접은 산업용 로봇이 가장 많이 적용되고 있는 분야 중의 하나이다. 자동차 산업과 조선산업에서는 이미 오래 전부터 산업용 로봇을 도입하여 차체 조립 및 선박 조립에 활용하여 생산성의 획기적인 증대와 품질 안정의 효과를 거두고 있다. 자동차 산업에서는 주로 저항용접로봇이 많이 적용되고 있고 조선산업에서는

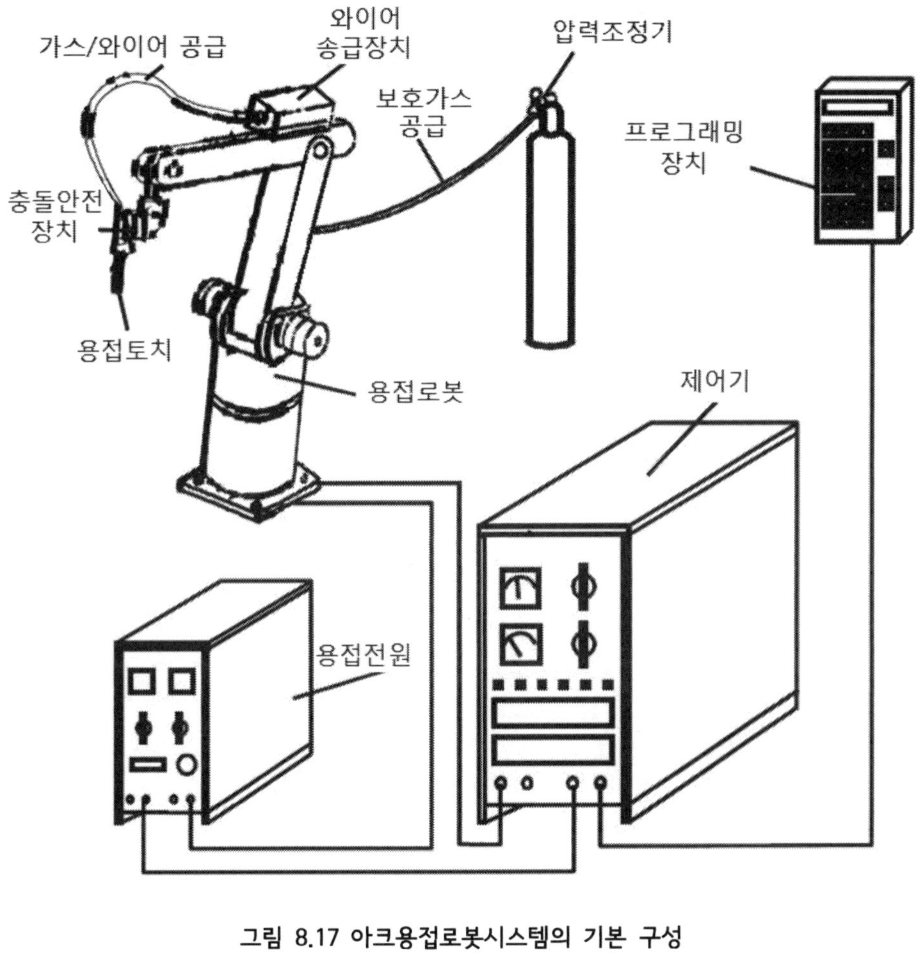

그림 8.17 아크용접로봇시스템의 기본 구성

아크용접로봇이 주를 이루고 있다. 특히 국내 조선소에서는 조선산업에 특화된 아크용접로봇을 개발하여 선박 조립공정에 적용함으로써 국내의 조선산업의 경쟁력을 세계 최고 수준으로 유지하고 있다.

그림 8.17은 아크용접로봇시스템의 구성을 보여주고 있다. 아크용접로봇시스템의 기본 구성요소는 용접로봇, 용접토치 및 악세서리, 와이어 송급시스템, 보호가스 공급시스템, 프로그래밍 장치, 용접전원 및 용접전원 제어기로 이루어져 있다. 하지만 많은 경우 기본 구성요소 외에도 그림 8.18에서 볼 수 있는 바와 같이 포지셔너, 각종 안전장치, 센싱 시스템을 갖추어 보다 효율적이고 안전하며 지능화된 자동용접이 가능하도록 되어 있다.

그림 8.19는 조선산업에 특화된 아크용접로봇시스템으로 갠트리크레인에 2대의 용접로봇이 거꾸로 매달려 있는 상태로 동작하여 선박블록과 같은 큰 구조물에 대한 접근성이 뛰어나며 용접의 생산성이 매우 높다.

용접로봇시스템은 기능적 관점에서 다음과 같은 요건을 갖추어야 한다.

- 동작특성: 6자유도 운동이 가능하며 가능한 넓은 작업영역을 갖출 것
- 재현성: 프로그램된 위치로 돌아가는 재현성의 정도가 ±1mm 이내일 것
- 정밀도: 미리 설정된 거리 및 방향으로 움직일 수 있으며 프로그램된 위치사이의 경로를 정확히 따라갈 것
- 생산성: 고속 동작에서도 동작의 일치도가 높을 것
- 내구성: 통상 8~10년의 내구성을 지닐 것

8.3.4 용접로봇의 프로그래밍 (Programming of Welding Robot)

1) 로봇 프로그래밍의 종류

로봇은 프로그래밍에 의해 작업을 수행하는 자동장치인 만큼 로봇 프로그래밍은 로봇 동작의 원천이 되는 요소이다. 로봇 프로그래밍은 그림 8.20과 같

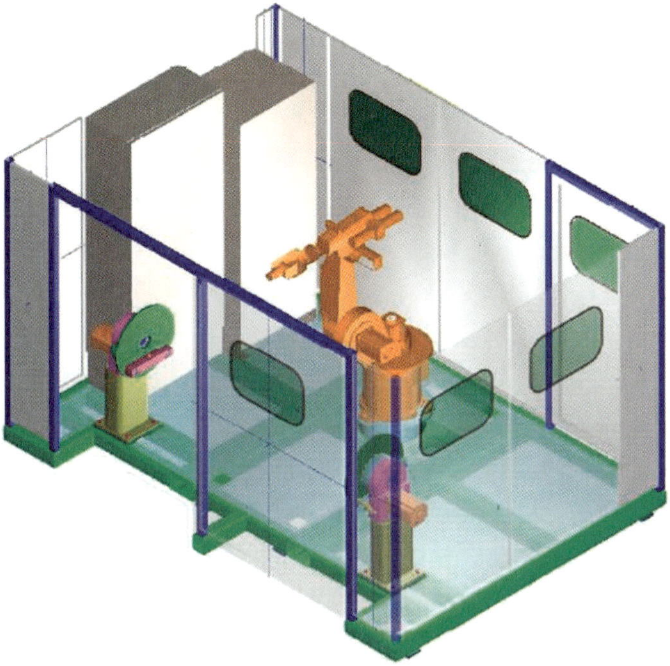

그림 8.18 포지셔너, 안전장치 및 센싱 시스템을 갖춘 용접로봇작업실

그림 8.19 조선산업에 특화된 아크용접로봇시스템

이 직접적 프로그래밍(direct programming), 간접적 프로그래밍(indirect programming) 및 이 두 가지가 혼합된 혼합 프로그래밍(mixing programming) 방식으로 구분된다.
직접적 프로그래밍은 온라인 프로그래밍(online programming)이라고도 하며 로봇에서 직접 프로그래밍 되므로 프로그래밍하는 동안 로봇은 사용할 수 없다. 직접적 프로그래밍은 다시 플레이백(play-back) 방식, 티치인(teach-in) 방식, 센서지원(sensor supported) 방식으로 나누어진다.

표 8.2 로봇 프로그래밍의 종류

구분	방식	그림	설명
직접적 프로그래밍 (온라인 프로그래밍)	플레이백 방식	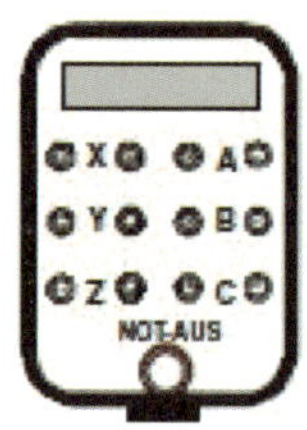	작업자가 가이드핀으로 로봇을 동작시키고 이를 저장한 후 재현
	티치인 방식		제어기로 로봇을 동작시킨 후 이를 저장한 후 재현
	센서지원 방식		제어기로 동작을 대략적으로 지시한 후 센서가 상세정보를 센싱하여 입력
혼합 프로그래밍 (온라인/오프라인)	텍스트 방식 프로그래밍+티치인 방식	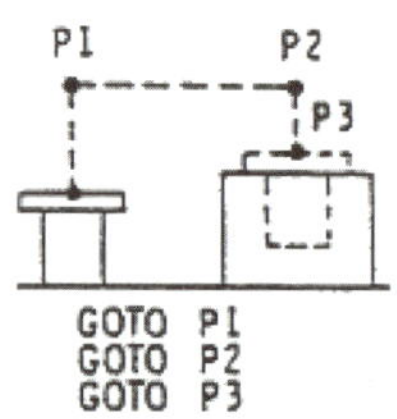	티치인 방식으로 저장된 정보와 함께 텍스트 입력 방식으로 프로그래밍함
간접적 프로그래밍 (오프라인 프로그래밍)	텍스트 방식 프로그래밍	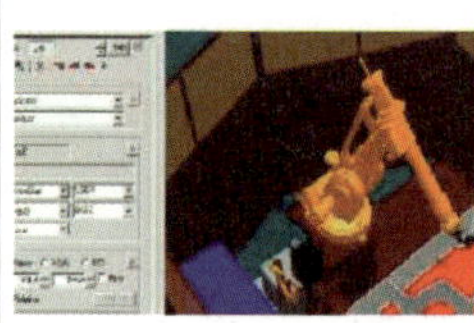	로봇언어와 좌표계를 사용하여 텍스트 입력 방식으로 프로그래밍함
	그래픽 프로그래밍		CAD 데이터로 위치와 경로를 지시하며 로봇과 작업물의 충돌여부를 사전 점검함

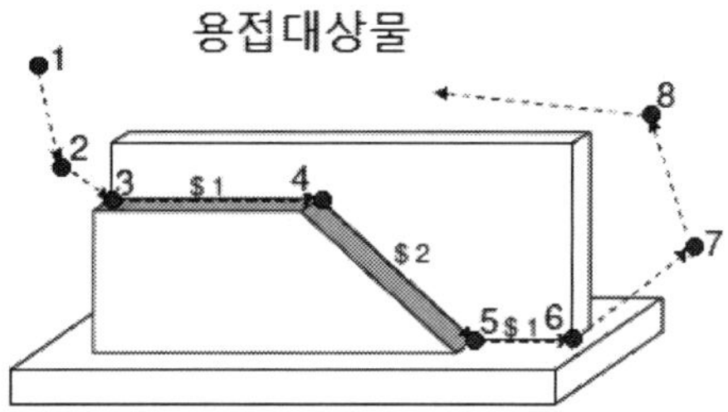

지점파일

point no.	CP/ PTP	OV/ SPD	AUSG 1 2 3 4	X EXT1	Y EXT2	Z EXT3	ALPHA EXT4	BETA EXT5	GAMMA EXT6
1	PTP	100	0000	10560	1	17204	0	1317	0
2	PTP	100	0000	10700	1128	15164	0	1344	0
3	PTP	100	1100	10700	1513	14220	0	1344	0
4	PTP	100	1100	10700	2420	14229	0	1344	0
5	PTP	100	1100	10700	3190	13294	0	1344	0
6	PTP	100	1100	10700	3852	14448	0	1344	0
7	PTP	100	0000	10700	4510	15520	0	1344	0
8	PTP	100	0000	10700	4510	15520	0	1344	0

프로그램

```
0 LIST1=(20,0,0,50,60,75,15,12,0,0)     용접변수값 정의
1 LIST2=(30,0,0,55,70,0,0,0,0,0)
2 MAIN
3 $(1)                                  용접변수1 선택
4 GP(1-3)                               지점 1-3으로 이동
5 GC (4,$2,5,$1,6)                      지점3-4 용접변수1로 용접
                                        지점4-5 용접변수2로 용접
                                        지점5-6 용접변수1로 용접
6 GP(7,8,1)
7 END
```

그림 8.20 텍스트 프로그래밍의 예

플레이백 방식은 로봇 말단에 가이드 핀(guide pin)이 있어 작업자가 이 가이드 핀을 잡고 작업 순서 및 조건에 맞게 로봇을 직접 움직이면 이 움직임의 위치와 경로를 제어기의 기억장치에 저장한 후 그대로 재현하는 방식이다. 매우 편리한 프로그래밍 방식이지만 사람이 가이드 핀을 잡고 직접 로봇을 움직이므로 동작의 정확성과 원활성이 떨어져 그다지 많이 사용되지 않는다.

티지인 방식은 교시 방식이라고도 하는데 로봇 제어기를 이용하여 각 축을 수동으로 작업위치 및 경로를 입력하는 방식으로 위치, 동작 경로 및 속도를 정확하게 입력하고 재현할 수 있지만 입력과정에 시간이 많이 소요되는 단점이 있다. 센서지원 방식은 티치인 방식을 개량한 것으로 작업위치나 움직임을 감지하여 입력하는 방식이다.

간접적 프로그래밍은 오프라인(offline) 프로그래밍이라고 하며 로봇과 분리된 별개의 컴퓨터 입력장치로 프로그래밍 하는 방식이다. 간접적 프로그래밍 방식은 다시 텍스트 프로그래밍 방식과 그래픽 프로그래밍 방식으로 구분된다. 텍스트 프로그래밍 방식은 텍스트로 되어 있는 로봇언어를 이용하여 로봇의 동작 일체를 텍스트 입력에 의해 프로그래밍 하는 방식이다. 프로그래밍이 쉽고 속도가 매우 빠른 장점이 있지만 로봇의 동작을 사전에 점검할 수 없는 점이 단점이다. 그래픽 프로그래밍 방식은 컴퓨터 그래픽으로 로봇과 작업물을 컴퓨터 상에 재현한 후 CAD 데이터를 이용하여 로봇의 작업위치 및 동작을 지시하는 방식이다.

프로그래밍이 쉽고 빠르면서도 로봇의 동작을 컴퓨터 상에서 가상으로 실현시킬 수 있어 로봇과 작업물의 충돌여부를 사전에 점검할 수 있고 다양한 작업방법을 비교·분석함으로써 최적의 작업방법을 구현할 수 있는 장점이 있어 현재 가장 널리 사용되고 있는 방식이다. 혼합 프로그래밍은 온라인과 오프라인을 겸용한 방식으로 티치인에 의해 입력된 정보를 이용하여 텍스트 방식으로 프로그래밍하는 방식이다.

2) 텍스트 방식 프로그래밍

텍스트 방식 프로그래밍은 오프라인 프로그래밍이나 혼합 프로그래밍 방식에 속한다. 그림 8.20과 같은 경우는 티치인 방식으로 입력된 지점정보 파일을 이용하면서 텍스트 방식의 로봇 언어로 프로그래밍 하는 방식이다. 이 경우는 각 지점에 대한 공간상의 좌표를 작업자가 티치인을 통해 결정하므로 좌표를 직접 파악하여 입력하는 방식보다 편리하다.

3) 매크로 프로그래밍(Macro Programming)

매크로 프로그래밍은 로봇 프로그래밍을 보다 편리하게 할 수 있고 프로그래밍 시간을 단축시켜주는 유익한 프로그래밍 방식이다. 매크로란 유사한 일련의 작업과정을 구조화시켜 만든 프로그램 단위로서 재사용이 가능하다. 매크로를 활용하면 전체 작업을 일련의 매크로 단위로 단순화할 수 있어 프로그램의 크기를 줄일 수 있고 작업의 효율을 높일 수 있다.

용접로봇 프로그래밍에 활용되는 매크로는 크게 기하학적 매크로(geometry macro)와 용접 매크로(welding macro)로 구분된다. 기하학적 매크로는 그림 8.21의 (a)와 같이 용접이음부 형상에 의해 규칙성 있는 토치의 움직임이나 자세에 대한 정보를 표현한다. 여기서 프로필 매크로의 경우 매크로 변수로웹의 높이와 웹 사이의 간격만 정해주면 토치의 지향이나 움직임의 경로가 결정되므로 이와 같은 형태로 되어 있는 구조물은 크기에 관계없이 이 매크

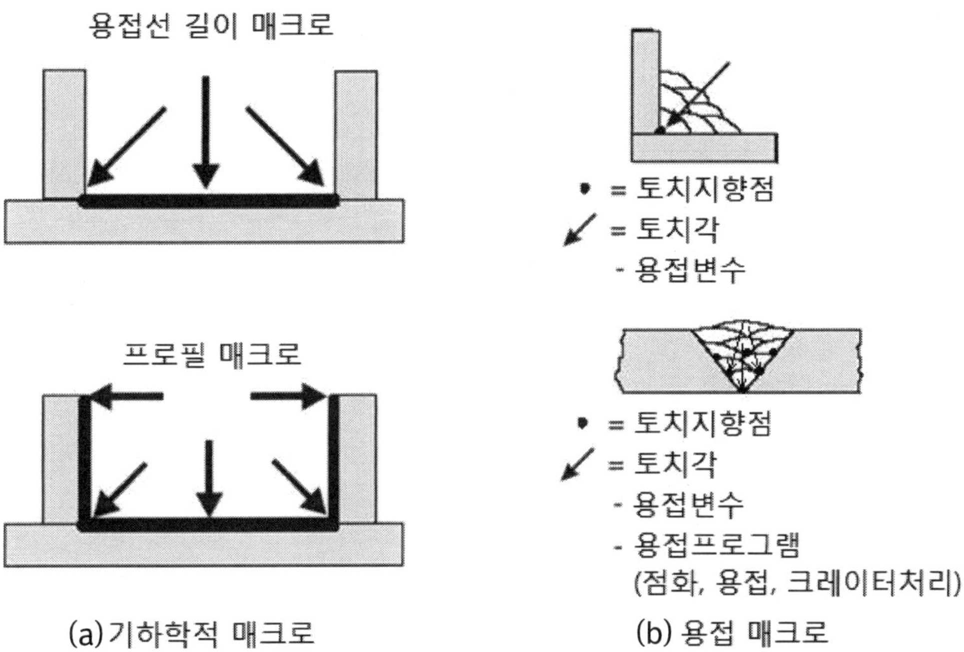

그림 8.21 매크로 프로그래밍

로를 적용할 수 있다. 한편, 용접 매크로는 그림 8.21의 (b)와 같이 필릿 용접 또는 V-그루브 맞대기 용접에서 각 패스에 대한 토치의 지향점과 토치각이 정해지고 그 때 적용되는 용접변수도 초층인 경우와 중간층, 표면층에 따라 일정한 값을 적용할 수 있으므로 각장이나 두께에 따른 층수만 매크로 변수로 넘겨주면 이 이음부에 속하는 용접작업에 이 매크로를 활용할 수 있다.

8.3.5 용접 모델링과 시뮬레이션 (Modeling and Simulation of Welding)

용접 모델링과 시뮬레이션 기술은 컴퓨터에 가상작업공간을 마련하여 피용접물을 포함한 전체 용접 시스템을 모델링하여 형상과 기능을 구현하고 실제와 동일하게 용접과정을 실현함으로써 용접의 효율성과 생산성을 획기적으로 향상시키는 기술이다. 용접시스템에 대한 모델은 용접을 통해서 만들어질 용접 구조물의 정보를 담고 있는 제품모델(product model)과 용접과정을 통해 용접 구조물이 제작되는 과정에 대한 정보를 표현하는 공정모델(process model) 및 구조물 제작에 사용되는 각종 장비와 설비에 대한 정보를 나타내는 자원모델(resource model)로 구성된다. 모델링은 이러한 모델을 구축하는 과정으로 여러 가지 방법이 있으나 객체지향 모델링 기법이 가장 많이 적용된다.

객체지향 모델링 기법은 모델링되는 모든 대상물(object)을 객체로 표현하고 그들의 행위(action) 및 기능(function)을 분석하여 다이아그램으로 표현하므로 문제에 대한 정의가 명료하고 주어진 문제를 해결하는 방법과 경로를 찾기가 쉬운 장점이 있다. 그림 8.22는 선박 조립 공정에서 3차원 그래픽 모델로 표현된 제품모델, 공정 흐름 다이아그램으로 표현된 공정모델 및 객체로 표현된 자원모델의 예를 보여주고 있다. 그림 8.23은 3차원 그래픽 기술을 이용하여 3차원 모델로 표현된 자원모델 중 크레인과 갠트리 용접로봇의 형상이며 그림 8.24는 선박조립공장 전체에 대한 모델을 보여주고 있다.

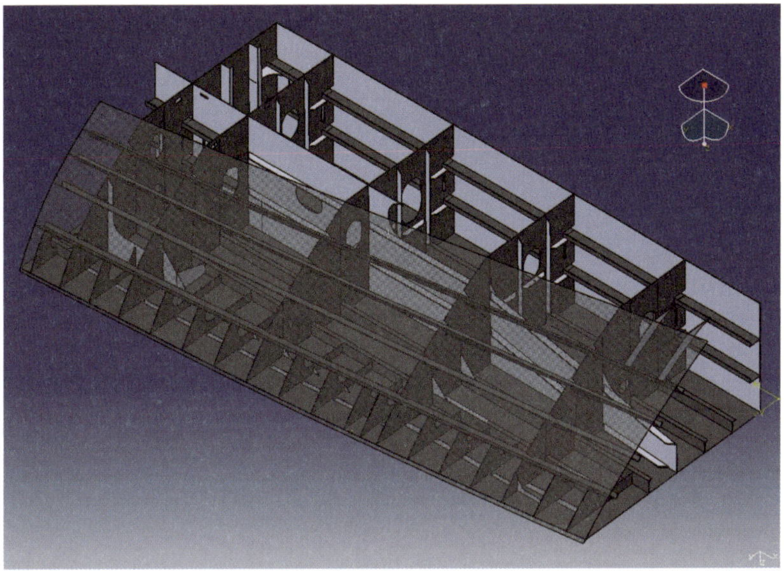

(a) 선박 블록의 제품모델

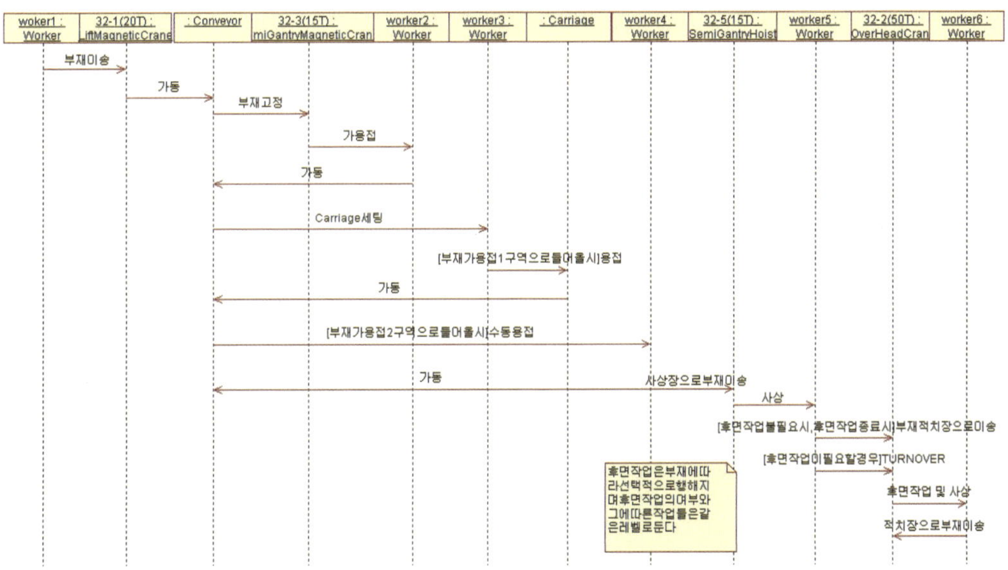

(b) 공정모델

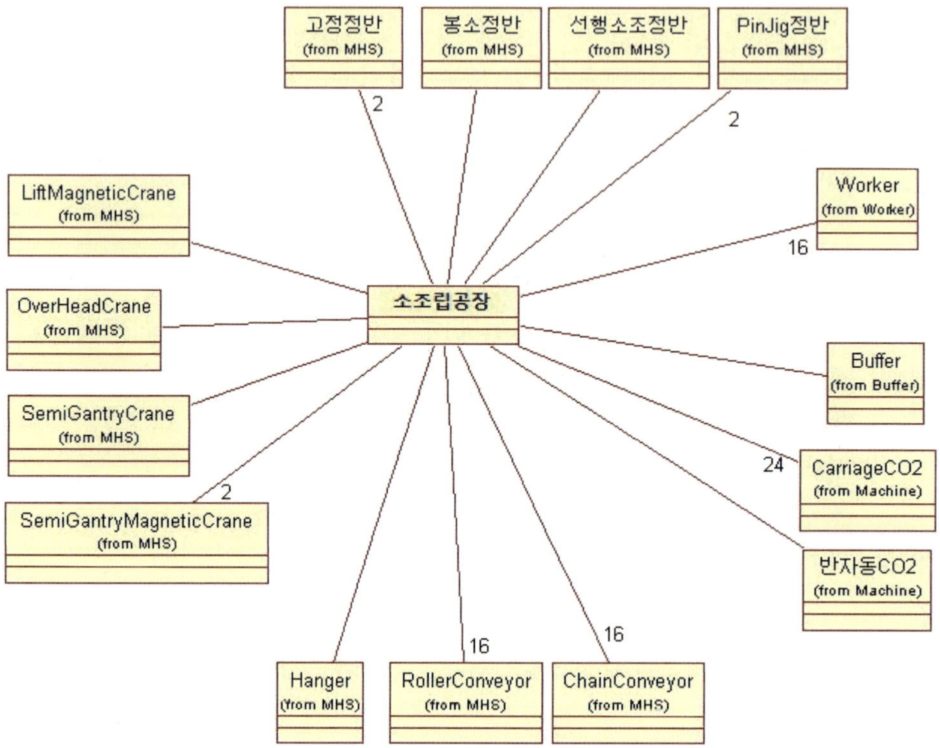

(c) 객체로 표현된 자원 모델

그림 8.22 선박조립공정의 제품모델, 공정모델 및 자원모델

제품모델과 자원모델이 컴퓨터 가상공간에 구현되면 용접과정을 통해서 제품이 제작되는 과정인 공정모델이 구현된다. 공정모델은 용접 구조물이 제작되는 방법과 과정에 따라 수 많은 경우가 존재한다. 최적의 공정모델은 다음과 같은 과정을 거쳐 수립된다.

① 다양한 최적화 방법론을 활용하여 유력한 소수의 공정모델을 선정한다.
② 선정된 공정모델을 구현하는 시나리오를 작성한다.

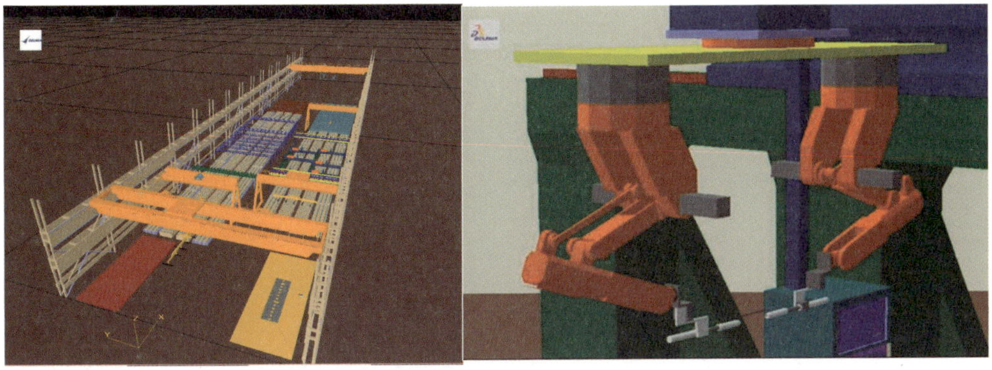

그림 8.23 3차원 그래픽 모델로 표현된 갠트리와 용접로봇

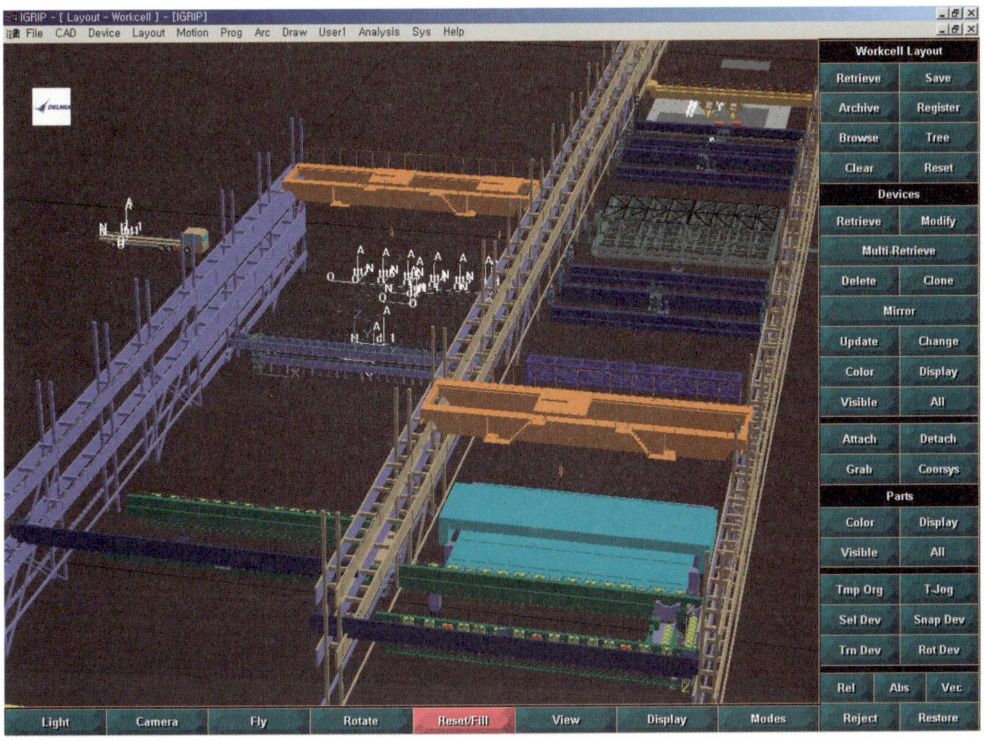

그림 8.24 선박조립공장 모델

그림 8.25 조선 소조립 공정의 시뮬레이션

③ 시나리오에 기반하여 각 부품들과 장비 및 설비를 구동하여 가상으로 제작과정을 구현하는 시뮬레이션을 수행한다.
④ 시뮬레이션 결과를 비교분석하여 최적의 공정모델을 결정한다.

그림 8.25는 조선의 소조립 공정의 시뮬레이션을 수행하는 모습을 보여주고 있다.

8.4 용접의 감시와 제어 (Monitoring and Control of Welding)

8.4.1 센싱의 원리

일반적으로 용접품질은 용접 작업자의 숙련도에 의해 좌우된다. 용접 작업자는 정확한 용접 위치, 이음부 추적, 용융지 크기 제어 등 여러 가지 용접 인자들을 실시간으로 조절하여 용접품질을 확보한다. 자동화된 용접에서는 용접 작업자 대신 각종 센서들이 이와 같은 용접인자들의 상태를 감지하는 역할을 담당한다. 하지만 용접 작업 환경은 고온 분위기, 강렬한 전자기장, 스패터, 퓸 등으로 인해 용접인자들의 상태를 감지하는 것이 쉽지 않다. 따라서 용접용 센서들은 이러한 열악한 상태에서 다양한 신호를 감지할 수 있는 기능을 갖추어야 한다.

용접공정은 그림 8.26에서와 같이 4개의 기본요소, 즉 용접공정 그 자체와 설정된 입력변수, 교란인자. 용접결과를 의미하는 공정 응답변수로 기술할 수 있다.

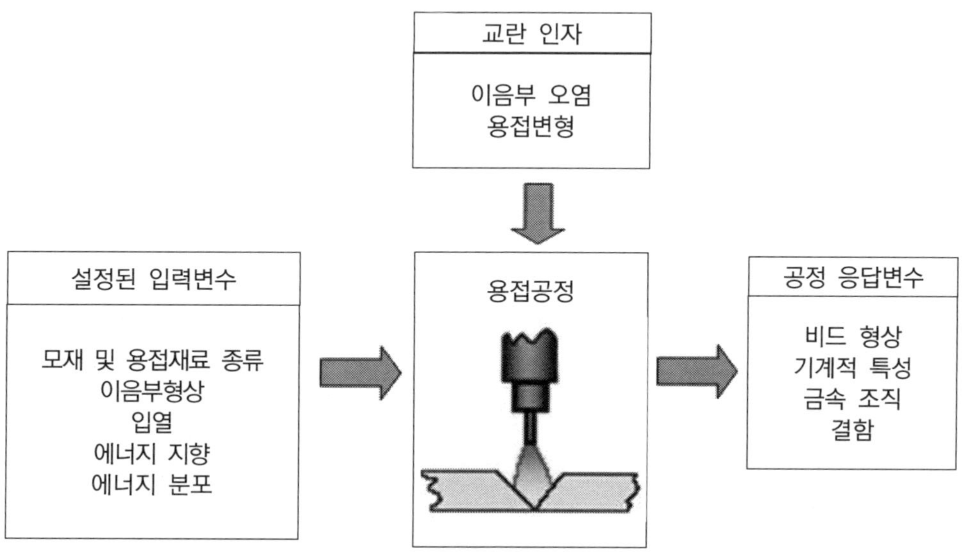

그림 8.26 용접공정의 흐름

설정된 입력변수는 용접결과에 직접적인 영향을 주는 인자로서 용접 시작 전에 결정되는 변수들이다. 이 변수들은 모재 및 용접재료, 이음부 형상등과 같이 용접 중에 조정이 불가능한 인자들과 용접전류, 용접전압, 아크길이, 용접속도, 전극위치 및 지향각 등과 같이 조정 가능한 인자들이 포함된다. 교란인자는 바람직하지 않지만 피할 수 없는 용접공정의 변화를 야기하는 요소들로 제어가 불가능한 경우가 대부분이다. 입력전원 불안정, 스패터나 윤활유 등의 이음부 오염, 용접변형으로 인한 이음부 형상 변화 등이 이에 해당된다. 공정 응답변수는 용접공정의 결과로서 용접부의 크기, 형상, 미세금속조직, 용접결함 등이 이에 해당한다. 기계적 특성이나 용접부 금속조직과 같은 공정응답변수는 공정 중에 직접 센싱할 수 있는 방법이 없는 경우가 대부분이다. 그 중 온도나 용접부 형상, 용입 등은 종종 간접적인 방법으로 측정된다.

8.4.2 용접용 센서

센서는 물리적 형태를 전기적 신호로 변환시키는 변환기이다. 용접용 센서는 그림 8.26의 설정 입력변수와 공정 응답변수로부터 나타나는 물리적 현상을 감시 및 제어장치에 활용될 수 있는 신호로 변환시킴으로써 용접공정에 관한 정보를 획득한다.

용접용 센서는 전류, 전압 및 온도 측정용 센서와 같이 단순하면서도 직접적인 측정이 가능한 센서들도 있고 기계영상센서(machine vision sensor)와 같이 여러 종류의 센서의 조합을 통해 간접적으로 측정하는 복잡한 센서들도 있다.

용접용 센서는 간접적인 측정방식보다는 직접적인 측정방식을 사용하는 것이 바람직하며 접촉식보다는 비접촉식, 용접부 외부에서 측정하는 방식이 용접부 뒷면이나 내부에서 측정하는 방식보다 유리하다. 표 8.3은 용접에 적용되는 센서들과 측정신호 및 측정단위를 나타낸 표이다.

표 8.3 용접용 센서

물리적 특성치	센서	단위
시간	타이머(Timer), 카운터(Counter)	s, cycle
온도	열전대(Thermocouple, 상온~1250℃), 서미스터(Thermister, 상온~327℃), 파이로미터(Pyrometer)	℃
힘	로드셀(Load cell)	N, kg
압력	변위 또는 다이아프램 타입 압력센서 (Displacement- and diaphragm-type pressure sensor)	kPa
유량	유량계(Flow meter)	l/min
전류	전류 션터(Current shunt), 홀전류센서(Hole-effect current sensor)	Amp
전압	전압계(Voltmeter)	Volt
변위	포텐셔미터(Potentiometer), 전압차 변압기(Voltage differential transformer), 인덕티브 센서(Inductive sensor), 커패시티브 센서(Capacitive sensor), 엔코더(Encorder), 초음파센서(Ultrasonic sensor), 광학센서(Optical sensor)	mm
속도	포텐셔미터(Potentiometer), 전압차 변압기(Voltage differential transformer), 인덕티브 센서(Inductive sensor), 커패시티브 센서(Capacitive sensor), 엔코더(Encorder), 초음파센서(Ultrasonic sensor), 광학센서(Optical sensor)	mm/s
가속도	포텐셔미터(Potentiometer), 전압차 변압기(Voltage differential transformer), 인덕티브 센서(Inductive sensor), 커패시티브 센서(Capacitive sensor), 엔코더(Encorder), 초음파센서(Ultrasonic sensor), 광학센서(Optical sensor)	mm/s^2
빛 방사량	광다이오드(Photodiode), 광트랜지스터(Phototransistor), 태양광 센서(Solar cell sensor)	Lumen
음향에너지	마이크로폰(Microphone)	dB

8.4.3 아크용접용 감시와 제어 시스템

1) 아크용접용 감시 시스템

아크용접에 관련된 인자는 매우 많다. 이 인자들은 감시만 가능한 인자와 감시와 제어가 가능한 인자로 구분된다. 전류, 전압, 아크길이, 토치 이동 속도, 와이어 송급속도, 토치각, 워크각, 아크돌출길이, 보호가스 유량, 용접부 온도 등은 측정도 가능하지만 제어도 가능한 인자들이다. 하지만 아크 빛, 아크 음향, 용접 이음부 형상 및 위치 등은 감시만 가능할 뿐 이들을 제어하는 것은 매우 어렵다.

아크용접용 감시 장치로는 그림 8.27에서 볼 수 있는 아크용접모니터를 들 수 있다. 아크용접모니터는 아크용접의 가장 대표적인 인자인 전류, 전압 및 와이어 송급속도를 동시에 측정할 수 있는 기기이다. 그 외에 용접속도, 보호가스 유량, 예열온도 및 층간온도를 측정할 수 있는 센서와 기록장치도 많이 사용된다. 또한 각장, 목두께, 오목 또는 볼록 비드형상, 토우각도 및 반경, 루트갭 또는 그루브 각도와 같은 이음부 형상과 크랙이나 언더컷 또는 기공과 같은 표면결함 측정에는 화상처리 기능을 갖춘 비젼 센서가 활용된다.

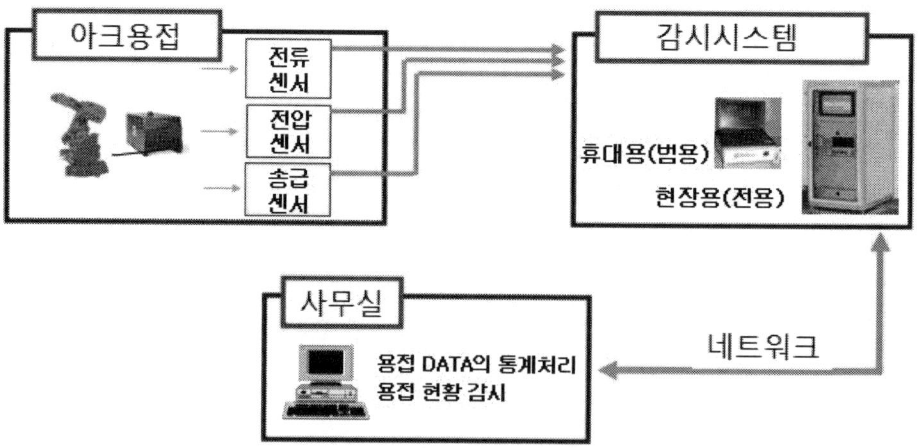

그림 8.27 아크용접모니터

2) 아크용접용 제어

■ 아크길이 및 전압

아크길이와 전압의 측정 및 제어는 자동 GTAW 공정에 많이 적용된다. GTAW 공정에서 아크길이를 일정하게 유지하는 것은 품질과 직결되는 중요한 요소이기 때문이다. 아크길이의 감지에는 전압계나 아크음향센서 또는 광학센서가 이용된다.

■ 이음부 인식

필릿 용접이음부 인식에 가장 널리 사용되는 것은 전극 접촉 센싱(electrode touch sensing) 방식이다. 이 방식은 특별한 센서를 필요로 하지 않고 와이어에 약한 전류를 흘려 와이어가 모재표면에 접촉되는 순간 전류가 증가하고 전압이 감소하는 신호를 감지한다. 그림 8.28에서와 같이 임의 위치에서 수평과 수직이동을 통해 와이어가 모재에 닿는 순간을 감지하여 모재로부터 떨어진 수평 및 수직거리를 알아내고 이를 통해 필릿 이음부의 위치를 인식한다. 맞대기 용접에서는 인덕티브 센서(inductive sensor)가 종종 활용된다. 그림 8.29와 같이 모재표면에서 일정거리 떨어진 위치에서 인덕티브 센서가 좌우로 왕복운동을 하면 이음부 위치에서 신호가 변하므로 이를 감지하여 이음부 위치를 인식한다. 이음부와 떨어진 높이를 인식하는 것은 그림 8.30의 (a)와 같은 접촉형 탐침 센서(contact-type probe sensor)로 가능하다.

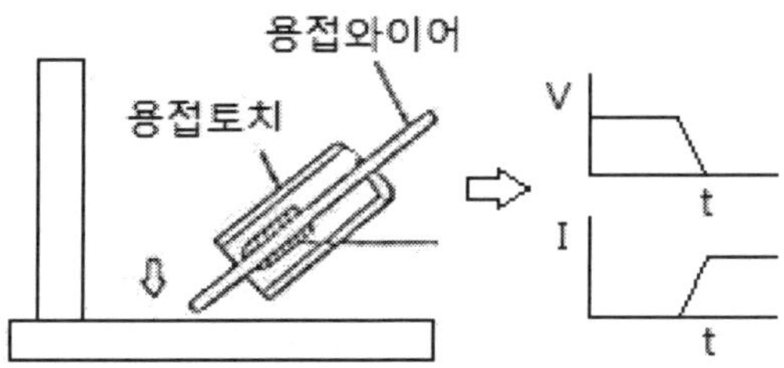

그림 8.28 전극 접촉 센서

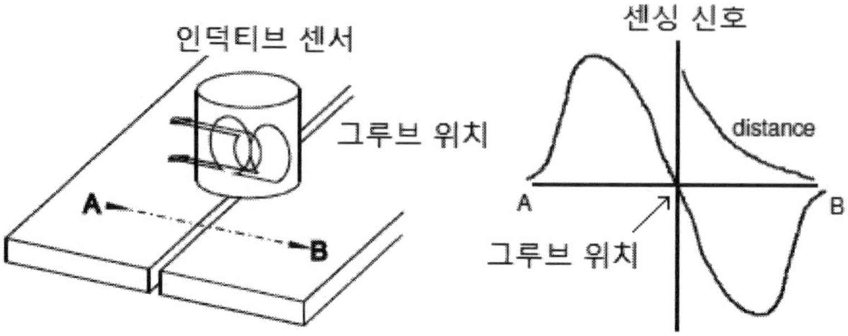

그림 8.29 인덕티브 센서에 의한 이음부 인식

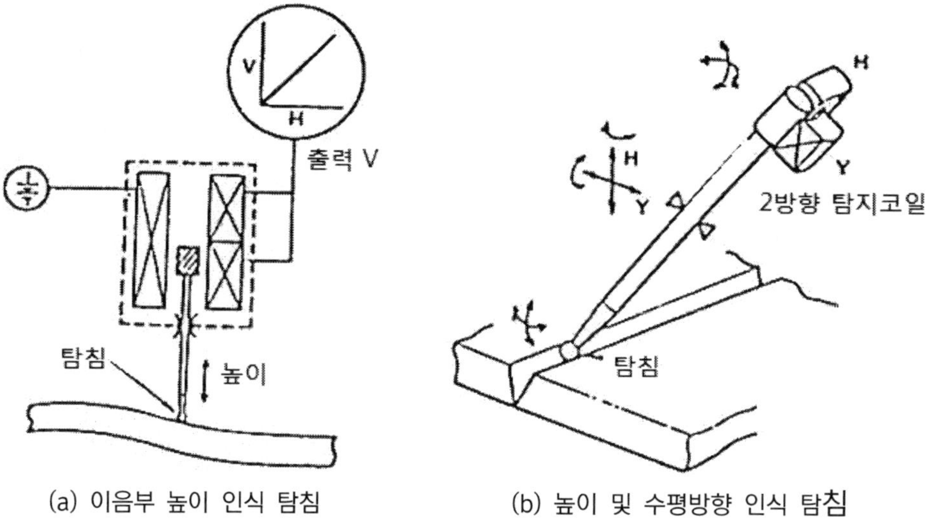

그림 8.30 접촉형 탐침 센서

이음부에 접촉되어 있는 탐침이 상하로 움직이면 탐침 상부에 설치되어 있는 자석이 같이 움직이면서 자기장의 변화를 초래하고 이 크기를 감지하여 높이의 변화를 인식한다. V-그루브 이음부인 경우는 상하뿐만 아니라 수평방향으로의 움직임에 따른 자기장의 변화를 감지하면 탐침의 상하 및 수평의 변화를 인식할 수 있으므로 이음부의 추적이 가능하다.

3) 아크센서(Arc Sensor, Through-Arc Sensing)

아크센서는 가장 널리 사용되는 이음부 추적용 센서이다. 아크 센서는 별도의 센서를 필요로 하지 않고 아크의 전류와 전압신호를 인식하여 이음부를 인식한다. 따라서 별도의 센서로 인해 토치의 움직임이 방해를 받는 일도 없고 경비도 적게 든다. 아크센서의 원리는 매우 단순하다. V-그루브 이음부에서 토치가 좌우로 병진운동을 하면 컨택트 팁과 모재사이의 거리인 와이어 익스텐션(wire extension)은 중심부로 갈수록 커지고 가장자리로 갈수록 작아진다. 그루브 중심부에서 와이어 익스텐션이 크면 저항이 커지므로 전류는 줄어들고 그루브 가장자리에서 와이어 익스텐션이 줄어들면 저항이 작아지므로 전류는 커지게 된다. 토치가 그루브 중심에서 부터 좌우로 병진운동을 하게되면 전류값은 그루브 양쪽 가장자리에서 동일한 값으로 크고 중심에서

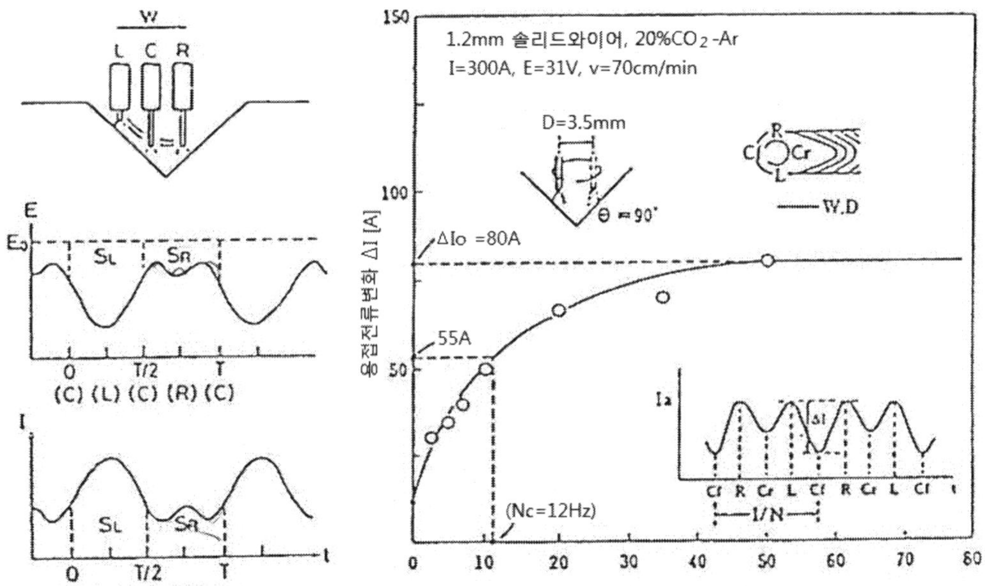

(a) 병진운동 아크센서　　　(b) 회전 아크센서

그림 8.31 아크센서

는 가장 작은 정현파의 형태를 취하게 된다.

그런데 그림 8.31의 (a)에서와 같이 토치가 그루브 중심부에서 왼쪽으로 치우친 상태에서 병진운동을 하게 되면 C점과 R점 사이의 중간지점에서 전류가 가장 작게 되고 L점에서 전류가 가장 크게 된다. 또한 C점에서 R점으로 움직일 때 전류값은 감소하다가 증가하며 R점에서 C점으로 돌아갈 때에도 전류값은 감소하다가 증가한다. 따라서 전체적인 전류파형은 큰 돌출부 사이에 작은 돌출부가 있는 형태로 된다. 이러한 전류파형을 통해서 현재의 토치 위치가 그루브 중심부에서 왼쪽으로 치우쳐 있음을 인식할 수 있다. 토치의 위치를 파악하는 데에 전류값 대신 전압값이 사용될 수도 있다. 전압값은 전류값과 크기와 반대가 되므로 큰 골 사이에 작은 골이 위치하는 형태의 파형으로 토치의 치우침을 인식한다.

토치의 병진운동 대신 와이어 회전에 의해 아크를 회전시키는 방법도 사용된다. 아크가 회전하게 되면 아크가 그루브 중심부를 통과할 때에 아크가 길어지고 그루브 가장자리에서 아크가 짧아지므로 병진운동 때와 동일한 효과를 얻게 된다.

그 외에도 그림 8.32와 같이 와이어 2개를 나란히 위치시켜 용접하는 트윈 와이어 용접과 자기력을 이용해서 아크를 좌우로 쏠리게 함으로써 병진운동과 같은 효과를 얻는 경우도 동일한 원리로 아크센서로 활용될 수 있다.

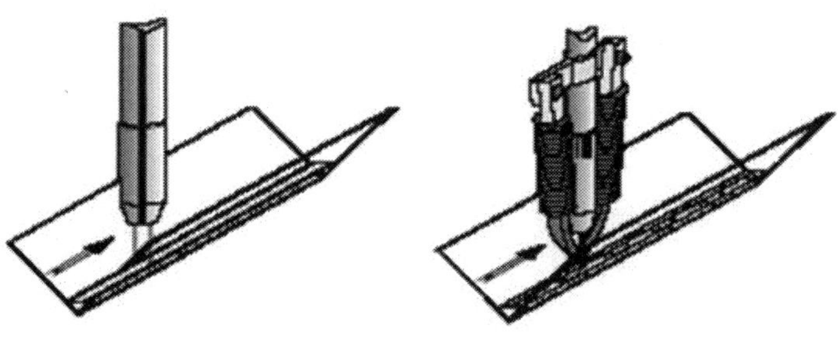

트윈와이어 사용　　　자기력을 이용한 아크병진

그림 8.32 트윈 와이어 및 자기력을 이용한 아크센서

4) 광학센서(Optical Sensor, Machine Vision System)

최근 광학기술이 급속히 발전하면서 광학센서를 이용하여 이음부의 인식과 추적 및 용접부의 적응제어에 활용하는 기술이 사용범위를 넓히고 있다. 광학센서는 용접이음부 또는 용융지에 대한 영상 정보를 획득하여 갭이나 그루브 각 등 이음부의 자세한 형상 정보를 인식하거나 용융지의 크기 및 형상을 인식한다. 이음부나 용융지에 대한 영상 정보는 많은 정보를 포함하고 있고 컴퓨터에 의해 처리되기 때문에 센싱의 정밀도가 매우 높고 최적 용접 제어에도 활용이 가능하다. 다만 영상 정보의 획득을 위해서는 레이저를 비롯한 광원과 카메라를 갖추어야 하고 이들을 토치 앞에 장착하기 위해서는 이들의 소형화 및 경량화가 반드시 필요하다. 또한 획득한 영상정보의 처리를 위해서는 소형이면서도 처리속도가 빠른 컴퓨터를 장착하여야 한다.

또한 이들을 강렬한 아크와 전자기장, 스패터, 퓸 등의 유해한 환경으로부터 보호하기 위한 장치가 필요하고 유해한 환경에서 비롯되는 각종 노이즈나 교

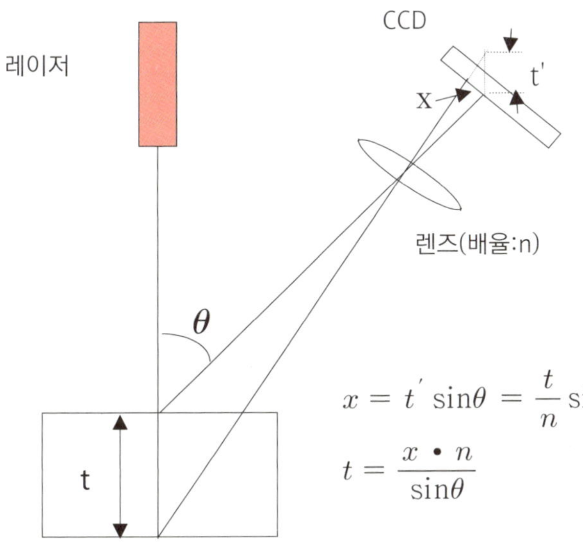

$$x = t' \sin\theta = \frac{t}{n}\sin\theta$$

$$t = \frac{x \cdot n}{\sin\theta}$$

그림 8.33 삼각측량법

란 정보를 차단하고 제거할 수 있는 정보처리 기술도 요구된다. 특히 광학센서가 토치 전방 부근에 장착될 경우 비록 소형화 및 경량화가 될지라도 토치의 움직임이 방해받을 수 있는 점은 광학센서의 큰 단점이라 할 수 있다.

광학센서에서 길이를 구할 때 기본적으로 사용되는 방법이 삼각측량법(triangulation principle)이다. 그림 8.33은 삼각측량법으로 부재의 깊이를 구하는 방법이 표현되어 있다. 그림 8.34의 레이저 스캐너 센서(laser scanner sensor)에 의한 그루브 형상 인식이나 그림 8.35의 레이저 라이트 섹션닝(laser light sectioning)을 이용한 이음부 형상 인식은 모두 삼각측량법에 근거를 두고 있다. 그림 8.34의 레이저 스캐너 센서는 그루브 축에 평행한 오실레이션 축에 의해 레이저빔을 그루브 축에 수직한 단면으로 스캔하면서

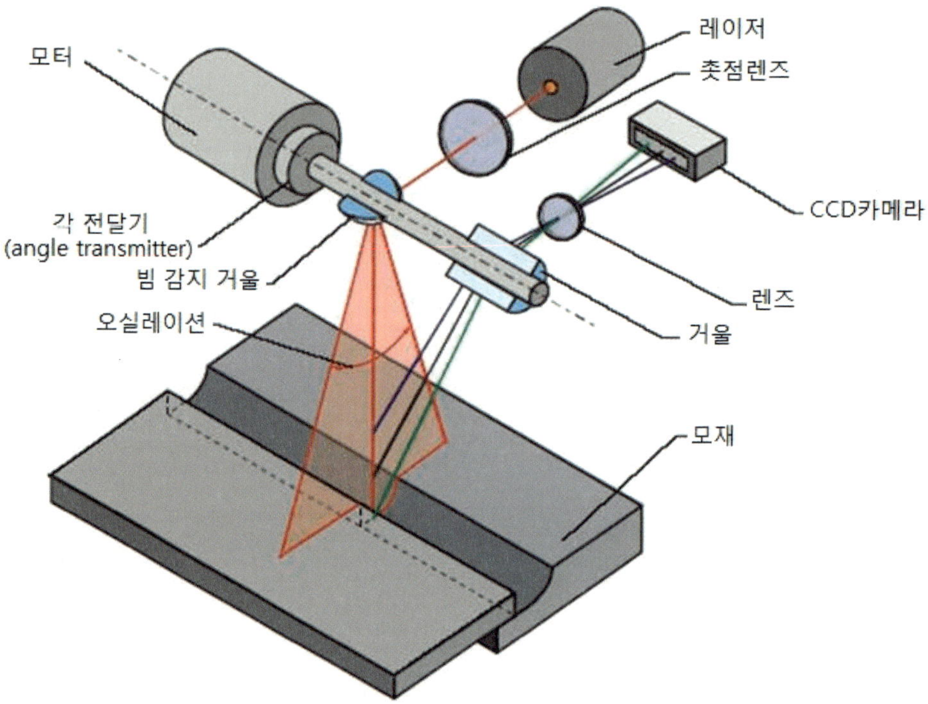

그림 8.34의 레이저 스캐너 센서

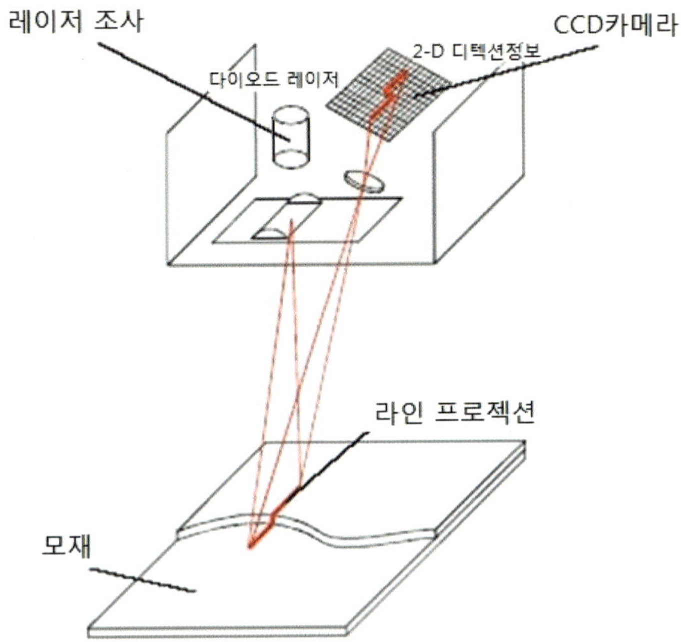

그림 8.35 레이저 라이트섹션(Light-section) 센서

연속적으로 거리를 측정하여 그루브 형상을 인식한다. 그림 8.35의 레이저 라이트섹션 센서는 하나 이상의 선형태의 광을 모재 표면에 조사하고 일정 각도 하에서 CCD 매트릭스(matrix)에 맺힌 영상을 분석하여 이음부 형상을 인식한다. 이 경우는 영상 정보로부터 이음부 형상 정보를 인식한다는 점이 레이저 스캐너 방식과 다르다.

그림 8.36은 레이저와 CCD카메라 및 필터를 이용하여 용융지의 영상을 실시간으로 획득하여 화상처리 컴퓨터에서 디지털화(digitalization) 및 이치화(binarization) 처리를 통해 용융지의 크기 및 형상을 인식하여 용접이 최적으로 진행되고 있는지를 판별하는 센싱 시스템을 보여주고 있다. 이 시스템에서는 아크빛을 효과적으로 차단하기 위해 레이저 주파수역만 투과하고 나

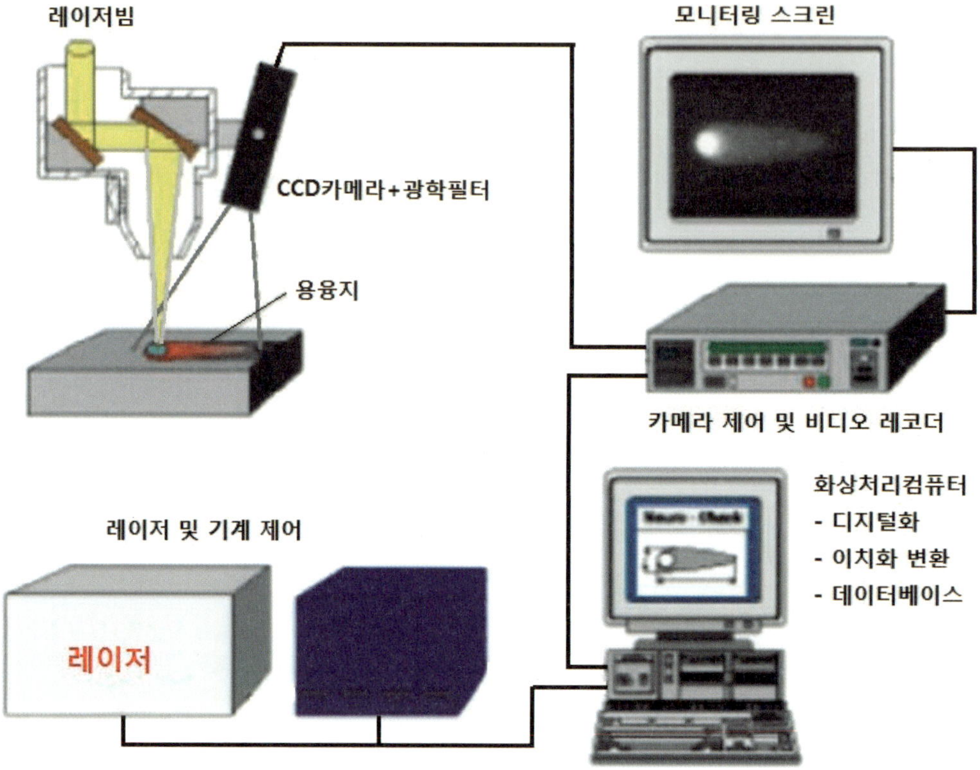

그림 8.36 용융지 형상 인식용 센싱 시스템

머지 주파수역은 차단하는 밴드패스필터(band pass filter)를 사용함으로써 명료한 용융지 영상을 획득한다. 또한 화상처리 기술을 이용하면 아크용접에서 발생하는 노이즈를 제거하여 용융지의 정밀한 형상을 인식할 수 있다. 여기에 더하여 용융지 형상과 용접변수 및 최적 품질과의 상관관계에 대한 정보를 데이터베이스로 구축하면 용융지의 형상을 기반으로 최적 품질의 용접이 이루어질 수 있도록 용접변수를 실시간으로 제어할 수 있으며 이는 자동화의 가장 높은 수준인 적응제어를 구현한 것이다.

Chapter 9

용접 열유동 (Heat Flow in Welding)

용융용접에서 모재는 급속한 국부적 가열에 의해 용융되고 용융된 금속은 부력, 표면장력, 제트기류, 마찰 및 전자기력 등에 의해 활발한 유동을 하게 된다. 이러한 일련의 과정에서 일어나는 열전달과 유체의 유동은 모재의 온도분포, 용융지의 크기와 형상, 응고현상에 영향을 미치게 된다. 특히 온도의 변화속도는 용접부의 화학적 조성, 금속의 미세조직, 잔류응력과 용접변형에 커다란 영향을 준다. 따라서 용접 열유동은 모재의 화학적 조성이나 기하학적 구조 못지않게 용접의 생산성과 품질에 중요한 영향을 주는 요소로 잘 이해하여야 한다. 용접열이 발생하고 모재로 흡수되는 현상과 과정은 용접법에 따라 다르게 나타나며 여기에서는 가장 널리 적용되는 아크용접에 대해 기술하기로 한다.

9.1 용접 열유동 기초 (Heat Flow Fundamentals in Welding)

9.1.1 용접열의 발생과 분산

용접아크에 의해서 발생하는 열은 전기적 에너지, 화학반응에 따른 발열 및 금속의 상변태에 따른 발열의 3가지로 구분된다.

1) 전기적 에너지

용접아크에 의해 발생하는 열의 대부분은 전기적 에너지에 의한 것으로서 그 크기는 식 (9.1)과 같이 표현된다.

$$H = E \cdot I \qquad [W] \tag{9.1}$$

단, E : 아크 전압 [V]

I : 아크전류 [A]

2) 발열 화학반응

용접아크는 여러 가지 화학적 반응을 야기시켜 열을 발생시킨다. 발열을 동반하는 화학적 반응은 피복제나 파우더 형태의 플럭스, 아크 분위기, 용융지 등에서 주로 일어난다.

3) 금속의 상변태(Phase Transformation)

용접아크에 의해 금속은 용융된 후 냉각에 의해 다시 응고되는데 용융된 금속이 응고될 때 여러 가지 상변태 현상이 일어난다. 금속은 상(phase)에 따라 열용량이 다르기 때문에 열용량이 큰 상에서 열용량이 작은 상으로 변화하게 되면 열이 발생하게 된다.
아크용접 시 모재에 가해지는 에너지는 입열(heat input)이라고 하며 식(9.2)로 표현된다.

$$h = \frac{60 \cdot E \cdot I}{v} \qquad [J/cm] \tag{9.2}$$

단, v = 용접속도 [cm/min]

용접아크에 의해 발생한 열은 방사(radiation)와 대류(convection)를 통해서 공기 중으로 일부가 손실되고 나머지가 모재로 흡수되어 용접에 활용된다. 열방사는 표면온도의 4제곱에 비례하며 열대류는 보호가스의 특성과 유량, 조성에 따라 달라진다. 550℃ 이상의 고온 분위기에서는 열방사가, 그 이하의 온도에서는 열대류 현상이 두드러지게 나타난다. 식(9.3)은 방사와 대류에 의한 열전달을 나타내는 식이다.

$$\lambda\frac{\partial T}{\partial n} = q_n = h_c(T - T_a) + \epsilon\sigma(T^4 - T_a^4) \tag{9.3}$$

↓ 대류　　↓ 방사

단, λ = 열전도계수[$cal/(s \cdot cm \cdot ℃)$]

T = 용접부의 표면온도[℃]

n = 표면에 수직한 거리[cm]

q_n = 표면에 수직한 열량변화[$cal/(s \cdot cm^2)$]

h_c = 열대류계수[$cal/(cm^2 \cdot s \cdot ℃)$]

T_a = 주변온도[℃]

ϵ = 모재의 방사계수

σ = 스테판－볼츠만 상수[$1.355 \times 10^{-12} cal/(cm^2 \cdot s \cdot K^4)$]

식(9.3)의 오른 쪽의 첫째 항은 대류에 의한 열전달 부분이며 둘째 항은 방사에 의한 열전달 부분을 나타낸다.
방사와 대류에 의한 열 손실부분을 제외한 용접열의 나머지 부분이 모재로 전달되는 순수한 입열이며 h_n으로 표현한다.

9.1.2 용접열의 흡수

전절에서 기술한 바와 같이 용접아크에 의해서 발생하는 열은 대류와 방사에 의한 열손실에 의해 일부만 모재에 흡수되는데 전체 발생열 중 모재에 흡수된 에너지의 비를 아크 효율이라고 하며 식 (9.4)와 같이 표시된다. 아크효율은 모재와 용접공정의 열원의 종류와 용접조건에 따라 달라진다. SAW는 아크가 플럭스에 의해 묻혀 있는 상태이므로 방사와 대류에 의한 열손실이 현저히 적으며 GTAW는 아크에 의해 발생한 열 중 전극으로 전달되는 부분이 냉각 시스템에 의해 소멸되므로 열손실이 매우 큰 편이다.

표 9.1 여러 가지 아크용접법에 대한 아크 효율

용접법	아크효율 (η)
SAW	90~99%
SMAW	연강: 65~85%
GMAW	연강: 66~70% 알루미늄: 70~85%
GTAW	연강, AC전원: 22~48% 연강, DC전원: 36~46% 알루미늄, AC전원: 21~43% 주석, AC전원: 21~28%

$$\eta = \frac{\text{모재로 전달된 열}}{\text{발생열}} \times 100 \tag{9.4}$$

표 9.1은 여러 가지 아크용접법과 모재종류 및 전원에 따른 아크 효율을 보여주고 있다.

9.1.3 아크용접의 열유동 특성

아크용접의 열유동은 일반적인 열유동과 달리 다음과 같은 특징을 갖고 있다.

① 용접아크는 시간에 따라 이동하므로 시간에 따라 열원의 위치가 변하는 이동열원이다.
② 용접아크의 크기는 모재의 크기에 비해 매우 적기 때문에 점열원으로 간주할 수 있다.
③ 용접 열유동은 용접이 진행됨에 따라 다음의 3단계로 구분된다.

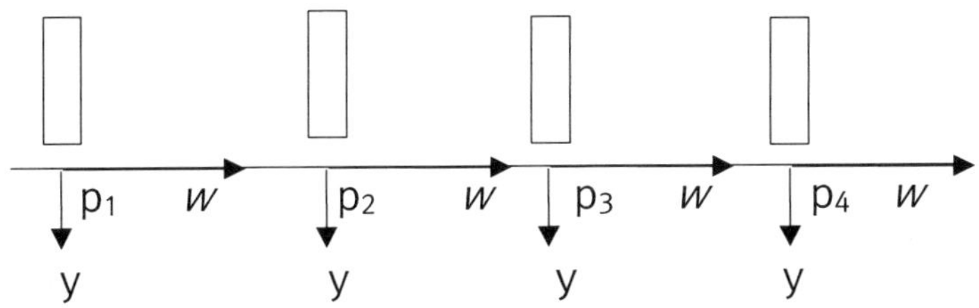

그림 9.1 준정상상태

- 용접 시작 시의 과도 열전도 단계 : 용접이 시작된 후 용접아크 주위의 온도가 상승하는 단계
- 준정상상태(quasi-stationary state): 용접 후 어느 정도의 시간이 경과하면 그림 9.1과 같이 용접아크의 주위는 항상 일정한 온도분포를 갖게 되는 상태로 정상상태의 열전도 방정식을 이용하여 온도분포의 계산이 가능함
- 용접 종료 시의 과도 열전도 단계 : 용접아크가 소멸된 후 주위의 온도가 하강하는 단계

9.2 용융용접의 열유동 계산(Calculation of Heat Flow in Fusion Welding)

9.2.1 준정상상태의 온도분포(Temperature Distribution at Quasi-Stationary State)

전절에서 기술한 아크용접의 열유동 특성을 감안하면 그림 9.2와 같이 용접 열유동 해석 모델을 만들 수 있다. 즉, 이동열원의 특성을 감안하여 아크가 위치하는 부분을 원점으로 하는 이동좌표계를 도입하며 아크는 점열원으로 간주하고

아크 주위의 온도분포는 항상 일정한 준정상상태로 가정한다.

강판 용접인 경우 강판의 크기는 용접 아크에 비해 매우 크므로 길이, 폭 및 두께가 무한한 무한판으로 간주할 수 있다. 이 경우 강판의 임의의 지점의 온도는 식 (9.5)로 표시된다.

식 (9.5)는 무차원화 과정을 거치면 식 (9.6)와 같이 간략히 표현될 수 있다.

$$\theta - \theta_0 = \frac{Q_v}{2\pi\lambda r} e^{\left(\frac{-v(w+r)}{2\kappa}\right)} \tag{9.5}$$

단,
Q_v = 입열량(= $\eta \cdot$E·I) [cal]

$r^2 = w^2 + y^2 + z^2$ [cm]

$\kappa = \lambda/(\rho c)$: 열확산계수 [cm^2/s]

ρ = 밀도 [g/cm^3]

c = 비열 [J/(g℃)]

λ = 열전도도 [J/(cms℃)]

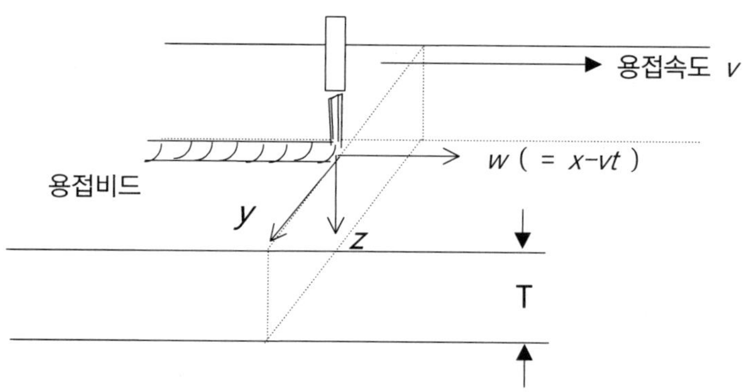

그림 9.2 용접 열유동 해석을 위한 좌표계

$$\theta - \theta_0 = MF \tag{9.6}$$

단, $M = \dfrac{Qv}{4\pi\lambda\kappa}$, $F = \dfrac{1}{\rho}e^{(-\rho-\xi)}$, $\xi = \dfrac{vw}{2\kappa}$, $\rho = \dfrac{vr}{2\kappa}$

예 9-1

SMAW를 사용하여 후판에 비드 온 플레이트(Bead on plate) 용접을 하고 있다. 용접 아크 전방으로 3cm 떨어진 비드 상의 점의 온도는? 단, 용접조건 및 각종 계수는 다음과 같다.

아크효율 $\eta = 0.74$, 용접전류 I=180 [A], 용접전압 E=25 [V],

용접속도 $v = 0.2\,[cm/s]$, 외기온도 $\theta_0 = 15$℃,

열확산계수 $\kappa = 0.13\,[cm^2/s]$, 열전도계수 $\lambda = 0.12\,[cal/(cm\,s\,℃)]$

입열량: $Q = \eta EI$ = 0.74x180x25x0.24 = 800 cal/s

온도추정 위치: w=-3cm, y=z=0

$\Rightarrow \xi = \dfrac{vw}{2\kappa} = -2.31$, $\rho = \dfrac{vr}{2\kappa} = 2.31$

$\Rightarrow$ M=816, F=0.433

$\Rightarrow \theta - \theta_0 = 353$℃ $\Rightarrow \theta = 368$℃

9.2.2 냉각속도(Cooling Rate)

냉각속도는 금속조직의 변화에 영향을 줌으로써 용접금속 및 열영향부의 특성을 결정짓는 한 요인이 된다. 냉각속도는 시간에 대한 온도의 변화, 즉 $d\theta/dt$ 를 의미하며 판두께, 용접법, 용접조건, 예열온도, 용접길이, 용접이음부의 형상 등에 따라 달라진다.

1) 후판의 용접 중심선에서의 냉각속도

판재가 두꺼운 경우는 무한판으로 간주하여 3차원 열전달에 의한 냉각현상으로 간주하며 냉각속도는 식 (9.7)로 표현된다.

$$\frac{d\theta}{dt}\Big|_{\theta=\theta_c} = -\frac{2\pi\lambda v(\theta-\theta_0)^2}{q} \tag{9.7}$$

단, θ_c : 냉각속도를 구하는 지점의 현재온도

식 (9.7)을 분석해보면 냉각속도는 예열온도가 높을수록, 입열이 클수록 작

예 9-2

모재의 열전도계수 $\lambda = 0.3\ [J/(cms\ ℃)]$이고 입열량 $q\ /v$ =14,700 [J/cm]이다.

(1) 냉각속도를 구하는 지점의 온도가 650℃이고 그 때의 외기온도 $\theta_0 = 0℃$일 때 냉각속도는?

(2) 냉각속도를 구하는 지점의 온도가 650℃일 때 냉각속도가 20 [℃/s]이었다면 예열온도는?

(1) $\frac{d\theta}{dt}|_{\theta=650} = 2 \cdot 3.14 \cdot 0.3 \cdot 650/14{,}700 = 54\,[℃/s]$

(2) $d\theta/dt = 20$

$20 = 2\pi \times 0.3 \times (\theta - \theta_0)^2/14{,}700$

$\theta - \theta_0 = 395℃ \Rightarrow \theta_0 = 255℃$

아짐을 알 수 있다. 반면에 $\theta_c - \theta_0$의 값이 클수록, 즉 냉각속도를 구하려는 시점에서의 용접부 온도와 주위온도와의 차이가 클수록 냉각속도는 커진다.

2)박판의 용접 중심선에서의 냉각속도

박판의 경우는 두께 방향으로 전도되는 열이 판두께의 하단에 도달하면 일부는 공기 중으로 소실되지만 대부분은 판두께의 상단 방향으로 다시 전도되는 미러 효과(mirror effect)가 발생하게 되어 곧 두께 방향으로 온도가 거의 같아지게 된다. 두께 방향으로 온도가 동일하게 되면 두께 방향으로의 열전도는 더 이상 일어나지 않게 된다. 이 현상은 판두께가 얇을수록 빨리 나타난다. 따라서 열전도는 2차원 열전도 현상에 가깝게 된다. 이때의 냉각속도는 식 (9.8)로 나타난다.

$$\frac{d\theta}{dt} = -2\pi\lambda\rho c\left(\frac{Tv}{q}\right)^2(\theta_c - \theta_o)^3 \tag{9.8}$$

단, ρ : 밀도 [g/cm^3]

c : 비열 [J/(g · ℃)]

T : 판두께 [cm]

3) 탄소강의 열영향부에서의 냉각속도

열영향부는 용융부와의 떨어진 거리에 따라 열이력(thermal history)이 다르기 때문에 위치에 따라 냉각속도도 달라져 매우 복잡하다. 그러나 일반적으로 열영향부가 넓게 형성되지는 않으므로 식 (9.9)와 같은 근사식으로 냉각속도를 구할 수 있다.

$$\frac{d\theta}{dt}|_{HAZ} = 0.35((\frac{\theta_c - \theta_o}{I/v})^{1.7}[1 + \frac{2}{\pi}tan^{-1}(\frac{T - T_0}{\alpha})])^{0.8} \qquad (9.9)$$

단, v : 용접속도(in/min)

T_0, α: 특정 온도에 따른 계수

θ_c: 700℃ → T_0 = 0.39 in, α = 0.08 in

θ_c: 500℃ → T_0 = 0.56 in, α = 0.16 in

θ_c: 300℃ → T_0 = 0.78 in, α = 0.39 in

9.2.3 냉각시간(Cooling Time)

냉각시간은 냉각속도와 함께 금속조직의 변화에 영향을 주는 중요한 요인이다. 특히 800℃에서부터 500℃까지 냉각되는 시간인 $\Delta t_{8/5}$의 값이 금속조직의 변화에 미치는 영향이 가장 크기 때문에 $\Delta t_{8/5}$의 값이 냉각시간으로 사용된다. 냉각속도와 마찬가지로 냉각시간도 판두께, 용접법, 용접조건, 예열온도, 용접길이, 용접이음부의 형상 등에 따라 달라진다.

1) 후판의 경우

판재가 두꺼운 경우는 3차원 열전도에 의한 냉각이 일어나며 식 (9.10)에 의해 $\Delta t_{8/5}$의 값을 구할 수 있다.

$$\Delta t_{8/5} = \frac{q}{2\pi\lambda v}\left(\frac{1}{500-\theta_0} - \frac{1}{800-\theta_0}\right) \tag{9.10}$$

식 (9.10)은 3차원 냉각계수 K_3를 이용해서 식 (9.11)과 같이 간소하게 나타낼 수 있다.

$$\Delta t_{8/5} = K_3 h\left(\frac{1}{500-\theta_0} - \frac{1}{800-\theta_0}\right) \tag{9.11}$$

단, $K_3 = \frac{\eta}{2\pi\lambda}$

$$q = \eta \cdot E \cdot I \quad \Rightarrow \quad h = \frac{E \cdot I}{v} = \frac{q}{v\eta}$$

2) 박판의 경우

박판의 경우는 2차원 열전도에 의한 냉각이 일어나며 식 (9.12)에 의해 $\Delta t_{8/5}$를 구할 수 있으며 2차원 냉각계수 K2를 이용해서 식 (9.13)과 같이 간소하게 나타낼 수 있다.

$$\Delta t_{8/5} = \frac{q^2}{v^2 T^2 4\pi\lambda c\rho}\left[\left(\frac{1}{500-\theta_0}\right)^2 - \left(\frac{1}{800-\theta_0}\right)^2\right] \tag{9.12}$$

$$\Delta t_{8/5} = K_2 \frac{h^2}{T^2}\left[\left(\frac{1}{500-\theta_0}\right)^2 - \left(\frac{1}{800-\theta_0}\right)^2\right] \tag{9.13}$$

단, $K_2 = \frac{\eta^2}{4\pi\lambda c\rho}$

3) 임계 두께(T*: Critical Thickness)

2차원 열전도를 적용하는 박판과 3차원 열전도를 이용하는 후판 사이에는 2차원 열전도와 3차원 열전도의 경계가 되는 두께가 존재하게 되는데 이를 임계 두께라고 한다. 즉, 임계 두께보다 두꺼운 판은 식 (9.11)을 이용하여 $\Delta t_{8/5}$를 구하며 임계 두께보다 얇은 판의 경우에는 식 (9.13)을 이용하여 $\Delta t_{8/5}$를 구한다. 임계 두께에서는 식 (9.11)과 식 (9.13)에서 구한 $\Delta t_{8/5}$ 값이 서로 같아야 하므로 이 조건을 이용하면 임계 두께를 구할 수 있다. 즉, 식 (9.11)=식 (9.13)을 풀면 식 (9.14)가 구해진다.

$$T^* = \sqrt{\frac{q}{2vc\rho}\left(\frac{1}{500-\theta_0} + \frac{1}{800-\theta_0}\right)}$$

$$= \sqrt{\frac{\eta \cdot h}{2c\rho}\left(\frac{1}{500-\theta_0} + \frac{1}{800-\theta_0}\right)} \tag{9.14}$$

$T > T^*$ → 3차원 열전도 → 식 (9.11) 적용
$T < T^*$ → 2차원 열전도 → 식 (9.13) 적용

예 9-3

두께 T=9 mm, 밀도 $\rho = 7.85\ [g/cm^3]$,

비열 $c = 0.9\ [J/(g\ ℃)]$, 아크효율 $\eta = 0.8$,

열전도계수 $\lambda = 0.27\,[J/(cm\,s\,℃)]$, 입열 h=25,000 [J/cm] 일 때 $\Delta t_{8/5}$ 를 구하라.

임계두께

$$T^* = [\frac{0.8\times 25000}{2\times 7.85\times 0.9}(\frac{1}{480}+\frac{1}{780})]^{1/2} = 2.18\,cm = 21.8\,mm$$

$T = 9\,mm < T^* \rightarrow$ 2차원 열전도

$$\Delta t_{8/5} =$$

$$\frac{1}{4\pi\times 0.27\times 7.85\times 0.9}\times 0.8^2\times 25{,}000^2\times\frac{1}{0.9^2}[(\frac{1}{480})^2-(\frac{1}{780})^2]$$

$$= 55.6\,[\mathrm{s}]$$

표 9.2 용접형상 계수

이음부 종류	F₃	F₂
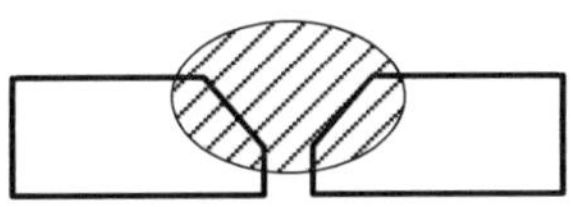	1	1
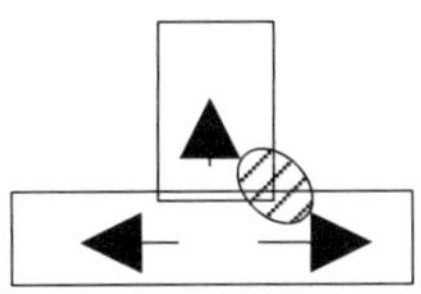	0.67	0.45~0.67
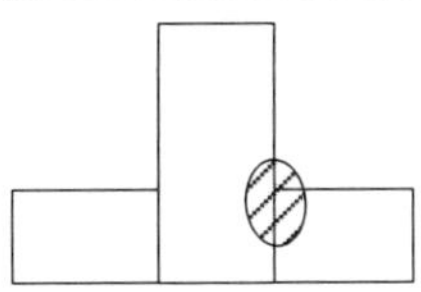	0.67	0.9
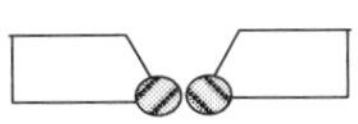	0.67	0.9

식 (9.11)과 (9.13)을 통해서 구하는 냉각시간 $\Delta t_{8/5}$ 는 '비드 온 플레이트' 용접에 적용되는 식이며 맞대기 용접이나 필릿 용접이 대부분인 실제 용접과는 차이가 많다. 특히 필릿 용접의 경우는 수직판으로도 열전도가 이루어지기 때문에 상기 식이 적용되는 2차원 또는 3차원 열전도 현상과 다르다. 따라서 실제 용접부에 대한 $\Delta t_{8/5}$시간을 구할 때는 식 (9.15) 및 (9.16)과 같이 표 9.2에 따른 용접부 형상 계수(weld form factor)를 곱해주어야 한다. 여기에서 F_2는 2차원 열전도, F_3는 3차원 열전도에 적용되는 계수이다.

$$\Delta t'_{8/5} = \Delta t_{8/5} \times F_2 \tag{9.15}$$

$$\Delta t'_{8/5} = \Delta t_{8/5} \times F_3 \tag{9.16}$$

9.2.4 최고온도(Peak Temperature)

용접부 및 그 주변은 아크열과 열전도에 의해 가열되었다가 최고 온도에 도달한 후 냉각되는 열이력을 가지게 되며 시간에 따른 온도의 변화는 그림 9.3과 같이 나타난다.

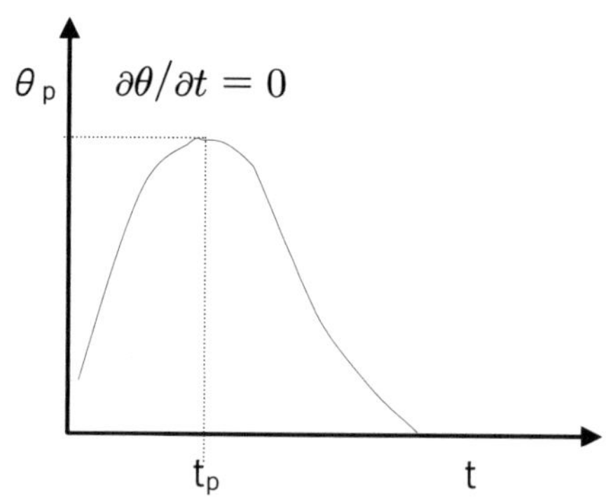

그림 9.3 용접 시 열이력과 최고온도

최고온도는 비드 폭의 크기나 열영향부의 크기를 결정하는 요소이다. 최고온도점에서는 순간온도의 변화가 0이므로 $\partial\theta/\partial t = 0$의 조건이 성립한다. 강판에 대한 한 패스 완전용입 맞대기 용접인 경우 이 조건을 기초로 하여 용접부 부근의 최고온도를 구하는 실험식은 식 (9.17)과 같다.

$$\frac{1}{\theta_p - \theta_0} = \frac{\sqrt{(2\pi e)}\,\rho c\,T y}{h_n} + \frac{1}{\theta_m - \theta_0} \tag{9.17}$$

단, θ_p = 용융경계면에서 y [mm] 떨어진 지점의 최고온도 [℃]

θ_p = 모재의 초기온도 [℃]

θ_p = 모재의 용융온도 [℃]

e = 자연로그의 밑수, 2.718

c = 비열 [J/(mm^3 ℃)]

ρ = 밀도 [g/mm^3]

T = 모재두께 [mm]

h_n = 순입열 [J/mm]

예 9-4

두께 T=5 mm, 용접전류 I=200 [A], 용접전압 E=20 [V], 용접속도 v=5 [mm/s], 아크효율 $\eta = 0.9$, 밀도 $\rho = 0.00785$ [g/mm^3], 비열 c = 0.56 [J/(mm^3 ℃)], 열전도계수 $\lambda = 0.028$ [J/(mm s ℃)], 모재의

용융온도 $\theta_m = 1510$ [℃], 모재의 초기온도 $\theta_0 = 25$ [℃]일 때 용융면에서 1.5 mm 떨어진 지점과 3.0 mm 떨어진 지점의 최고온도를 구하라.

입열 $h_n = \eta \cdot E \cdot I = 720$ [J/mm]

(1) y=1.5 mm 인 경우

$$\frac{1}{\theta_p - 25} = \frac{\sqrt{(2\pi e)}\, 0.00785 \cdot 0.56 \cdot 5 \cdot 1.5}{720} + \frac{1}{1{,}510 - 25}$$

$$\frac{1}{\theta_p - 25} = 0.0001892 + 0.0006734 = 0.0008626$$

$$\theta_p = 1{,}184 \text{ [℃]}$$

(2) y=3 mm 인 경우

$$\frac{1}{\theta_p - 25} = \frac{\sqrt{(2\pi e)}\, 0.00785 \cdot 0.56 \cdot 5 \cdot 3}{720} + \frac{1}{1{,}510 - 25}$$

$$\theta_p = 976 \text{ [℃]}$$

9.2.5 열영향부의 열이력(Thermal History of the HAZ)

용접 열영향부는 열원에 가까운 부분으로 온도변화가 심하기 때문에 이로 인해 금속의 열적인 특성에도 변화가 수반된다. 용접 열영향부의 크기는 열원의 형상과 크기에 영향을 받는다. 열영향부의 크기는 일반 탄소강의 경우 최고온도가 732℃ 이상이 되면 기계적 성질이 변하게 되므로 열영향부의 폭을 추정할 때는

732℃를 기준으로 한다. 즉, 식 (9.17)에서 최고온도 $\theta_p = 732$[℃]로 두고 그때의 y값을 구하면 그 값이 열영향부의 크기가 된다.

예 9-5

예 9-4에서 용접 열영향부의 폭을 구하라.

최고온도 $\theta_p = 732$[℃]일 때의 y값을 구한다.

식 (9.2.13)에서,

$$\frac{1}{\theta_p - \theta_0} = \frac{\sqrt{(2\pi e)}\rho c T y}{h_n} + \frac{1}{\theta_m - \theta_0}$$

$$\frac{1}{732-25} = \frac{\sqrt{(2\pi e)}\,0.00785 \cdot 0.56 \cdot 5 \cdot y}{720} + \frac{1}{1{,}510-25}$$

y = 5.9 [mm]

하지만 열처리된 강은 430℃를 넘는 경우 과잉템퍼링(overtempering)에 의해 금속의 특성이 변하므로 열처리강의 경우는 732℃ 대신 430℃를 열영향부의 폭을 구하는 기준으로 사용한다.

용접 열영향부는 그림 9.4의 y축(=용융경계면에서부터 비드에 수직으로 떨어진 거리)에 따라 최고온도와 열이력이 다르기 때문에 금속조직과 기계적 특성이 y축을 따라 달라진다. 그러나 y값은 동일하고 x축(=용접진행방향에 대해 서로 다른 지점)에 따라서는 용접 시작부와 종료부 부근을 제외한 나머지 부분은 준정상 상태에 있기 때문에 금속조직과 기계적 특성이 동일하다. 즉, 그림 9.4에서 A점과 B점은 특성이 같고 B점과 C점은 특성이 서로 다르다.

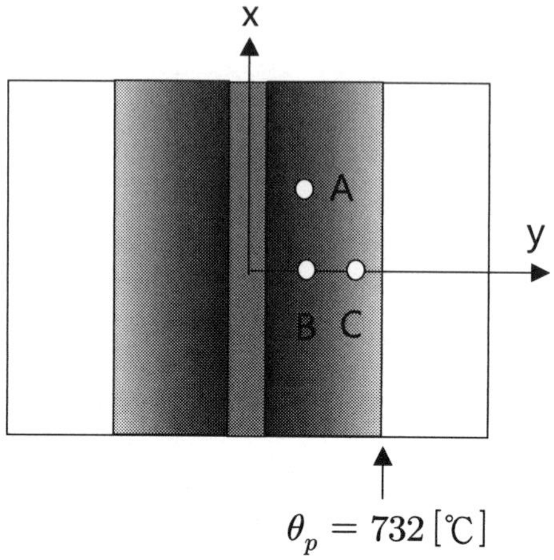

그림 9.4 용접 열영향부

용접공정은 주조공정에 비해 냉각속도가 매우 빠르고 따라서 금속의 응고속도도 매우 빠른 특징이 있다. 식 (9.18)은 응고속도를 나타내는 식이다.

$$S_t = \frac{L\,H_n}{2\pi\lambda\rho c\,(\theta_m - \theta_0)^2} \tag{9.18}$$

단, S_t = 용접금속의 임의 지점에서 응고시작부터 응고완료까지 경과된 시간 [s]

L = 용융열 [J/mm^3], 강의 경우 2 [J/mm^3]

H_n = 순입열 [J/mm]

예 9-6

H_n = 800 [J/mm] 이고 강의 초기온도 $\theta_0 = 25[℃]$일 때의 응고속도를 구하라.

식 (9.18)에서,

$$S_t = \frac{L H_n}{2\pi\lambda\rho c(\theta_m - \theta_0)^2}$$

$$= \frac{2 \cdot 800}{2\pi \cdot 0.028 \cdot 0.00785 \cdot 0.56(1{,}510 - 25)^2}$$

$$= 0.94\ [s]$$

9.2.6 용융지에서의 열대류에 의한 열전달 (Convective Heat Transfer in the Weld Pool)

용융지에서의 열전달은 일반적으로 열전도보다는 열대류에 의한 영향이 더 크다. 용융지에서 일어나는 대류에 의한 열전달은 용융지의 크기와 형상, 용접부의 조직 및 재료의 용접성을 결정하는 중요한 인자이다. 용융지의 열대류는 표면장력 기울기(surface tension gradient), 부력(buoyancy), 제트기류 충돌 및 마찰(jet impingement or friction), 전자기력(electromagnetic force)에 의해서 유발된다. 마랑고니 응력(Marangoni stress)으로도 알려져 있는 표면장력 기울기는 용융지에서 열대류를 일으키는 가장 큰 요인으로 용접금속의 온도와 화학적 조성의 변화에 의해서 생긴다. 부력과 전자기력은 비교적 열대류에 미치는 영향이 작지만 전자기력의 경우는 아크의 집속이 클수록 영향이 커진다. GTAW에서 텅스텐 전극의 끝이 날카로울수록 용입이 깊어지는 것은 이 이유 때문이다. 용융지에서의 열대류는 질량과 열 및 운동량 보존의 법칙을 이용한 수치해석을 통해 추정할 수 있다. 그러나 용융지 표면의 불순물, 용융지의 난류현상 및 적절한 열물리학적(thermophysical)인 데이터의 부족으로 인해 정확한 계산은 매우 어렵다.

한편 용융지에서의 열전도는 별로 중요한 역할을 하지 않으나 열전도가 매우 높은 금속에서는 점도가 낮고 용융지가 작은 경우 용융지와 접해있는 고체상태의 열영향부에서 열전도에 의한 열손실이 매우 크기 때문에 용융지의 크기에 상당한 영향을 미칠 수 있다.

Chapter 10

용접 야금학 (Welding Metallurgy)

용접은 용융, 응고, 확산, 석출, 변태 등의 여러 가지 야금학적인 현상을 동반한다. 용접에 동반되는 이 현상들을 이해하기 위해서는 적절한 야금학 원리를 적용하여야 한다. 용접 야금학은 일반 야금학과는 여러 가지 관점에서 차이가 많다. 그러나 용접 야금학을 이해하기 위해서는 폭넓은 일반 야금학의 지식이 바탕이 되어야 한다.

10.1 일반 야금학 기초 (Fundamentals of General Metallurgy)

10.1.1 금속의 구조(Structure of Metals)

1) 금속의 분류

금속은 일반적으로 금속의 비중에 따라 비중이 4이하인 경금속과 4.5보다 큰 중금속으로 분류한다. 중금속은 용융온도에 따라 용융온도가 500℃ 이하, 500~2,000℃ 및 2,000℃보다 높은 금속으로 분류한다. 표 10.1은 금속의 분류와 각 분류에 속한 금속을 보여주고 있다.

표 10.1 금속의 분류

Metal (금속)	Light metal (경금속)	Al(알루미늄), Ti(티타늄), Mg(마그네슘)	
	Heavy metal (중금속)	T_m(용융온도)<500℃	Pb(납), Sn(주석), Zn(아연)
		500℃<T_m<2,000℃	Cu(구리), Mn(망간), Ni(니켈), Fe(철), Cr(크롬)
		T_m>2,500℃	Mo(몰리브덴), Ta(탄탈륨), W(텅스텐)

2) 결정조직(Crystalline Structures)

고체상태의 금속은 결정조직을 가진다. 각 결정을 구성하는 원자들은 특정한 기하학적인 형태로 배열되어 있다. 원자들이 특정한 형태로 배열되어 있는 것을 격자(lattice)라고 부른다. 금속은 격자의 형태에 따라서 여러 가지 금속의 특성이 결정된다. 금속의 가장 일반적인 결정구조는 그림 10.1에서 볼 수 있는 바와 같이 체심입방격자(BCC, Body-Centered Cubic), 면심입방격자(FCC, Face-Centered Cubic), 및 조밀육방격자(HCP, Hexagonal Close-Packet)의 3가지 유형으로 되어 있다. 체심입방격자는 입방체의 각 모서리와 입방체의 중심에 1개의 원자가 배열된 결정구조이다. 이 격자구조를 갖는 금속은 Li, Na, Cr, Fe(용융점 부근 온도 및 저온상태), Mo, W, K, Va 등이 있으며 일반적으로 전연성이 작고 강하다.

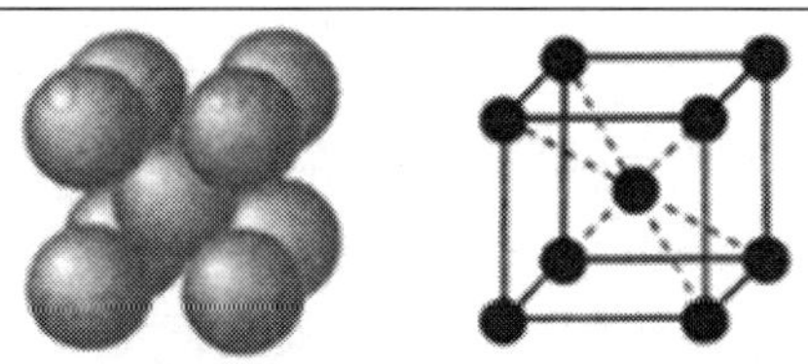	(a) 체심입방격자(Body-Centered Cubic(bcc)): Cr, Fe(near Tm and low temp.), Mo, Nb, Ti, W, Va, Zr
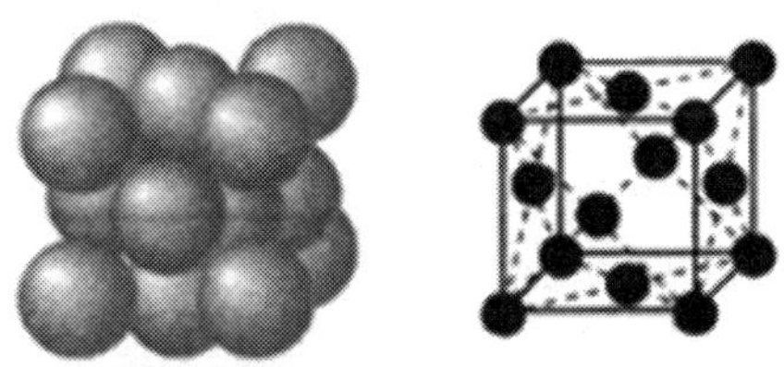	(b) 면심입방격자(Face-Centered Cubic(fcc)): Al, Fe(at intermediate temp.), Co, Pb, Cu, Ni, Au, Ag
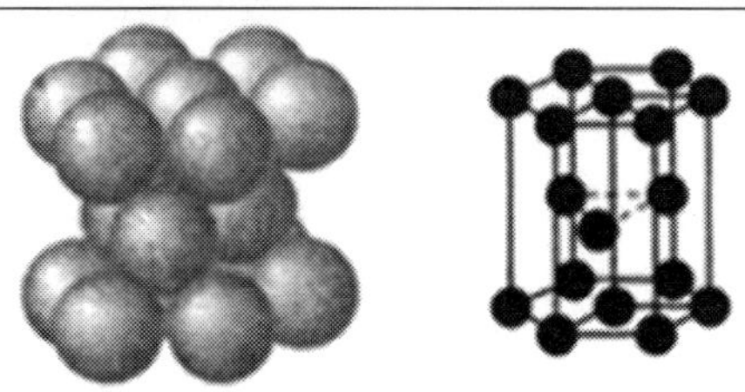	(c) 조밀육방격자(Hexagonel Close-Packet (hcp)): Co, Ti, Mg, Zn, Sn, Zr

그림 10.1 금속의 3가지 결정구조

면심입방격자는 입방체의 각 모서리와 각 면의 중심에 1개씩의 원자가 배열된 결정 구조이다. Al, Fe(중간온도 상태), Co(고온상태), Ni, Cu, Pt, Au, Pb, Ag 등이 이 격자구조를 가지며 전연성이 좋고 가공성이 매우 우수한 특징을 지닌다. 조밀육방격자는 육각기둥 상하면의 각 모서리와 그 중심에 한 개씩의 원자가 존재하고, 또한 육각기둥을 구성하는 6개의 삼각기둥 중에서 1개씩 띄워서 삼각기둥의 중심에 1개의 원자가 배열된 결정 구조이다. Mg, Ti, Zn, Cd, Zr, Co(저온상태) 등이 이 격자구조에 속하며 전연성이 적다.

3) 결정립(Grain)

금속이 용융되면 결정조직은 해체되어 물이나 유리와 같이 무정형 배열상태로 된다. 용융상태의 금속은 응고온도에 접근하면 그림 10.2의 (a)에서와 같이 핵(nuclei)이라고 부르는 고체입자를 형성하기 시작한다. 이 핵들은 그림 10.2의 (b)에서와 같이 응고과정이 진행되면서 점점 크게 성장되는데 이것을 결정립(grain)이라고 부른다. 결정립들은 액체상태의 금속이 없어질 때까지 성장을 계속하며 그림 10.2의 (c)에서와 같이 응고가 종료되면 결정립들은 불규칙한 경계면을 갖게 된다. 이 경계면은 결정립계(grain boundary)라고 부른다. 결정립계는 금속 전체에 걸쳐서 연속적인 그물망 형상으로 형성된다. 임의의 온도에서 순수금속의 각 결정립은 동일한 결정조직을 가지며 원자의 간격도 동일하다. 그러나 그림 10.2의 (b), (c)에서 볼 수 있는 바와 같이 결정립은 서로 독립적으로 성장하며 결정립 내의 격자방향은 결정립마다 다르다. 따라서 주기적이고 질서정연한 원자의 배열은 결정립이 만나는 결정립계에서는 붕괴된다. 금속의 기계적 성질은 결정립의 크기와 방향, 금속의 구성성분에 의해 좌우된다.

(a) 초기 결정 형성
(Initial crystal formation)

(b) 응고 계속
(Continued solidification)

(c) 응고 종료
(Complete solidification)

그림 10.2 금속의 응고

4) 합금(Alloy)

한 금속은 일반적으로 인위적으로 첨가되거나 제련과정에서 제거하지 못한 원소들을 포함하는데 이들을 합금원소(alloying element)라고 한다. 이 합금원소들은 용질(solutes)이라고 부르며 이들을 포함하고 있는 모금속은 용매(solvent)라고 부른다. 용매와 용질로 구성된 금속이 합금(alloy)이며 고용체(solid solution)라고도 한다.

용질들은 모금속 배열 내에 치환형 상태나 침입형 상태로 위치하는데 이렇게 고용(固溶)된 금속을 각각 치환형 합금 및 침입형 합금이라 부른다. 치환형 합금은 그림 10.3의 (a)와 같이 용질 원자가 모금속인 용매의 격자 내의 원자를 대체한 형태로 고용된 합금이다. 금을 고용한 은(Au in Ag), 구리를 고용한 니켈(Cu in Ni)이 대표적인 예이다. 이 합금은 용매와 용질이 둘 다 금속일 경우에 생성된다. 반면에 침입형 합금은 그림 10.3의 (b)와 같이 용질 원자가 일정한 형태로 배열된 용매 원자들 사이에 끼어든 형태로 고용된 합금이다.

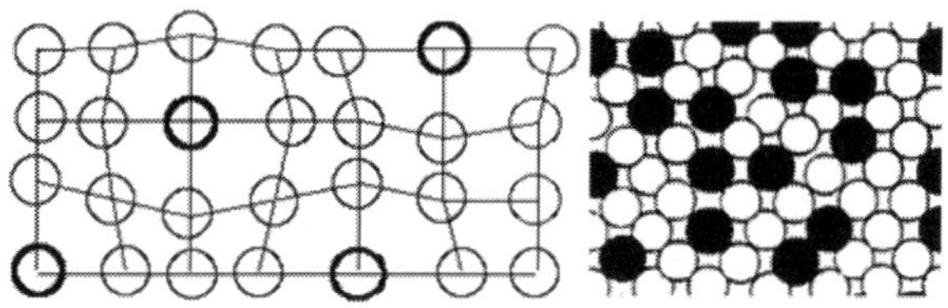

(a) 치환형 합금(Substitutional alloying)

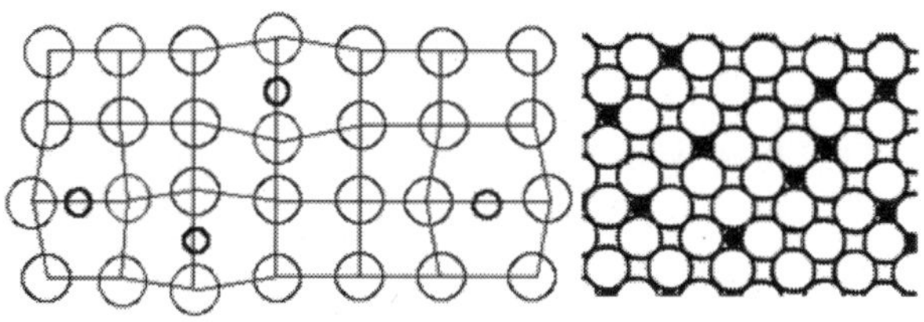

(b) 침입형 합금(Interstitial alloying)

그림 10.3 고용체 합금의 두 형태

이 합금은 용질 원자의 크기가 용매 원자에 비해 크기가 작은 경우에 만들어진다. 철이나 다른 금속에 포함되어 있는 소량의 탄소(C), 질소(N_2), 수소(H_2), 산소(O_2) 보론(B) 등이 침입형 형태의 용질들이다.

5) 상(Phase)

상은 물리적 성질이 일정한 균일한 물질계를 의미하며 금속에 있어서 한 상은 동일한 결정구조를 가진다. 합금은 다상(multiphase)을 갖게 되는 경우가 많은데 그 이유는 합금원자들이 종종 전부 용해되지 못하고 일부분이 남아 그룹을 형성한 상태로 존재하게 되는데 이 부분은 모금속인 합금과는 다른 결정구조를 가지므로 다른 상으로 존재한다.
많은 금속들은 특정온도에서 결정구조가 변화된다. 이는 곧 상이 변한다는 것을 의미하며 이러한 상의 변화를 상변이(phase change) 또는 상변태(phase transformation)라고 한다. 상변태 중에서 한 원소가 특정온도에서 상변태를 하는 경우를 동소체변태(allotropic transformation) 또는 동질이형변태라고 한다. 동소체변태를 일으키는 대표적인 금속인 철의 경우 상온에서 910℃까지는 체심입방격자(BCC) 구조로 되어 있다가 910~1390℃에서는 면심입방격자(FCC) 구조로 변하며 1390~1535℃에서는 다시 체심입방격자(BCC) 구조로 변한다.

10.1.2 평형상태도(Equilibrium Phase Diagram)

물질의 상태를 결정하는 요소에는 온도, 압력, 성분 등이 있으나 고체 또는 액체상태의 금속의 경우에는 압력의 영향은 미미하다. 평형상태도는 간단히 상태도라고도 하는데 온도를 세로축으로 성분을 가로축으로 하여 임의 성분의 합금이 임의 온도에서 평형상태에서 존재하는 상의 관계를 나타내는 그림이다. 평형상태도는 평형상태에서의 상의 관계를 나타내므로 가열 및 냉각이 극히 느린 경우와 일정온도에서 오래 유지된 경우에 있어서 상변화 및 상관계를 파악하는데 사용된다. 상태도는 합금의 열처리와 성질에 기초가 되는 중요한 자료이다.

1) 전율고용체(Continuous Solid Solution)

전율고용체는 치환형 합금을 이루는 A, B 두 금속이 어떤 비율로도 고용하여 결합되는 형태의 합금을 의미하며 균일응고조직을 나타낸다. 그림 10.4의 Cu와 Ni의 이원합금 상태도는 전율고용체를 나타내는 대표적인 예이다.
그림 10.4의 왼쪽 그림의 세 곡선은 합금성분이 A(100%Cu), B(60%Cu+40%Ni), C(100%Ni) 일 때의 냉각곡선이다. 오른 쪽 그림의 곡선 MPN은 액상선, 곡선 MQN은 고상선이며 두 곡선으로 둘러싸인 부분은 액상과 고상이 혼합된 상태의 상이다.

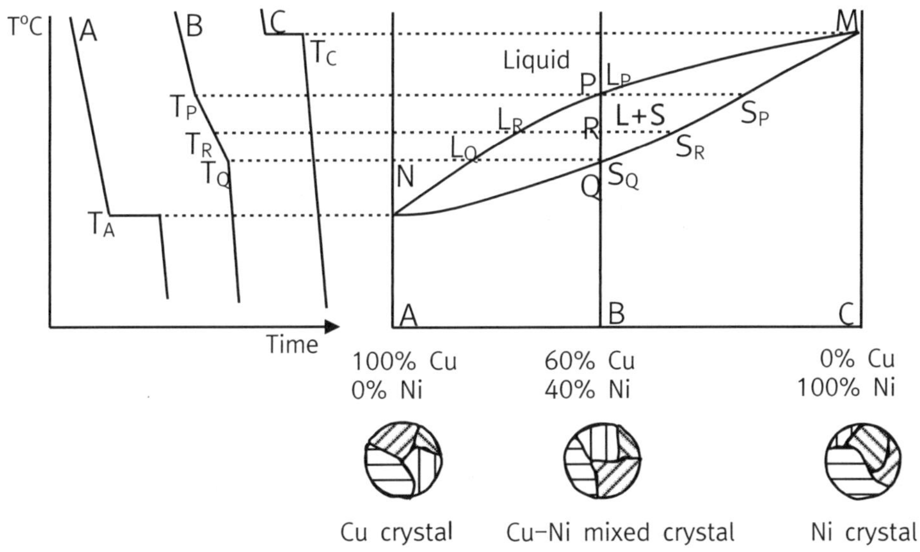

그림 10.4 이원합금 평형상태도 및 냉각곡선

순금속 A 및 C점에서는 응고점 T_A, T_B에서 응고가 시작되어 시간이 한 동안 경과되면 응고가 끝난다. B합금 상태에서는 T_P에서 응고되기 시작하여 T_Q에서 응고가 끝난다. B합금이 응고되기 시작하는 T_P에서는 S_P성분의 결정이 만들어지고 액상은 L_P성분이 되며 온도가 T_R이 되었을 때는 S_R성분의 고용체가 만들어지고 액상은 L_R성분이 된다. 이 때 고상인 S_R성분과 액상 L_R성분의 양적 관계는 지렛대 법칙에 의해 S_R:L_R= L_RR:S_RR 가 된다. 온도가 응고완료온도인 T_Q가 되면서 고용체는 모두 S_Q성분이 된다. 즉, 냉각과정에서 액상의 성분은 $L_P \rightarrow L_R \rightarrow L_Q$로 바뀌고 고상성분은 $S_P \rightarrow S_R \rightarrow S_Q$로 변한다.

예 10-1

온도 T_R=800℃에서 L_RR/$L_R S_R$=60%이다. 고용체 합금의 성분은 어떻게 되며 액상의 양은 몇 %인가?

온도 T_R=에서 생성되는 고용체 성분은 대략 45%Cu+55%Ni 이 됨.
액상의 양은 지렛대 원리에 의해 S_RR=40%

2) 한율가용고용체(Partially Miscible Solid Solution)

A 금속의 격자점을 B 금속원자가 차지하는 치환형 고용체에서 A, B 금속의 원자지름의 차가 15% 이상이 되면 격자의 변형이 크게 되어 전율고용체를 이루지 못하고 일정부분까지만 고용체를 이루게 되는데 이와 같은 고용체를 한율가용고용체라고 한다. 한율가용고용체의 상태도는 그림 10.5와 같으며 각 합금성분에 대한 상태도 부분에 대한 금속조직은 그림 10.6에 나타난 바와 같다.

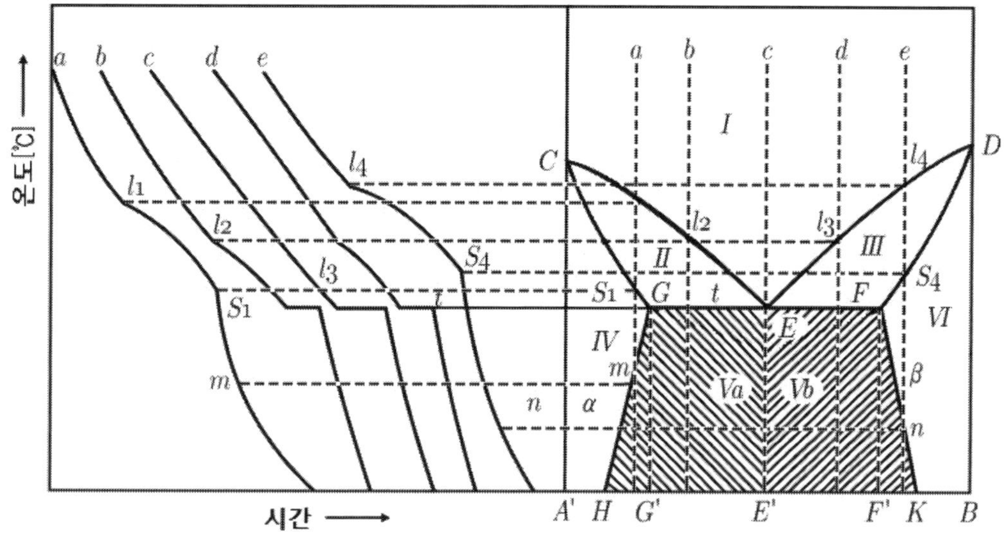

그림 10.5 한율가용고용체의 상태도

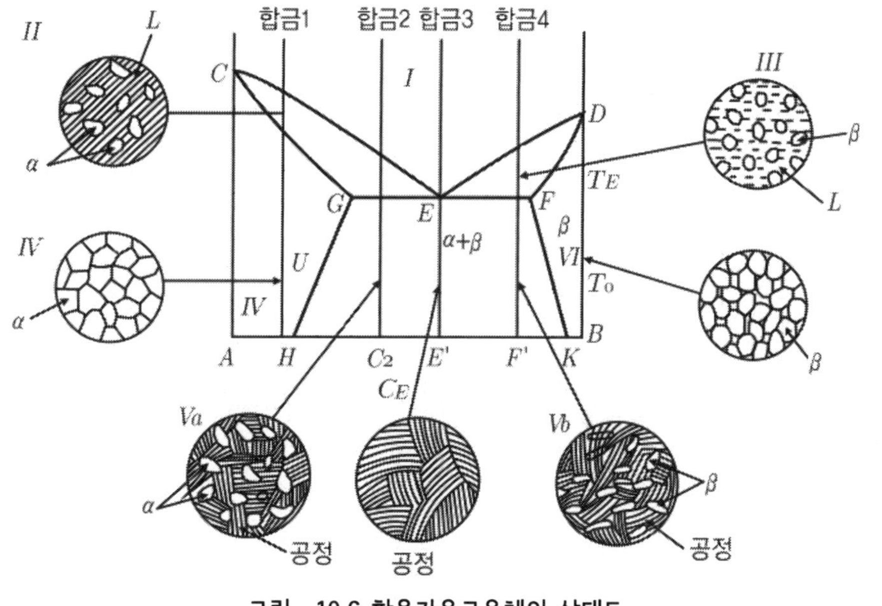

그림 10.6 한율가용고용체의 상태도

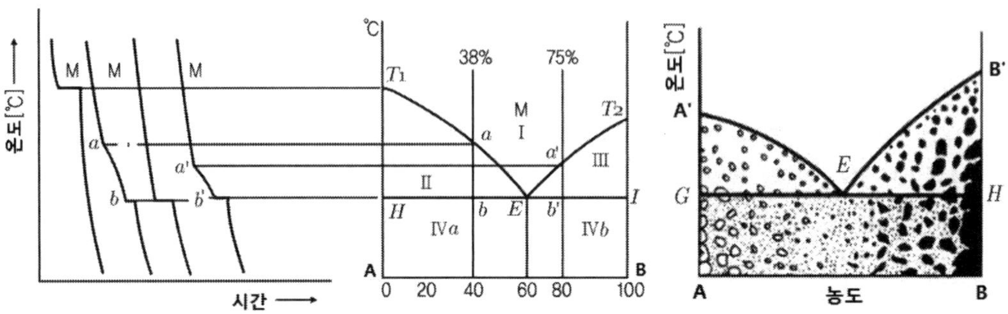

그림 10.7 공정조직의 상태도 및 조직

3) 공정조직(Eutectic Structure)

2개의 성분이 용융된 상태에서는 균일한 용액이 되지만 응고 후에는 성분금속이 각각 결정이 분리되며 전혀 고용체를 만들지 않고 기계적인 혼합물 형태로 되는 경우 이를 공정(eutectic)이라 한다. 공정은 미세한 판상, 층상 또는 입상조직으로 되어 있으며 일반적으로 용융점이 낮고 일정한 온도에서 용해된다.

그림 10.7은 공정조직의 상태도와 두 금속성분비에 따른 조직의 상태를 보여주고 있다.

4) 금속간 화합물(Intermetallic Compound)

서로 친화력이 큰 2개의 금속원자가 간단한 원자비로 결합하여 새로운 화합물을 형성할 때 이를 금속간 화합물이라 하며 AmBn의 화학식으로 표시한다. Fe_3C, $CuAl_2$, Mg_2Si 등은 금속간 화합물의 예이다.

10.1.3 Fe-C 상태도(Iron-Carbon Phase Diagram)

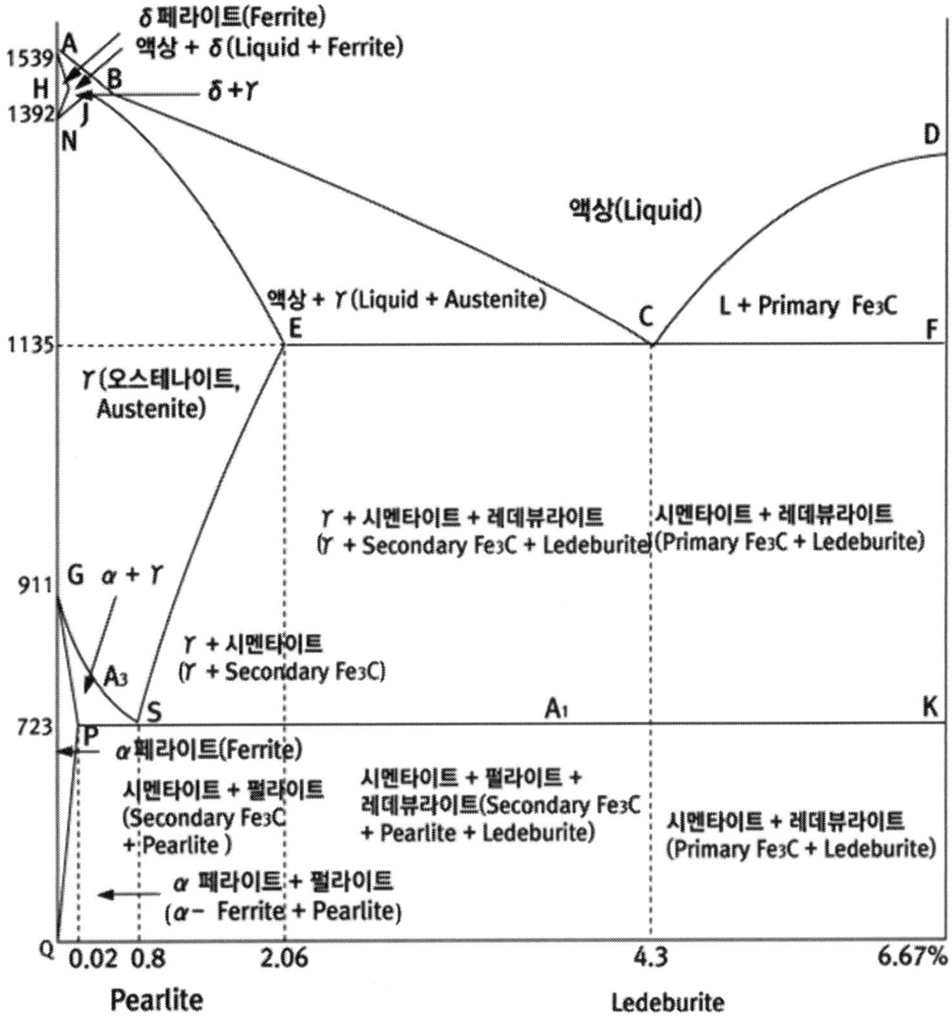

그림 10.8 Fe-C 상태도

오늘날 가장 널리 쓰이는 금속인 철의 대부분은 탄소강이다. 철과 탄소는 용융상태에서는 철 속에 탄소가 균일하게 용해되어 있지만 냉각되면 응고조직은 온도와 탄소의 농도에 따라 변화한다. 이 변화를 보여주고 있는 그림이 그림 10.8의 Fe-C 상태도이다. 탄소는 철 속에서 항상 Fe_3C의 형태로 존재하므로 통상 Fe-C 대신 Fe-Fe_3C의 상태도로 나타낸다.

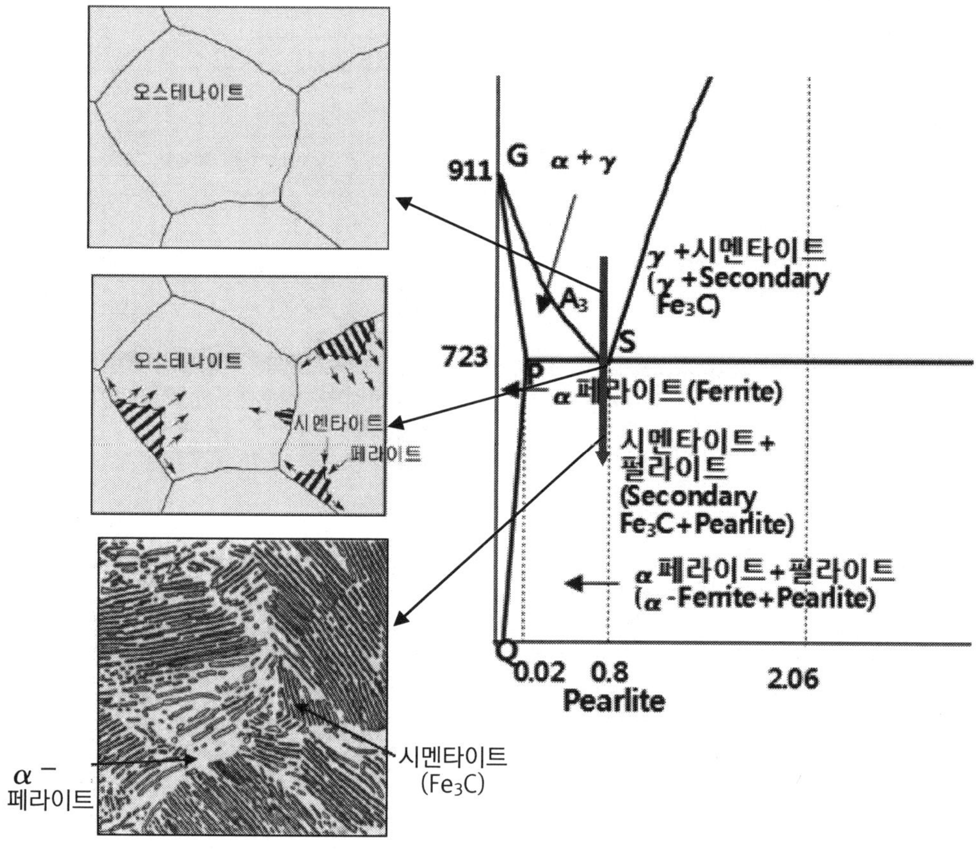

그림 10.9 펄라이트 변태과정

Fe_3C는 시멘타이트라고 하며 시멘타이트의 C함유량은 Fe원자량 56과 탄소 원자량 12에서부터 12/(3x56+12) x 100=6.67%가 된다. Fe-C 상태도의 각 점 및 선의 의미는 다음과 같다. 단, 이 상태도는 무한히 긴 시간동안 서서히 냉각되었을 때의 조직의 변화를 나타낸다.

A_1 곡선은 펄라이트 변태가 일어나는 온도이며 펄라이트로 변태되는 과정은 그림 10.9에 나타나 있다. 723℃보다 높은 온도에서는 그림10.9의 왼쪽 상부와 같은 형상의 오스테나이트 조직 상태이다. 723℃가 되면 그림10.9의 왼쪽 가운데와 같은 형태로 오스테나이트 결정립에서 시멘타이트와 페라이트가 층상 형태인 펄라이트 공석조직이 석출되기 시작하며 오랜 시간이 경과하여 723℃ 보다 온도가 낮아지면 그림10.9의 왼쪽 하부와 같은 형상의 펄라이트로 전부 변하게 된다.

10.1.4 강의 조직(Structure of Steel)

강은 탄소함유량이 0.008~2.0%이며 가단성(malleability)이 있는 Fe-C 화합물이다. Fe-C 화합물에는 다음과 같은 조직들이 있다.

δ 고용체 : 페라이트
α 고용체 : 페라이트
γ 고용체 : 오스테나이트
Fe_3C : 시멘타이트
δ 고용체+Fe_3C : 펄라이트
γ 고용체+Fe_3C : 레데뷰라이트

각 조직의 현미경 사진은 그림 10.10과 같다.

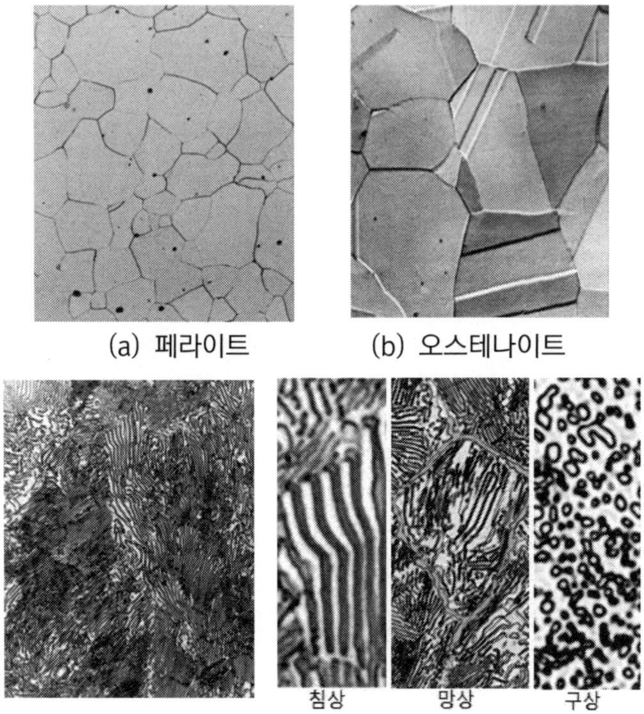

(a) 페라이트 (b) 오스테나이트

(c) 펄라이트 (d) 시멘타이트

그림 10.10 강의 조직의 현미경 사진

1) 페라이트

α 또는 δ 철에 탄소가 고용되어 있는 조직이다. 체심입방격자(BCC) 구조로 되어 있으며 탄소 고용도는 723℃에서 0.025%이며 온도가 내려감에 따라 감소하여 상온에서 약 0.008%정도 고용한다. 순철에 가까우며 현미경 상으로는 백색으로 나타난다. 연하고 전연성이 크며 상온에서 강자성체이다.

2) 오스테나이트

면심입방격자(FCC)를 갖는 γ 철에 탄소가 고용되어 있는 고용체이다. 탄소

고용도는 1,148℃에서 2.08%로 가장 많이 고용하며 온도가 내려감에 따라 감소하여 723℃에서는 0.8%로 줄어든다. 현미경 상으로는 다각형의 조직으로 나타난다. 안정된 조직으로 인성이 좋고 소성 변형성이 우수하며 비자성이다.

3) 시멘타이트

Fe_3C로 표현되는 시멘타이트는 고용체가 아니라 탄소를 6.67% 함유한 금속간 화합물이다. 시멘타이트는 경도가 매우 높고 현미경 상으로 층상, 망상, 구상, 침상 등 여러 형태의 백색 조직으로 나타난다. 경도가 매우 높고 충격에 약하며 상온에서 강자성을 띠지만 215℃에서는 자성을 잃는다.

4) 펄라이트

δ 고용체와 Fe_3C가 한겹씩 적층되어 있는 층상 형태의 공석조직이다. 경도와 강도가 그다지 높지 않고 매우 안정한 조직이다.

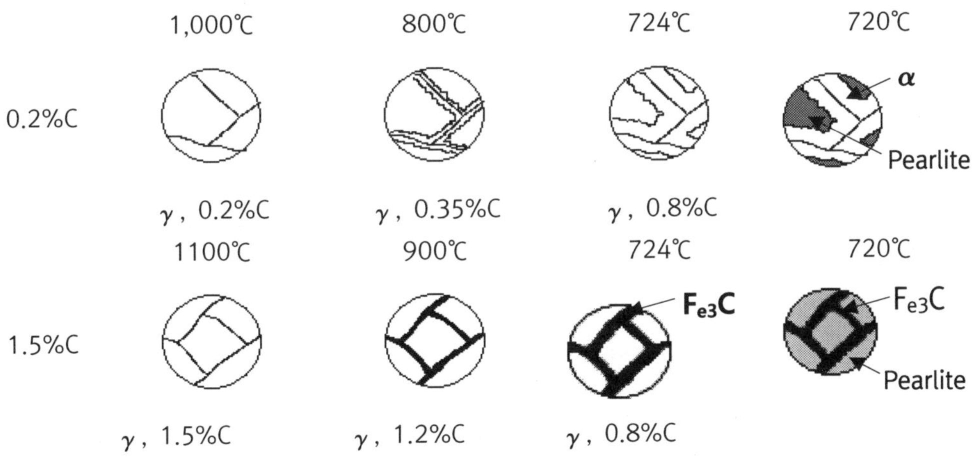

그림 10.11 냉각온도에 따른 강의 조직의 변화

냉각 시 강의 조직변화는 탄소의 함유량에 따라 다르다. 그림 10.11은 탄소가 0.2% 함유되어 있는 강의 경우와 1.5% 함유되어 있는 강의 경우 냉각에 따른 각각의 조직의 변화 양태를 보여주고 있다.

(1) 탄소가 0.2% 함유되어 있는 경우

① 1,000℃에서는 Fe-C상태도에 따르면 오스테나이트 조직 상태이다. 이 온도에서 오스테나이트 조직은 0.2%의 탄소를 모두 고용할 수 있으므로 균일한 오스테나이트 조직 상태에 있다.

② 800℃에서는 오스테나이트의 일부분이 페라이트로 변태되어 오스테나이트와 페라이트 조직이 공존하는 상태이다. 페라이트 조직은 오스테나이트 조직의 결정립에서부터 석출되며 800℃에서 탄소를 0.025%밖에 고용할 수 없으므로 페라이트가 생성되어 있는 부분의 탄소는 오스테나이트 조직이 고용하게 된다. 따라서 오스테나이트 조직의 탄소 고용도는 0.35%로 높아진다.

③ 724℃에서는 오스테나이트의 더욱 많은 부분이 페라이트로 변태되고 페라이트의 탄소 고용범위를 벗어나는 탄소는 오스테나이트 조직이 고용하여 0.8% 부근까지 고용율이 높아진다.

④ 720℃에서는 0.8%의 탄소를 고용한 오스테나이트가 펄라이트 공석조직으로 석출되어 페라이트 조직과 펄라이트 조직이 공존하는 상태로 변한다. 이 상태는 상온이 될 때까지 동일하게 유지된다.

(2) 탄소가 1.5% 함유되어 있는 경우

① 1,100℃에서는 오스테나이트 조직 상태이다. 이 온도에서 오스테나이트 조직은 1.5%의 탄소를 모두 고용할 수 있으므로 균일한 오스테나이트 조직 상태에 있다.

② 900℃에서는 오스테나이트의 일부분이 시멘타이트로 변태되어 오스테나이트와 시멘타이트 조직이 공존하는 상태이다. 시멘타이트 조직은 오스테나이트 조직의 결정립에서부터 석출되며 탄소의 성분이 6.67%를 차지하므로 주위의 오스테나이드 조직에서 탄소를 가져온다. 따라서 오스테나이트 조직의 탄소 고용도는 1.2%로 낮아진다.

③ 724℃에서는 오스테나이트의 더욱 많은 부분이 시멘타이트로 변태되고 시멘타이트의 탄소 성분은 오스테나이드 조직에서 충당되므로 오스테나이트 조직의 탄소 고용도는 0.8% 부근까지 낮아진다.

④ 720℃에서는 0.8%의 탄소를 고용한 오스테나이트가 펄라이트 공석조직으로 석출되어 시멘타이트 조직과 펄라이트 조직이 공존하는 상태로 변하며 이 상태는 상온이 될 때까지 동일하게 유지된다.

10.1.5 등온 변태도와 연속 냉각 변태도 (Isothermal Transformation Diagram and Continuous Transformation Diagram)

1) 등온 변태도

등온 변태도는 시간-온도-변태도 또는 TTT-변태도(Time-Temperature - Transformation diagram)이라고도 하며 일정온도에서 시간이 경과함에 따라 금속 조직이 변하는 상태를 나타낸 그림이다. 등온 변태도는 세로축을 온도, 가로축을 시간으로 하여 오스테나이트를 각 온도로 냉각하였을 때 상 변화를 나타낸 곡선으로 강의 구성 성분에 따라 달라진다. 그림 10.12는 한 종류의 탄소강에 대한 등온 변태도를 나타내고 있다.

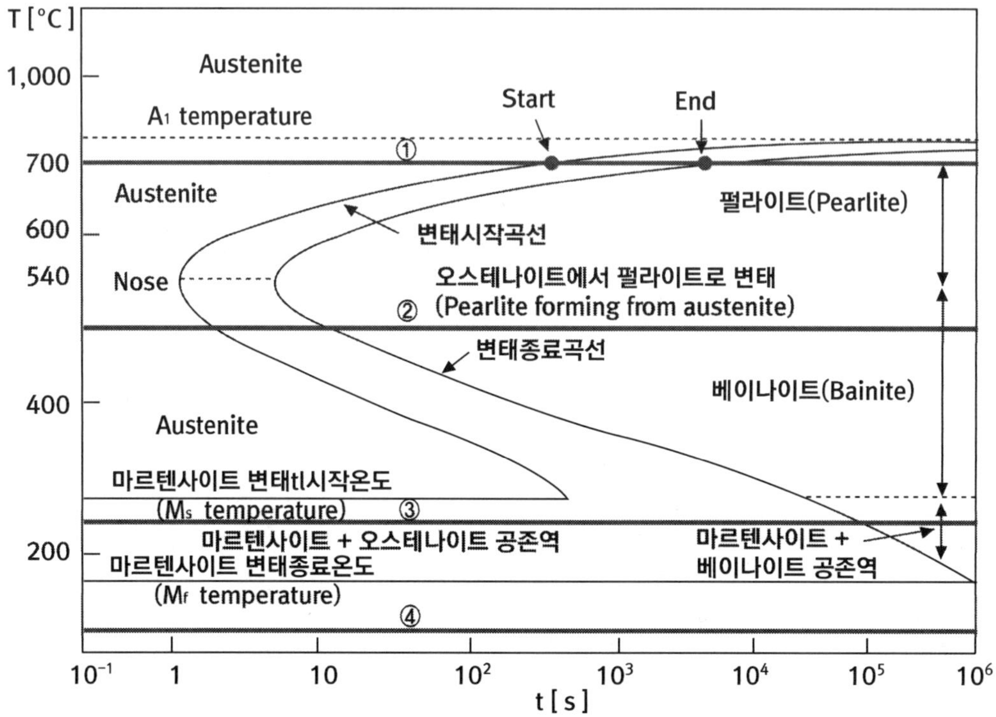

그림 10.12 등온 변태도

그림 10.12의 곡선 ①과 같이 1,000℃에서 700℃로 즉시 급냉된 후 장시간 경과하는 경우의 변태과정을 살펴보면 대략 800초가 경과되면서 오스테나이트 조직에서 펄라이트로 변태를 시작한다. 5,000초 가량 지나면 펄라이트 변태가 종료되어 오스테나이트 조직은 모두 펄라이트 조직으로 변화한다. 만약 곡선 ②와 같이 1,000℃에서 nose 부분인 540℃보다 낮은 온도로 즉시 급냉된 후 오랜 시간이 경과하는 경우는 베이나이트(bainite)로 변태가 시작된 후 변태 종료 후에는 모두 베이나이트 조직이 된다. 곡선 ③의 경우는 마르텐사이트와 베이나이트 조직이 공존하다가 10^5초가 지나면 마르텐사이트와 베이나이트가 공존하는 형태가 된다. 곡선 ④의 경우는 전 조직이 마르텐사이

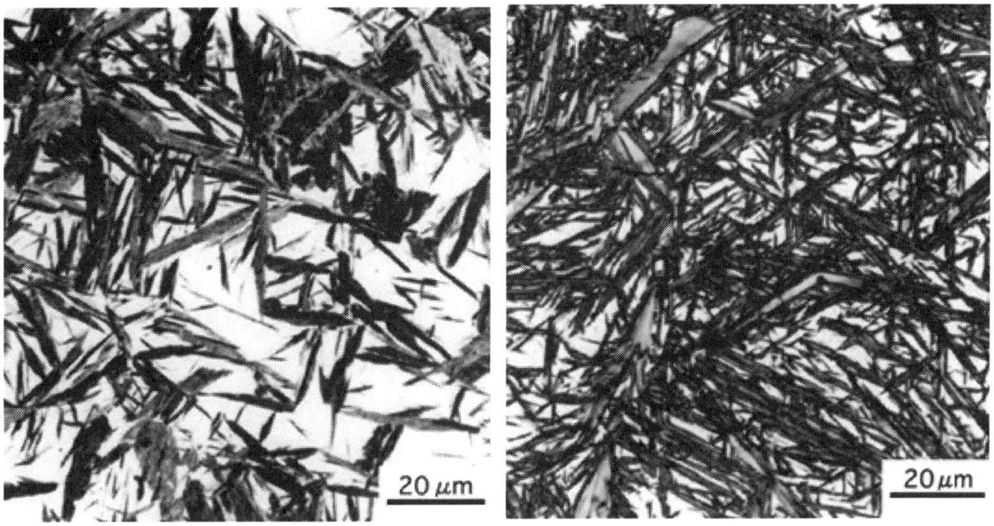

(a) 베이나이트 조직 (b) 마르텐사이트 조직

그림 10.13 베이나이트와 마르텐사이트 조직의 현미경 사진

트로 변하는 경우이다.

베이나이트 조직은 펄라이트와 마찬가지로 페라이트와 시멘타이트의 공석조직이지만 형태가 침상으로 되어 있는 조직이다. 오스테나이트 조직이 급냉이 되면 오스테나이트 조직에 고용되었던 탄소가 미처 석출되지 못하고 페라이트화된 격자구조 속에 갖혀 있는 상태로 응고되게 되는데 이 조직이 마르텐사이트 조직이다. 마르텐사이트 조직은 경도가 매우 높은 단단한 조직이다. 그림 10.13에 베이나이트와 마르텐사이트 조직의 현미경 사진이 나와 있다.

2) 연속 냉각 변태도

연속 냉각 변태도는 CCT-변태도(Continuous Cooling Transformation diagram)이라고도 하며 연속적으로 냉각되는 과정에서 조직의 변태거동을 나타낸 선도이다. 그림 10.14는 연속 냉각 변태도의 한 예이다.

그림 10.14에서 냉각곡선 ①의 경우는 1,000초가 경과하고 온도가 800℃가 되는 점에서 오스테나이트가 페라이트로 변태가 일어나기 시작하며 100,000초가 경과하고 온도가 600℃로 냉각된 지점에서 펄라이트로 변태되며 200,000초가 경과하고 온도가 550℃가 되는 지점에서 펄라이트 변태가 완료되어 상온까지 펄라이트 상태가 된다. 냉각곡선 ②의 경우는 20초가 경과하고 온도가 720℃가 되는 점에서 오스테나이트가 페라이트로 변태가 일어나기 시작하며 100초가 경과하고 온도가 400℃로 냉각된 지점에서 베이나이트로 변태되며 150초가 경과하고 온도가 350℃가 되는 지점에서 베이나이트 변태가 완료된다. 냉각곡선 ③의 경우는 2초가 경과될 때 온도가 1,100℃에서 200℃로 떨어지는 급냉되는 경우로 오스테나이트 조직은 바로 마르텐사이트 조직으로 변태된다.

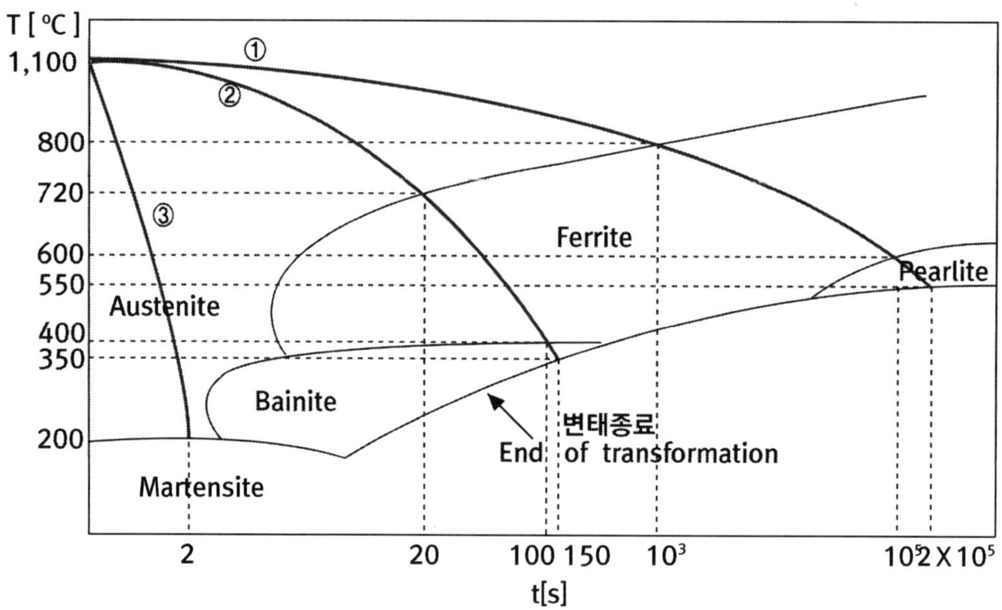

그림 10.14 연속 냉각 변태도

연속 냉각 변태도는 용접 중에 열영향부의 금속조직에 대한 추정에 유용하게 사용될 수 있다.

10.2 용접 야금학(The Metallurgy of Welding)

용융용접의 경우 금속은 다양한 종류의 에너지원에 의해 용융된 후 냉각되면서 응고되어 접합이 이루어진다. 따라서 10.1절에서 다룬 많은 야금학적 현상이 동반된다. 용접열에 의해 영향을 받는 부분은 우선 용융된 후 응고과정을 거치는 용접금속과 용융은 되지 않으나 야금학적인 변화를 겪는 열영향부가 있다. 또한 용접 모재의 특성에 따라 용접금속과 열영향부가 상이한 야금학적 거동이 나타나므로 모재의 특성도 중요하다.

10.2.1 용접금속(Weld Metal)

1) 용접금속의 응고

용접금속은 모재와 용접재료가 함께 용융되어 혼합되는 부분이므로 모재와 성분이 다르다. 또한 모재가 제조되는 과정과는 매우 달라 급냉에 의해 응고되는 조직이므로 모재와는 판이한 특성을 갖게 되는 것이 일반적이다. 용접금속은 모재와 달리 압연과 같은 기계적 변형처리가 가해지지 않은 응고된 조직이다. 따라서 용접금속의 조직이나 기계적 특성은 응고될 때 일어나는 가스 또는 비금속 용융물과 용융금속간의 반응 등에 의해 결정된다.

용접금속이 용융상태에서 응고되는 과정을 관찰해보면 용융되지 않는 모재와의 경계면에서 핵이 생성되어 경계면과 직각방향으로 결정이 빠르게 성장하면서 그림10.15와 같이 셀 형태의 조직이나 가늘고 긴 기둥형태의 덴드라이트(dendrite) 조직을 이룬다. 덴드라이트 조직은 용접의 진행방향에 대해서도 온도분포의 경사와 일치하게 성장한다.

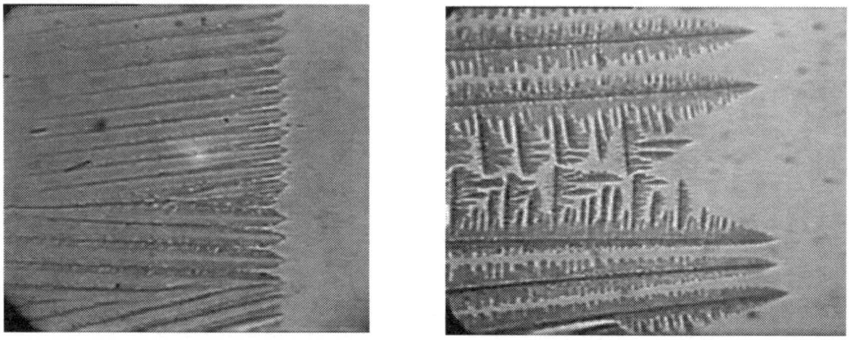

(a) 셀 형태의 성장 (b) 덴드라이트 성장

그림 10.15 용접금속의 응고 형태

2) 가스와 금속의 반응

가스와 금속의 반응은 용접금속 주변의 가스, 즉 산소, 질소 및 수소에 의해 영향을 받는다.

산소는 대기로부터 유입되거나 물 또는 이산화탄소의 분해 시에 생성되어 유입된다. 산소는 철이나 철합금이 고체 상태로 있을 때에는 극히 소량 용해되지만 용융상태가 되면 상당량이 용해된다. 하지만 산소와의 친화력이 큰 원소가 있을 경우는 용해도가 급격히 감소한다. 질소는 주로 대기로부터 유입되며 질화물을 형성하는 금속에는 잘 용해되나 그 외의 금속에서는 거의 용해되지 않는다. 수소는 공기로부터 또는 물, 플럭스, 표면 산화물, 표면의 유기물 등의 분해에 의해 발생하여 유입된다. 용융금속은 고체상태일 때보다 훨씬 많은 수소를 용해시킨다.

산소와 질소는 고온 분위기에서 친화력이 큰 금속들과 급격히 반응하여 산화물 및 질화물을 형성하여 용융지 표면으로 떠올라 슬래그를 형성하거나 용융금속 내에 침전된다.

가스들은 응고과정에서 액상에서 고상으로 변하는 상변화와 온도의 저하에 의해 용해도가 급격히 감소한다. 이 때 금속과 화합물을 형성하지 못한 가스들은 기포를 형성하며 용융금속의 응고속도가 기포의 이동속도보다 빠르게 되면 용접금속 내에 갇혀 기공을 형성하게 된다. 특히 수소는 결정립계에 국부적으로 집적되어 균열을 발생시키는 등 많은 문제점을 야기시킨다.

3) 비금속 용융물과 용융금속의 반응

용접과정에서 형성된 용융 슬래그나 플럭스로부터 만들어진 용융 슬래그는 탈산제나 용융금속 내의 불순물과 결합하여 용융금속 표면으로 떠올라 제거된다. 표면으로 미처 떠오르지 못한 슬래그의 일부는 슬래그 혼입의 결함형태로 용접금속 내에 남는다. 또한 황(S), 납(Pb), 인(P) 등이 함유된 응고점이 낮은 용융 슬래그들은 용융금속의 응고과정에서 덴드라이트 조직 사이에 모여 열간균열(hot crack)을 발생시키기도 한다.

4) 고상상태의 반응

용접금속의 거동에서 상변화, 변태 등의 고상상태의 반응의 가장 중요한 부분은 이 과정이 용접금속이 강성을 갖게 하는 과정이라는 점이다. 고상상태의 반응의 또 한 가지 중요한 부분은 지연균열(delayed crack)이 발생할 수 있는 현상이다. 지연균열은 냉간균열(cold crack)이라고도 하는데 열영향부에서도 발생할 수 있으며 철강재료의 경우 용접열 싸이클 중 마르텐사이트로 변태하는 과정에서 발생하기 쉽다. 지연균열은 수소가 용융금속 중에 남아있는 상태에서 응고되고 이어서 마르텐사이트 변태가 일어날 때 발생한다. 일반적으로 지연균열은 용접부가 상온으로 냉각된 후 발생하며 때로는 용접 종료 후 수 시간에서 수 일 지난 후 발생하기도 한다.

지연균열에 대한 대책으로는 예열을 하는 방법과 저수소계 용접재료를 사용하는 방법이 있다. 예열은 냉각속도를 낮추어 균열에 민감한 조직이 형성되는 것을 방지할 뿐만 아니라 수소의 방출을 용이하게 하여 지연균열의 발생을 방지할 수 있다. 저수소계 용접재료를 사용하는 경우는 흡습을 통한 수소

유입을 막을 수 있도록 반드시 건조한 장소에 보관하고 사용 전에 재건조한 후에 사용하여야 한다.

10.2.2 열영향부(Heat Affected Zone)

용접 열영향부는 용접열로 인해 금속조직, 기계적 성질, 내식성과 같은 특성들이 변화된 모재부로서 철강재료에서는 통상 A_1변태점 이상으로 가열되는 부분을 의미한다. 열영향부의 크기는 용접입열량, 예열온도, 판 두께 등에 따라 다르다.

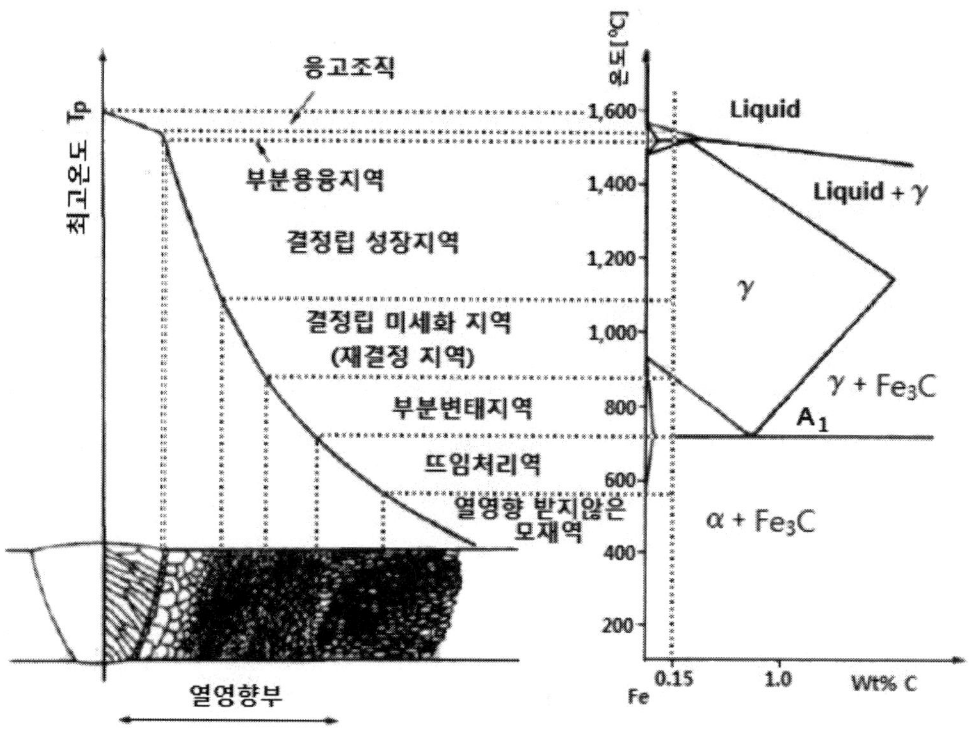

그림 10.16 열영향부의 조직

열영향부는 가열 및 냉각속도가 매우 빠르기 때문에 통상의 열처리 조직과는 매우 다르며 열영향부 내에서도 부위에 따라 특성이 서로 다르다. 그림 10.16은 열영향부에서 용접금속에서 멀어지는 지역마다 형성된 조직이 다름을 보여주고 있다.

10.2.3 모재

모재는 항복 및 인장강도, 인성, 내식성, 밀도 등의 특징들을 고려하여 설계자가 결정한다. 일반적으로 많이 적용되는 금속들은 용접이 잘 되지만 일부 합금은 용접할 때 특별한 주의가 필요한 경우도 있다.

모재를 선정할 때 중요한 기준이 되는 것이 용접성(weldability)이다. 용접성은 재료에 대한 용접의 난이도를 나타내는 성질로서 만족한 접합부를 얻기 위해서 모재에 어떤 용접법을 적용해야 하는지, 또는 용접 이음부가 구조물의 사용목적에 적합한지 여부를 나타내는 정도를 의미한다. 용접성은 재료에 대한 용접 적합성을 의미하지만 보다 의미를 확장하면 용접시공 상의 용접가능성 및 용접 구조물의 안전성 등도 포함한다.

용접성은 접합부의 단면형상, 두께, 접합면의 청정도 등에 영향을 받지만 무엇보다 중요한 요소는 모재의 화학적 조성이다. 임의의 금속으로 용접구조물을 제작할 때 요구 특성을 만족하기 위해서는 용접시공 상의 지켜야 할 제한요소가 있기 마련이다. 어떤 한 재료에 대해 이 제한요소가 작을수록 용접성이 좋은 것이며 제한요소가 많을수록 용접성이 나쁜 것이다. 제한요소가 비정상적으로 많을 경우는 그 재료는 용접적용이 불가능한 재료라고 말한다. 하지만 용접을 적용하지 않고서는 구조물의 제작이 불가능한 경우에는 용접이 불가한 재료라도 엄격한 통제와 엄밀한 검사기준 하에서 용접이 이루어지기도 한다.

Chapter 11

잔류응력과 용접변형 (Residual Stresses and Weld Distortion)

용접은 국부적으로 집중적인 열을 가하여 금속을 용융시킨 후 냉각에 의해 응고되어 접합되는 공정이다. 따라서 용접되는 구조 부재는 국부적으로 급속한 열팽창 및 수축이 일어나게 된다. 그러나 열이 국부적으로 가해짐으로 인해 열원에서 떨어져 있는 부위나 또는 자유로운 열팽창 및 수축을 방해하는 부재에 의해 열팽창 및 수축이 구속되어 용접종료 후에는 부재에 응력이 잔류하게 되고 동시에 수축을 동반한 변형을 일으키게 된다. 이것이 용접잔류응력과 용접변형이다.

잔류응력은 용착금속이나 모재의 균열 등의 원인이 되고 구조물의 강도에 악영향을 미친다. 수축이나 변형은 외관 뿐 만 아니라 치수를 변화시켜 재료의 성능 및 강도를 저하시킨다.

11.1 잔류응력(Residual Stresses)

11.1.1 잔류응력의 발생기구

부재에 외력이 가해지면 부재 내부에는 응력이 발생하며 외력이 제거되면 부재 내부의 응력도 사라진다. 하지만 외부에서 가해지는 하중이 없음에도 불구하고 부재 내부에 응력이 존재하는 경우 이를 잔류응력이라고 한다. 잔류응력은 내부응력, 고유응력, 초기응력 등으로도 부른다.

그림 11.1에서 무응력 상태에 있는 3개의 기둥 중 두 부분으로 떨어져 있는 중앙 기둥을 강제로 늘려서 가운데를 접합시켰다면 중앙 기둥 내부에는 원래 상태로 돌아가려는 힘으로 인해 인장응력을 받게 된다. 반면 가장자리의 두 기둥은 중앙 기둥의 접합으로 인해 압축응력을 받게 된다. 그림 11.1의 오른 쪽 그림에서 중앙 기둥을 가열 후 냉각을 하는 경우도 가운데 그림과 유사한 응력상태가 된다.

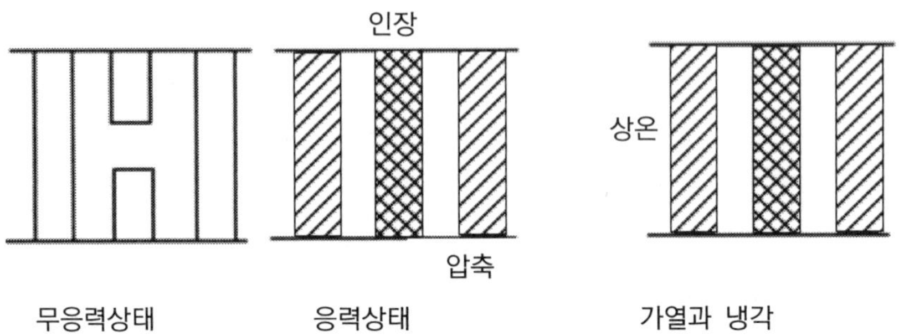

그림 11.1 잔류응력

우선 가열과정에서는 중앙 기둥은 팽창하려고 하지만 주위의 기둥으로 인해 팽창을 방해받으므로 압축응력을 받고 가장자리 기둥은 팽창하려는 중앙 기둥으로 인해 인장응력을 받는다. 냉각과정에서는 중앙 기둥은 수축하려하지만 주위의 기둥에 의해 방해를 받으므로 인장응력을 받고 주위의 기둥은 수축하려는 중앙 기둥에 의해 압축응력을 받는 결과가 생긴다. 그림 11.1의 가운데와 오른 쪽 그림의 기둥들은 외력이 없는데도 응력이 존재하는 상태이므로 모두 잔류응력에 속한다. 잔류응력이 존재하는 경우에도 외력은 없으므로 식(11.1) 및 식(11.2)와 같이 모든 잔류응력의 합 및 잔류응력에 의한 모멘트의 합은 0이 된다.

$$\int \sigma dA = 0 \tag{11.1}$$

$$\int dM = 0 \tag{11.2}$$

잔류응력이 발생하는 원리를 이해하기 위해 그림 11.2의 세 기둥 모델에 대해 보다 자세히 살펴보기로 하자. 단, 이 모델에서는 항복 후에 재료에 가공경화는 없으며 부재에 생기는 응력은 항복응력보다 크지는 않다고 가정한다.

1) A–B 직선

0℃에서 출발하여 180℃까지 중앙 기둥을 가열하는 과정이다. 이 과정 동안 중앙 기둥은 탄성적인 팽창을 하려고 하지만 주위의 기둥에 의해 팽창을 방해받아 조금 팽창하는데 그친다. 따라서 중앙 기둥은 압축응력을 받고 주위 기둥은 중앙 기둥과 함께 약간 팽창하므로 인장응력을 받는다.

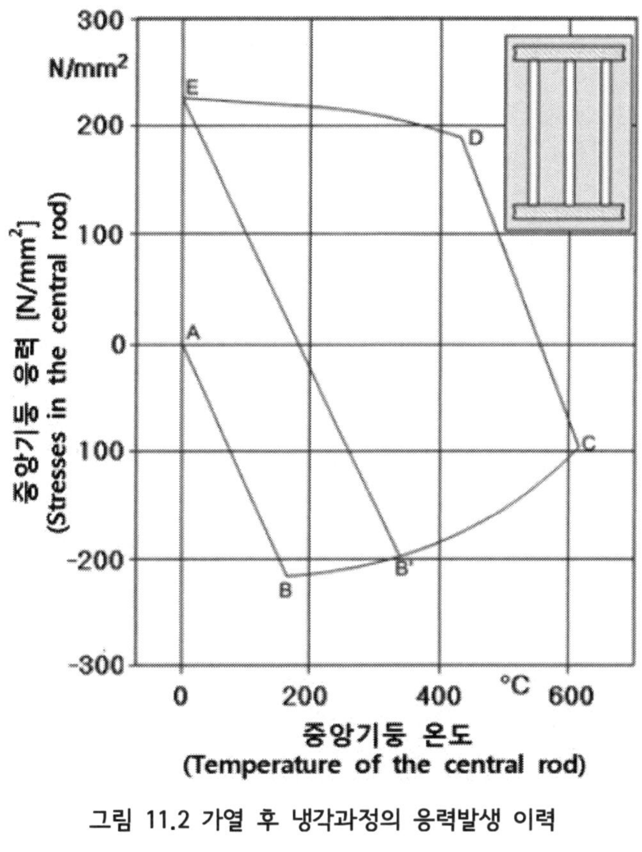

그림 11.2 가열 후 냉각과정의 응력발생 이력

2) B-C 곡선

180℃를 넘어 610℃까지 계속 가열하는 과정이다. 이 과정에서는 중앙 기둥의 압축응력이 항복점에 도달하게 된다. 항복응력 이상에서는 압축변형은 소성압축변형으로 된다. 지속적인 가열에 의해 항복점은 점점 낮아지고(그림 11.3 참조) 따라서 압축응력은 줄어들지만 소성압축변형은 더욱 크게 일어난다.

3) C-D 직선

610℃에서 420℃까지 냉각되는 과정이다. 이 과정의 초기에서는 중앙 기둥이 냉각에 의해 팽창이 줄기 때문에 압축변형도 줄어들고 따라서 압축응력이 감소한다. 냉각과정이 계속되면 중앙 기둥에서는 팽창에서 수축변형이 일어나는 상태로 바뀌게 되며 주위 기둥에 의해 수축이 방해를 받게 되어 압축응력은 인장응력으로 변하게 되며 수축변형이 커짐에 따라 인장응력도 증가한다.

4) D-E곡선

420℃를 지나 0℃까지 냉각되는 과정이다. 이 과정에서는 인장응력이 항복점에 도달하여 소성인장변형이 발생한다. 지속적인 냉각에 의해 항복점은 높아지고 인장응력도 그에 따라 계속 증가한다. 소성인장변형은 계속 발생한다.

5) E지점

냉각에 의해 초기온도로 돌아온 지점에서 중앙 기둥에는 230 N/mm^2의 인장잔류응력이 있는 상태가 된다.
그림 11.3은 대표적인 탄소강의 온도에 따른 기계적 특성치의 변화를 보여준다. 여기에서 R_m은 인장강도, R_e는 항복점, E는 영계수(Young's modulus), ε는 변형도를 나타낸다.

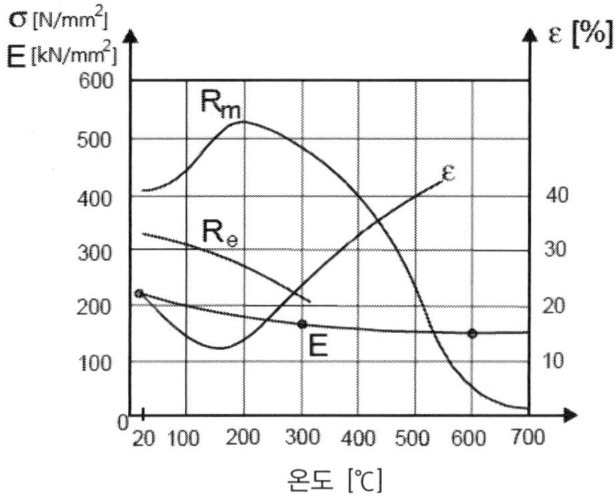

그림 11.3 탄소강의 온도에 따른 기계적 특성치의 변화

11.1.2 용접잔류응력

용접잔류응력은 국부적인 가열에 의해 발생한다. 용접잔류응력은 취성파괴(brittle fracture), 피로파괴(fatigue) 및 응력부식균열 발생(stress corrosion cracking)을 야기하는데 큰 영향을 미친다. 용접 시 가열과정에서는 열응력이 발생되지만 냉각과정에서 용접잔류응력으로 부재에 남게 된다.

1) 맞대기 용접의 횡방향 잔류응력 (Transverse Residual Stresses in a Butt Welding)

그림 11.4의 오른 쪽 부분과 같은 맞대기 용접에서 용접열에 해당되는 부분을 두 부재의 접합면에 가하고 접합을 하지 않았다고 가정하면 열이 가해진 접합면은 수축하고 열이 가해지지 않은 반대면은 수축하지 않아 각 부재는 그림 11.4의 왼쪽 그림과 같은 상태로 변형되어 있을 것이다.

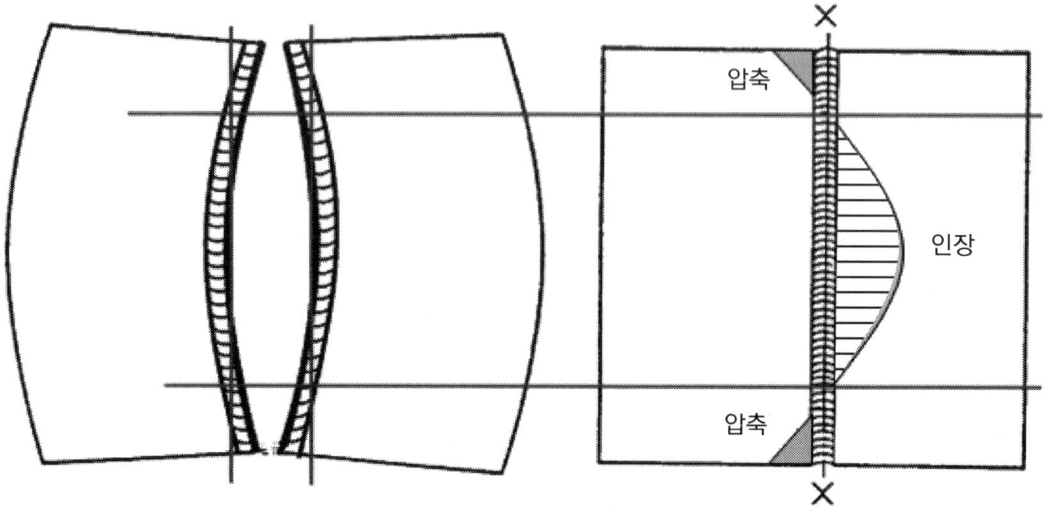

그림 11.4 맞대기 용접 시 횡방향 잔류응력의 발생기구

이러한 변형상태를 그림 11.4의 오른 쪽 그림과 같이 접합하였기 때문에 잔류응력의 분포는 원래상태로 돌아가려는 방향으로 응력이 분포하게 되어 용접부의 가장자리는 압축잔류응력, 용접부 가운데 부분은 인장잔류응력이 존재하게 된다. 그리고 그림 11.4의 오른 쪽 그림과 같이 잔류응력의 크기는 압축응력은 가장자리로 갈수록, 인장응력은 중심부로 갈수록 더 커진다.

2) 맞대기 용접의 종방향 잔류응력 (Longitudinal Residual Stresses in a Butt Welding)

그림 11.5의 모델은 맞대기 용접 시 용접선 방향을 X축, 용접선과 수직인 방향을 Y축이라 할 때 용접이 진행되는 동안 온도와 종방향 응력 σ_X 의 변화를 보여주는 그림이다. 속도 v로 이동하는 용접아크가 O점에 위치할 때 각 단면에서의 온도 및 종방향 응력의 변화는 다음과 같다.

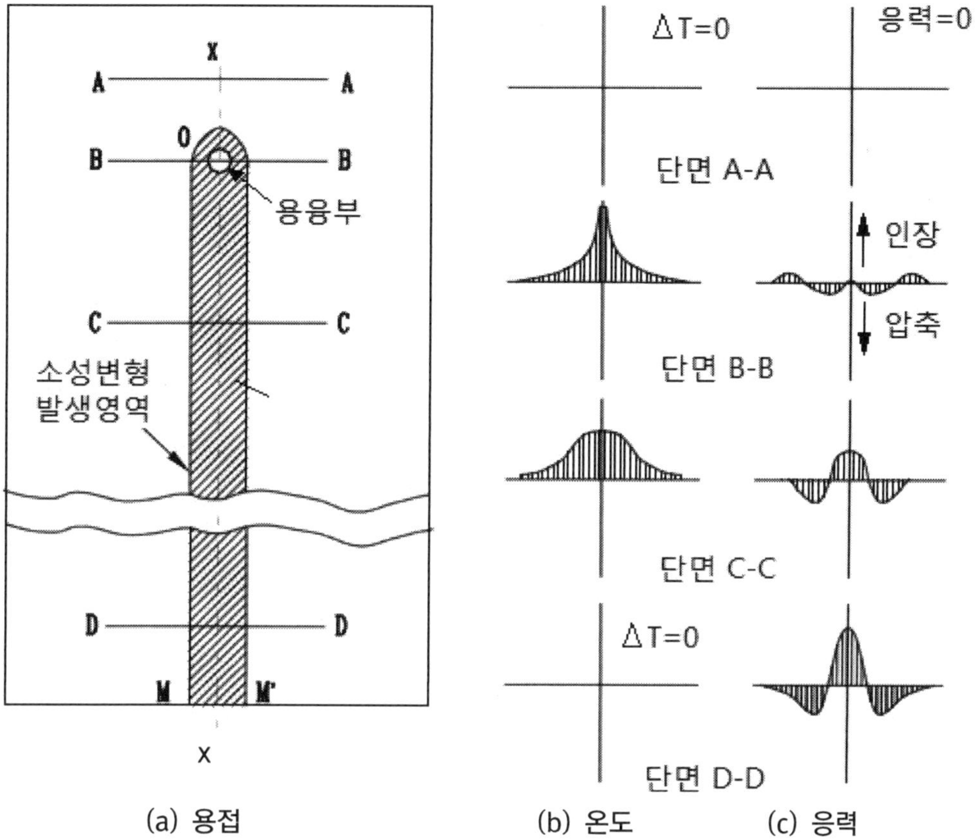

그림 11.5 맞대기 용접 시 종방향 잔류응력의 형성과정

(1) A-A 단면

A-A 단면은 용접열이 아직 전달되지 않은 상태여서 온도변화와 응력상태가 모두 0인 상태이다.

(2) B-B 단면

B-B 단면은 아크열에 의해 용융된 부분을 지나가는 단면이다. 이 단면의

중앙부는 용융된 상태이므로 온도는 용융온도 이상이 되고 응력은 0상태이다. 그러나 열영향을 받는 가장자리는 열팽창이 주위의 저온상태의 금속에 의해 구속되므로 압축응력이 발생한다. 아크에 인접할수록 부재온도가 높아 항복점이 낮아지므로 압축응력도 작아진다. 아크에서 멀어질수록 압축응력은 증가하지만 온도가 계속 낮아짐에 따라 열팽창이 줄어들어 압축응력도 다시 감소한다. 아크에서 더 멀리 떨어진 지점에서는 힘의 평형원리에 따라 열영향부의 압축응력을 상쇄하는 인장응력이 존재하게 된다.

(3) C-C 단면

C-C 단면에서는 용접금속과 열영향부가 모두 냉각되어 수축하려는 상태여서 인장응력이 발생한다. 열영향부보다 더 떨어진 지역에서는 인장응력을 상쇄하기 위한 압축응력이 존재한다.

(4) D-D 단면

상온 상태에 있는 D-D 단면에서는 용접금속과 열영향부는 수축을 구속받는 상태에 있으므로 강한 인장응력이 존재하고 그 외부는 힘의 평형에 의한 압축상태에 있다.

11.1.3 용접이음부의 잔류응력 분포

용접잔류응력은 모든 용접이음부에서 필연적으로 발생하지만 이음부에 따라 발생하는 용접잔류응력의 분포는 서로 다르다. 또한 같은 용접이음부에서도 종방향과 횡방향의 잔류응력이 종단면 및 횡단면에 따라 서로 상이한 상태로 분포한다. 따라서 이러한 잔류응력의 분포를 파악하여 이로 인한 문제점이 발생할 가능성에 대비하여야 한다.

1) 맞대기 용접부

맞대기 용접부의 용접잔류응력 분포는 동일 평면 내에서 횡방향 및 종방향 구속조건이 주어지므로 비교적 간단하다. 그림 11.6은 맞대기 용접부의 용접선 방향인 x-x단면과 용접선과 수직인 y-y단면에 따라서 횡방향 잔류응력과 종방향 잔류응력의 분포를 나타낸 그림이다.

2) 필릿 용접부

필릿 용접부의 경우는 맞대기 용접부와 유사한 구속상태를 갖는 수평판 위에 수직판이 용접되는 상태이므로 맞대기 용접부보다는 약간 복잡한 형상의 잔류응력 분포를 갖는다. 그림 11.7은 필릿 용접부의 잔류응력 분포를 나타낸다.

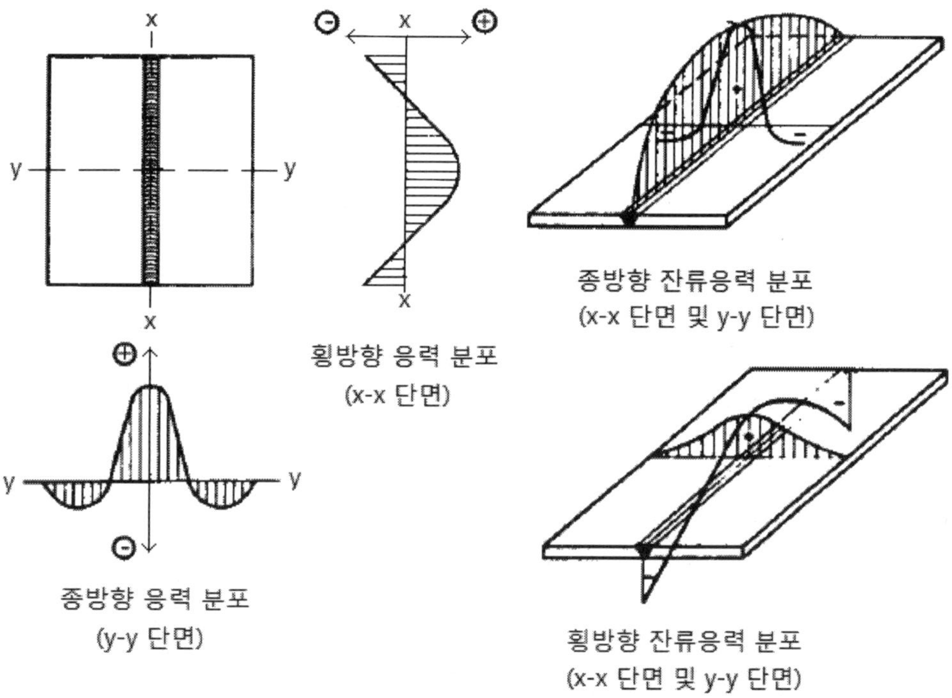

그림 11.6 맞대기 용접부의 잔류응력 분포

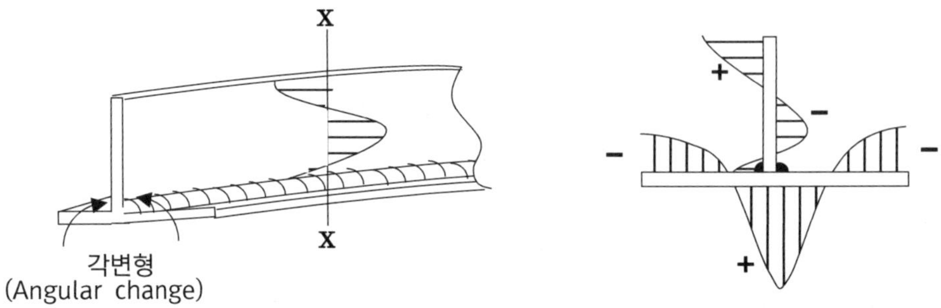

그림 11.7 필릿 용접부의 잔류응력 분포

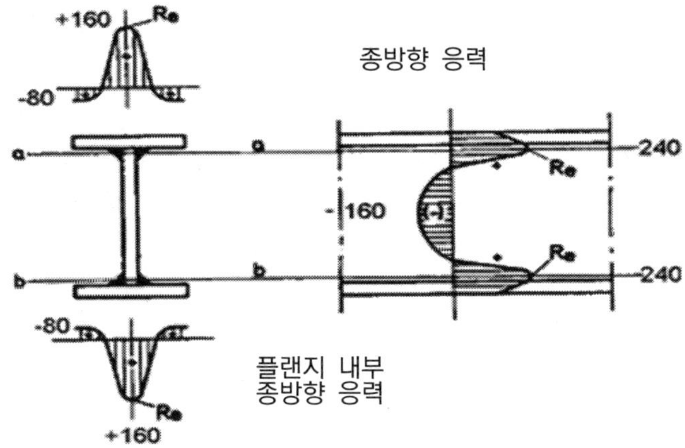

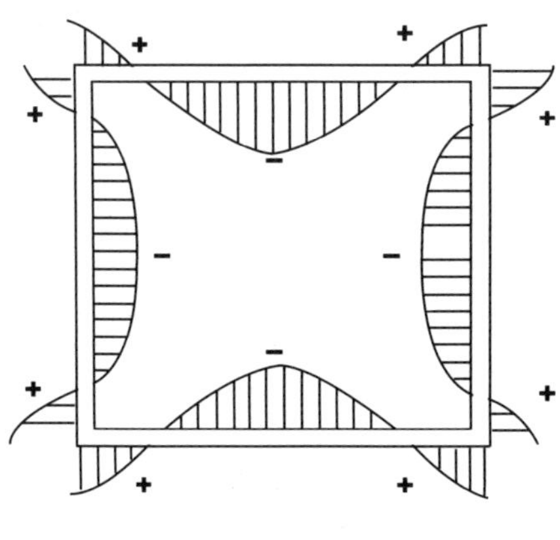

그림 11.8
I형 및 박스형 용접 구조물의 잔류응력 분포

3) 다른 용접구조물의 잔류응력 분포

맞대기 용접부와 필릿 용접부 외에 실제 용접 구조물은 대단히 다양하고 복잡한 형상을 가지며 그 경우의 잔류응력 분포는 대단히 복잡한 양태를 갖는다. 그림 11.8은 용접구조물 중 단순하면서도 많이 제작되는 I 또는 H형 구조물과 박스형 구조물에 대한 잔류응력 분포를 보여준다.

11.1.4 용접잔류응력의 측정

용접잔류응력은 열탄소성 해석을 통한 이론적인 방법으로 추정이 가능하지만 용접부재의 형상이나 재질, 용접조건, 구속조건 등에서 편차가 많아 정확한 추정은 매우 어렵다. 따라서 직접적인 측정을 통해 잔류응력의 크기와 분포를 구하는 방법이 많이 사용된다. 잔류응력 측정법은 크게 비파괴 시험과 파괴 시험의 두 가지로 구분된다.

1) 비파괴 시험(Non-destructive Tests)

이 방법은 X-선 회절법을 이용하여 용접구조물에 손상을 주지 않고 잔류응력을 측정하는 방법이다. 금속의 원자는 일정 형태로 배열된 결정구조로 되어 있는데 외력이 작용하면 그림 11.9의 왼쪽 그림과 같이 원자 상호간의 거리가 커지게 된다. 이 때 X-선 회절법을 이용하여 금속 원자 간의 거리를 측정하면 응력을 알 수 있다. 이 방법은 표면에서 0.01 mm 깊이 내의 표면응력밖에 측정할 수 없지만 최대응력이 대부분 표면에 존재하므로 중요한 가치가 있다. 또한 응력분포가 불균일할 때에도 표면의 국소지역의 응력을 측정할 수 있는 장점이 있다.

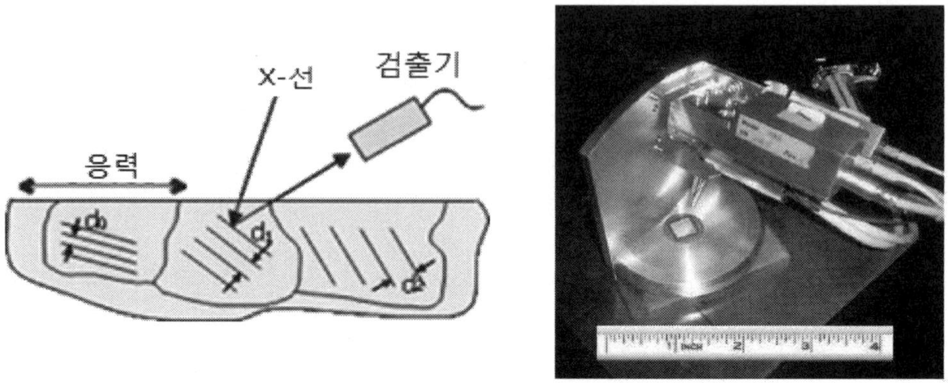

그림 11.9 X-선 회절법을 이용한 잔류응력 측정 원리와 잔류응력 측정기

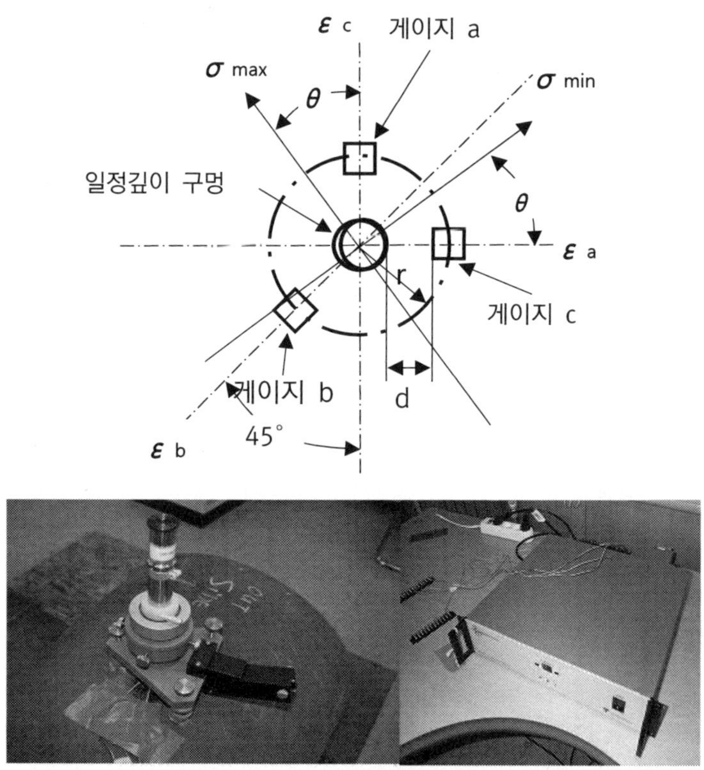

그림 11.10 홀 드릴링 잔류응력 측정 방법의 원리와 측정 장비

2) 파괴 시험(Destructive Tests)

파괴 시험은 측정 대상 구조물에 스트레인 게이지를 부착하고 구조물의 일부를 절단 또는 잘라 내거나 스트레인 게이지 사이에 구멍을 뚫어 그때 발생하는 응력이완에 의해 나타나는 스트레인을 측정하여 응력의 크기를 측정하는 방법이다. 이 방법은 구조물의 일부가 손상되는 단점이 있고 시간이 많이 소요되는 단점이 있지만 비교적 정확한 응력을 측정할 수 있기 때문에 용접잔류응력 측정에 널리 사용되는 방법이다. 그림 11.10은 원주 상에 3개의 스트레인 게이지를 부착하고 원 중심에 구멍을 뚫어 잔류응력을 측정하는 홀드릴링 잔류응력 측정법(Hole drilling method)의 원리와 측정장비를 보여주고 있다.

11.2 용접변형(Weld Distortion)

11.2.1 용접변형의 발생기구

용접에 의해 용접부위는 수축이 일어나며 단면의 중심축(중립축)에서 떨어져 있으면 각변형이 일어난다. 용접변형의 발생은 용접잔류응력의 발생과는 그림 11.11과 같이 서로 상반된 관계에 있다. 즉, 박판부재의 용접의 경우와 같이 용접변형이 많이 발생하는 경우 상대적으로 용접잔류응력은 작게 되며 후판부재의 용접 시에는 용접변형이 작은 반면 용접잔류응력이 크게 된다.

용접변형은 횡수축(transverse shrinkage), 종수축(longitudinal shrinkage), 각변형(angular change), 종굽힘 변형(longitudinal distortion) 및 좌굴변형(buckling distortion)으로 구분된다.

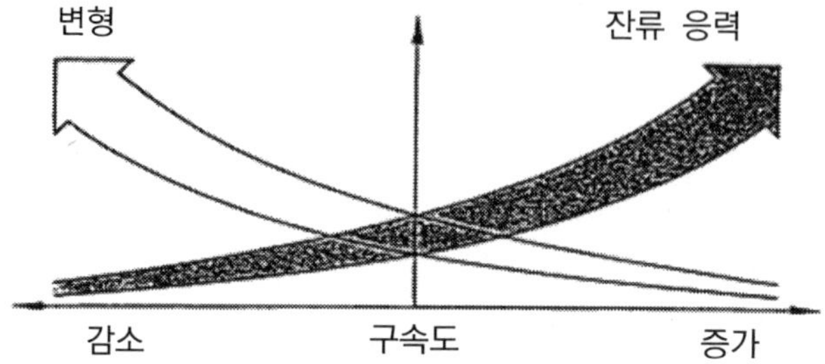

그림 11.11 용접잔류응력과 용접변형의 관계

11.2.2 횡수축(Transverse Shrinkage)

횡수축은 그림 11.12와 같이 용접선에 직각인 방향의 수축이다. 횡수축은 용착량이 많고 열영향부가 클수록 더 크다. 필릿용접의 경우는 수직판에 의한 구속효과가 있어 맞대기용접의 경우보다 횡수축이 작게 나타난다. 일반적으로 횡수축량은 1 m의 용접길이당 필릿 용접부의 경우는 0.1~0.4 mm, 맞대기 용접부의 경우는 0.6~3.3 mm정도이다.

맞대기용접에서 용접선의 길이가 긴 경우에는 횡수축량이 불균일하게 발생하여 용접되지 않은 부분이 그림 11.13과 같이 회전하는 변형이 발생한다. SMAW와 같이 입열량이 작은 용접법을 적용하는 경우는 용접되지 않은 부분은 닫히고

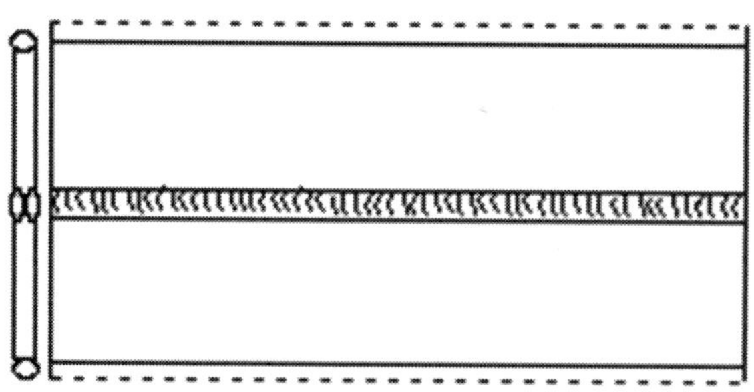

그림 11.12 용접에 의한 횡수축

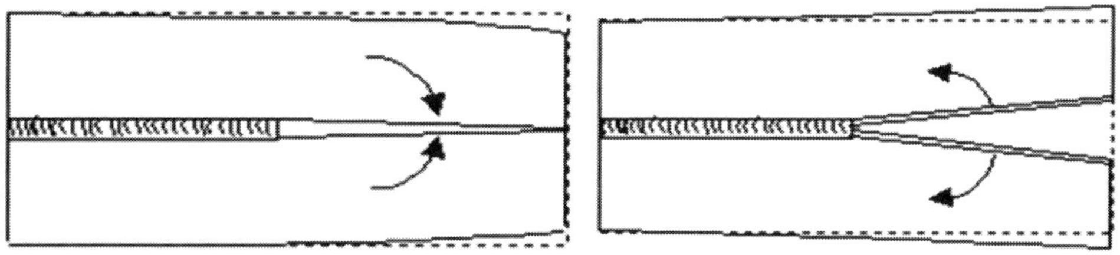

(a) SMAW 경우 용접되지 않은 부분의 회전변형 (b) SAW 경우 용접되지 않은 부분의 회전변형

11.13 긴 맞대기 용접부의 회전변형

GMAW 또는 SAW와 같이 입열량이 큰 용접법을 적용하는 경우는 용접되지 않은 부분이 벌어진다. 따라서 SAW를 적용할 때에는 용접 중에 용접이음부가 벌어지는 것을 방지하기 위해 용접종료부에 탭플레이트를 부착하는 것이 바람직하다.

11.2.3 종수축(Longitudinal Shrinkage)

종수축은 그림 11.14에서 볼 수 있는 바와 같이 용접선 방향의 수축이며 종방향 잔류응력에 의해 생긴다. 종수축은 두꺼운 부재일수록 그리고 용접부가 중립축에 가까이 위치할수록 작게 생긴다. 종수축량은 횡수축보다 일반적으로 매우 작으며 맞대기 용접부와 필릿 용접부에서 거의 비슷하다. 종수축량은 용접금속과 모재의 단면적의 비에 따라 표 11.1과 같이 추정할 수 있다.

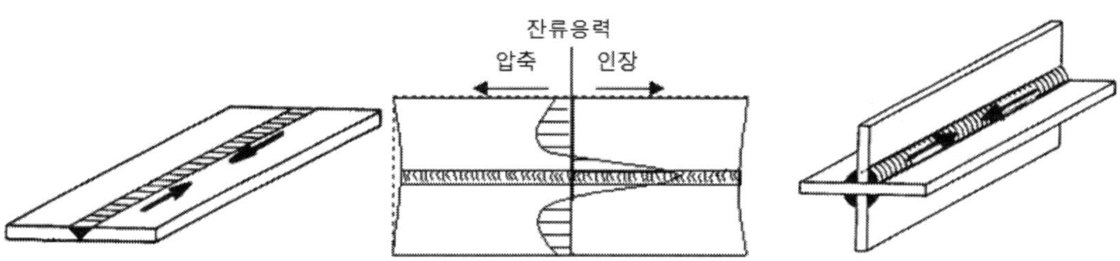

그림 11.14 종수축

표 11.1 종수축량

용접금속과 모재의 단면적 비	종수축량 [mm/m weld]
〉 1 : 150	0.1
≒ 1 : 80	0.3
〈 1 : 50	0.1

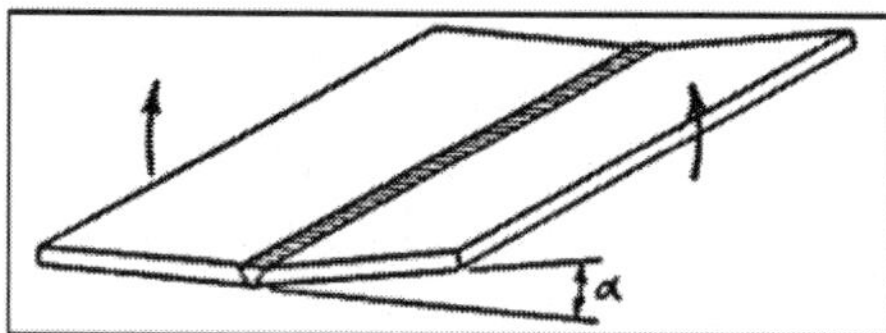

용접부 단면	용접법	수축각 α
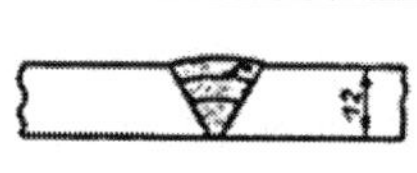	SMAW 3층용접	1°
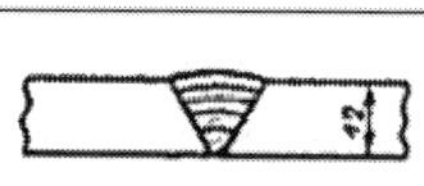	SMAW 5층용접	3½°
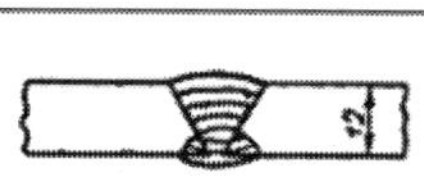	SMAW 5층용접, 루트패스 가우징, 이면 3층용접	0°
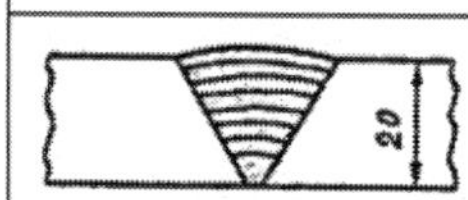	SMAW 넓은 비드로 8층용접,	7°
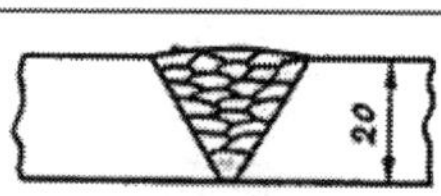	SMAW 22패스로 8층용접	13°
	아래쪽 1/3은 SMAW로 4층용접, 위쪽 2/3는 SAW로 1층용접	2°

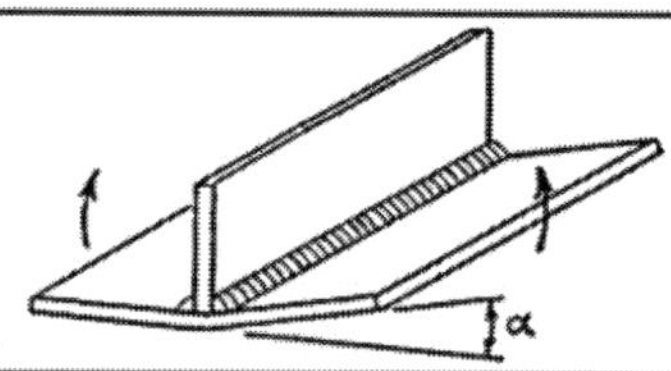

용접부 단면	용접법	수축각 α
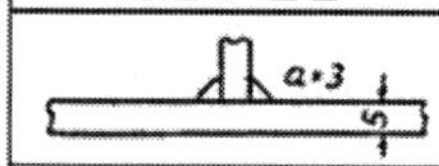	PA자세로 SMAW 1층용접	3°
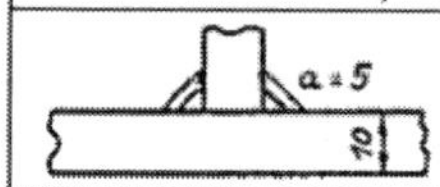	PA자세로 SMAW 2층용접	3°
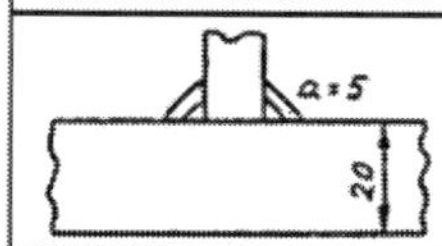	PA자세로 SMAW 2층용접	1°
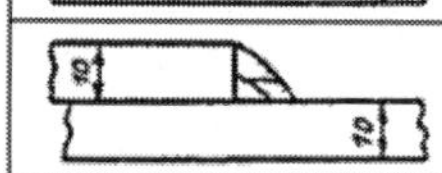	PA자세로 SMAW 2층용접	2°
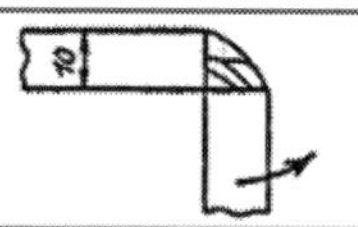	PA자세로 SMAW 3층용접	1½°
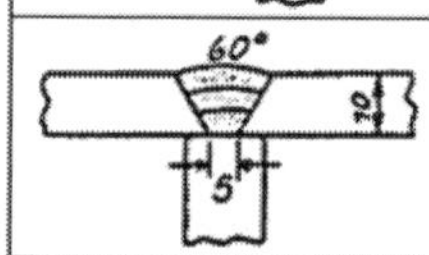	PA자세로 SMAW 3층용접	1°

그림 11.15 맞대기 용접 및 필릿 용접의 각변형량

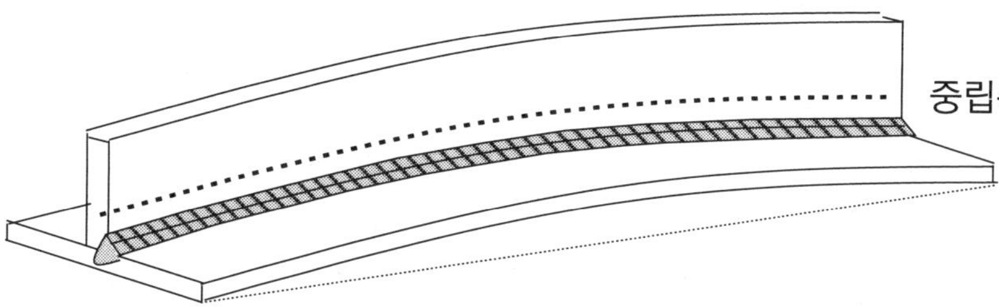

그림 11.16 종굽힘변형

11.2.4 각변형(Angular Change)

각변형은 그림 11.15와 같이 용접부를 중심으로 용접선에 직각인 방향으로 절곡되는 변형으로 횡굽힘 변형(transverse distortion)이라고도 한다. 각변형은 열이 가해지는 표면에서의 수축량이 이면의 수축량보다 크기 때문에 발생한다. 박판의 경우에는 판두께 방향으로 온도차가 적어 각변화량은 작고 판두께가 증가하면 각변형량은 증가한다. 하지만 판두께가 어느 수준을 넘어가면 모재의 구속력에 의해 각변화량은 오히려 줄어든다. 그림 11.15에는 다양한 부재두께와 여러 종류의 이음부에 대한 용접 시의 각변형량이 나와 있다.

11.2.5 종굽힘변형(Longitudinal Distortion)

종굽힘변형은 그림 11.16과 같이 용접선 방향으로 휘어지는 변형이다. 이 변형은 용접부의 위치가 이음부 단면의 중립축과 일치하지 않는 경우 용착금속의 종수축력에 의한 굽힘모멘트로 인해 생긴다. T형과 같은 조립 거더의 경우 발생하기 쉽다.

11.2.6 좌굴변형(Buckling Distortion)

얇은 판의 양단부에 압축력이 가해지면 판은 압축변형에서 굽힘변형으로 급격

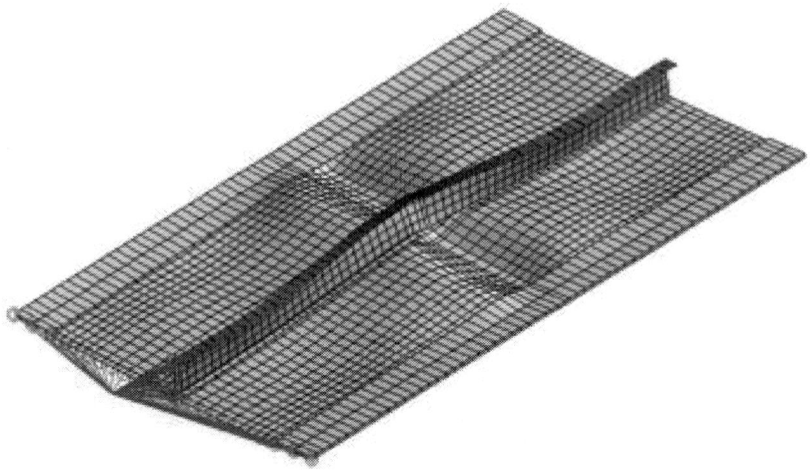

그림 11.17 좌굴변형

히 변한다. 이와 같이 한 변형양식에서 다른 변형양식으로 급격히 변하는 것을 좌굴이라고 한다. 그림 11.17은 패널구조의 좌굴 변형을 보여주고 있다. 선박의 갑판과 같은 패널 구조물이나 기둥이나 교량과 같은 길이가 긴 구조물은 초기의 재료 고유의 비틀림이나 용접 수축량의 불균형에 의해서 좌굴변형이 발생하기 쉽다.

11.3 잔류응력과 용접변형의 감소 및 제어 (Reduction and Control of Residual Stresses and Weld Distortion)

잔류응력과 용접변형은 용접에 따른 열변형에 의해 야기되는 것이므로 용접량을 줄이면 잔류응력과 용접변형 모두를 감소시킬 수 있다. 이를테면 V-그루브 대신 U-그루브를 사용하고 V-그루브에서도 토치의 접근이나 용접품질에 문제를 일으키지 않는 범위 내에서 가급적 그루브 각이나 루트 간격을 줄이면 용착량을 줄일 수 있다. 이러한 기본적인 방법 이외에도 잔류응력과 변형을 줄일 수 있는 다양한 방법이 있다.

11.3.1 잔류응력의 감소

잔류응력은 피할 수 없는 현상이지만 균열이나 특히 취성파괴를 야기할 수 있는 만큼 가능한 한 잔류응력을 감소 또는 제거시켜야 한다. 잔류응력을 감소시키는 방법은 예열, 용접 후 응력완화법, 기계적 응력완화법 등이 있다.

1) 예열(Preheating)

예열은 잔류응력과 용접변형을 감소시키는 방법으로 가장 널리 이용된다. 예열은 온도변화율을 감소시켜 잔류응력과 변형을 감소시킬 뿐 아니라 용접금속과 열영향부의 균열 발생을 감소시킨다.

2) 용접후열처리(Postweld Heat Treatment)

용접후열처리는 잔류응력을 완화시키는 최선의 방법이다. 후열처리동안 영계수와 항복점이 낮아지므로 인장응력은 소성에 의해 완화되고 압축응력은 풀어진다. 응력완화를 위한 후열처리는 탄소강의 경우 통상 580~680℃로 가열한다.

3) 기계적 응력완화법

후열처리 외에도 해머를 두드리는 방법, 진동을 가하는 방법, 작절한 외력을 가하는 방법 등의 기계적인 방법으로 잔류응력을 완화시킬 수 있다.

11.3.2 용접변형의 방지

용접변형은 일단 발생하면 교정하기가 쉽지 않고 교정할 수 있다고 하더라도 많은 노력과 시간을 필요로 한다. 따라서 용접변형은 용접구조물의 설계 단계에서부터 최소화되도록 구조 및 이음부 설계를 하는 것이 바람직하다.

■ 용접변형을 방지하기 위한 주요 고려사항은 다음과 같다.

① 용접길이와 용착량이 작은 구조 및 이음부를 택한다.
② 용접변형이 중시될 때는 구속을 크게 하고 잔류응력이 문제가 되면 구속을 작게 한다.
③ 가능한 한 패스 수를 줄인다.
④ 용접시간을 줄인다.
⑤ 용접부를 중립축 가까이에 둔다(그림 11.18 참조).
⑥ 중립축에 대해 용접부가 균형되게 배치한다(그림 11.19 참조).
⑦ 플랜지 용접의 경우 두꺼운 부재를 피하고 얇은 부재를 여러 겹으로 용접한다(그림 11.20 참조).
⑧ 용접 전에 스트롱백, 클램프 및 기타 치구로 변형이 일어나지 않도록 고정한다(그림 11.21 참조).

그림 11.18 중립축에 위치한 용접부

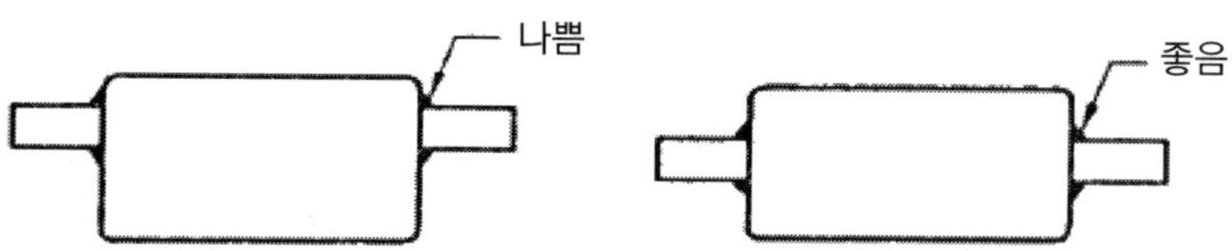

그림 11.19 중립축에 대해 균형되게 배치된 용접부

⑨ 용접변형을 예측하여 역변형을 준 상태에서 용접한다(그림 11.22 참조).
⑩ 소조립 구조물을 먼저 용접한 후 최종 조립구조물을 용접한다.
⑪ 가능한 한 용접선을 교차하지 않도록 한다.

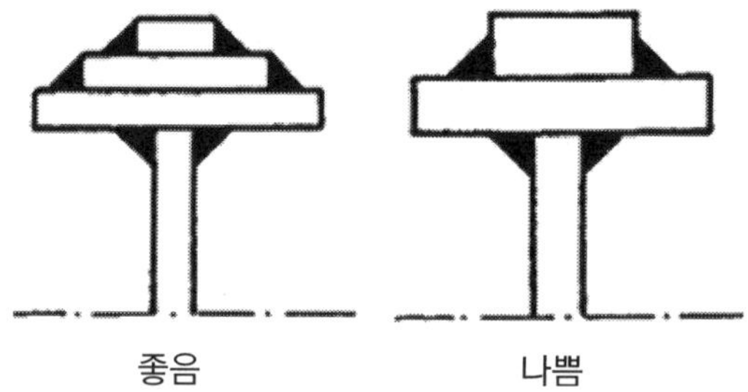

그림 11.20 플랜지에 두꺼운 판재의 용접을 피함

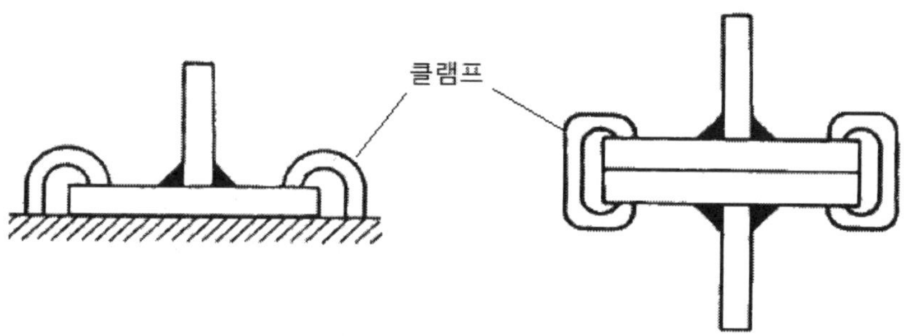

그림 11.21 용접변형 방지를 위한 클램프 사용

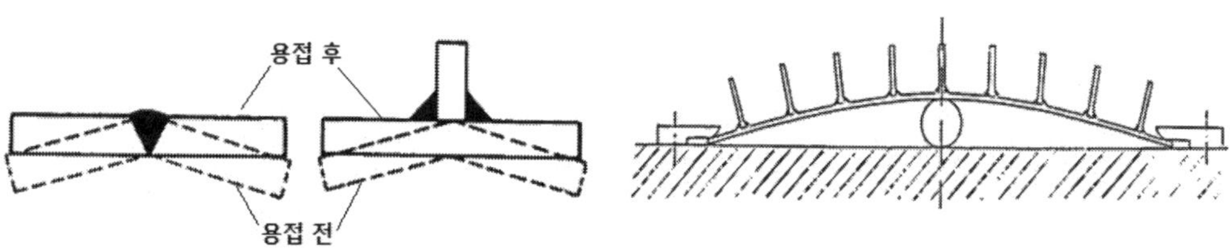

그림 11.22 역변형 사용

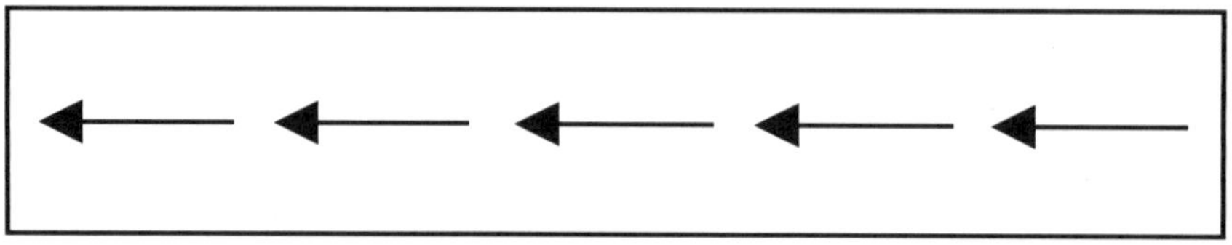

그림 11.23 백스텝 용접

⑫ 용접 중이나 용접종료 후 피닝(peening) 또는 후열처리를 통해 수축력을 제거한다.

⑬ 백스텝(back step) 용접법을 이용한다(그림 11.23 참조).

11.3.3 용접순서(Welding Sequence)

용접구조물의 형태나 이음부 형상에 따라 적절한 용접순서를 택하면 잔류응력이나 용접변형을 줄일 수 있다. 잔류응력과 용접변형이 생기는 조건이 상반되는 경우가 있으므로 잔류응력과 용접변형 중 어느 부분을 우선 고려할 것인가를 정한 후 용접순서를 정한다.

1) 잔류응력 최소화를 위한 용접순서

① 각 부재가 가능한 한 자유롭게 수축되도록 순서를 정한다.

② 구속이 강한 부분보다 약한 부분을 먼저 용접한다.

③ 중심부에서 외곽방향으로 대칭으로 용접한다.

④ 구속이 강한 부분보다 약한 부분을 먼저 용접한다.

⑤ 필릿용접보다 맞대기용접을 먼저한다.

⑥ 긴 종방향 맞대기 용접부보다 짧은 맞대기 용접부를 먼저 용접한다.

⑦ 원주 용접부보다 종방향 용접부를 먼저 용접한다.

⑧ 압축응력이 작용하는 용접부보다 인장응력이 작용하는 용접부를 먼저 용접한다.

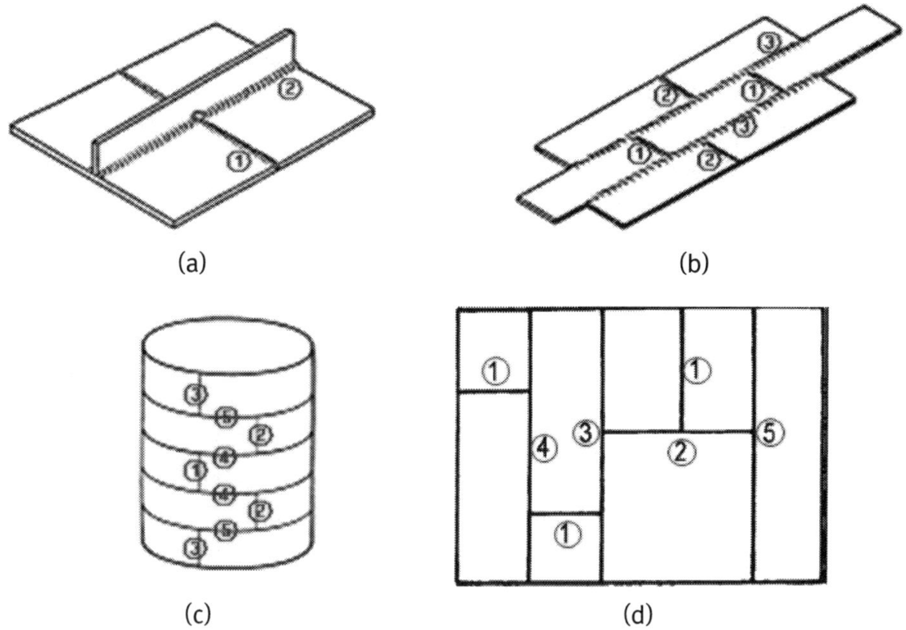

그림 11.24 잔류응력 최소화를 위한 용접순서

이상의 용접순서를 정하는 원칙에 따라 여러 가지 용접구조물에 대한 용접순서는 그림 11.24와 같다.

2) 용접변형 최소화를 위한 용접순서

① 구속이 강한 부분을 먼저 용접한다.
② 가장자리에서 중심부 방향으로 용접한다.
③ 필릿용접보다 맞대기용접을 먼저한다.
④ 압축응력이 작용하는 용접부보다 인장응력이 작용하는 용접부를 먼저 용접한다.

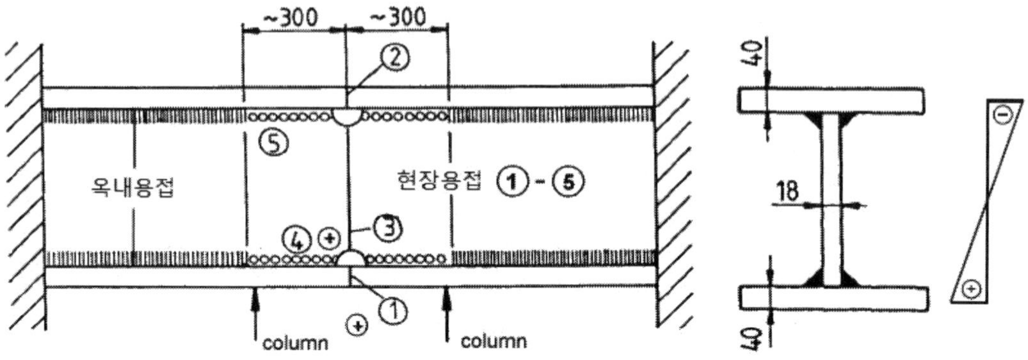

그림 11.25 용접변형 최소화를 위한 용접순서

그림 11.25와 같은 웹거더의 용접의 경우 위의 원칙에 따라 용접순서를 정하면 다음과 같다.

(1) 옥내용접

플렌지와 웹 사이의 용접은 현장용접 전에 그림 11.25에서 볼 수 있는 바와 같이 약 300 mm 정도를 남겨놓고 용접한다. 그 이유는 현장용접 시 이음부를 잘 일치시킬 수 있고 현장용접 후에도 잔류응력이 균일하게 분포될 수 있기 때문이다.

(2) 현장용접

㉮ 원칙 ③과 ④에 따라 그림 11.25에서 맞대기 용접부인 플랜지의 맞대기 이음부 중 인장응력 상태인 용접부 ①을 먼저하고 그 후 압축응력 상태인 용접부 ②를 용접한다.

㉯ 맞대기 용접부인 웹 용접부 ③을 용접한다.

㉰ 필릿 용접부 중 인장응력 상태인 용접부 ④를 용접하고 그 후 압축응력 상태인 용접부 ⑤를 용접한다.

다음의 양면 V-그루브 용접은 선박 및 해양구조물의 후판용접에 널리 적용되는 사례이다.

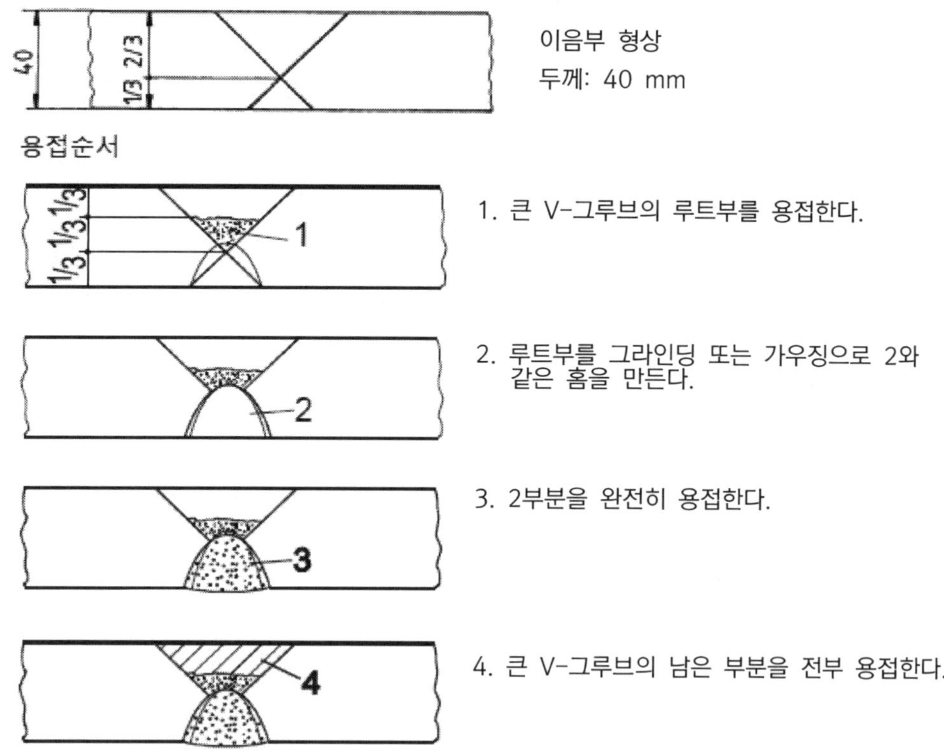

그림 11.26 용접변형 최소화를 위한 양면 V-그루브 용접순서

Chapter 12

용접기호 (Welding Symbols)

용접기호는 용접용 도면에 쓰이는 기호로 구조물이나 기계의 제작에 필요한 용접작업의 종류나 양식 등을 도면의 필요 부분에 간단하고 명확하게 표시하기 위해 사용하는 기호이다. 용접기호는 용접의 종류, 그루브 형상, 치수, 공장용접과 현장용접의 구별 등을 표시하며 용접기호의 종류와 표시방법은 KS B 0052에 규격화되어 있고 세계적으로 동일하게 사용된다.

12.1 용접기호 기초 (Fundamentals of Welding Symbols)

용접기호는 그림 12.1과 같이 기선과 화살표 및 꼬리로 구성되어 있는 설명선으로 나타낸다. 기선은 통상 수평선으로 나타내며 화살표는 용접부를 지시하는데 사용한다. 화살표는 기선에 대해 대략 60° 각을 이룬 직선으로 표기하지만 경우에 따라 그림 12.2와 같이 꺾인 선으로 표기하거나 필요한 경우 기선에서 2개 이상을 붙이기도 한다. 하지만 기선의 끝에 화살표가 붙을 수는 없다.

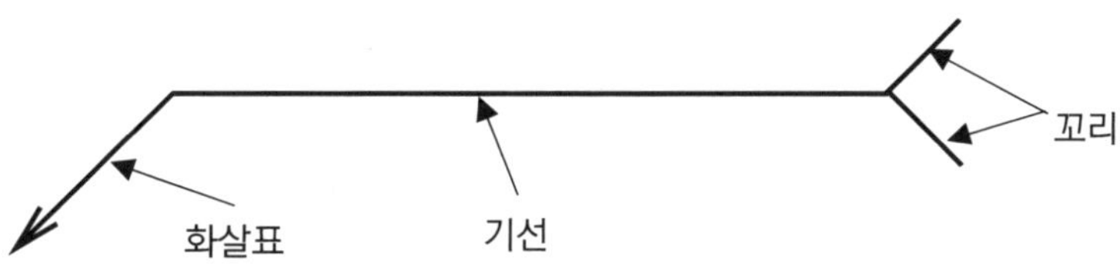

그림 12.1 용접기호 설명선

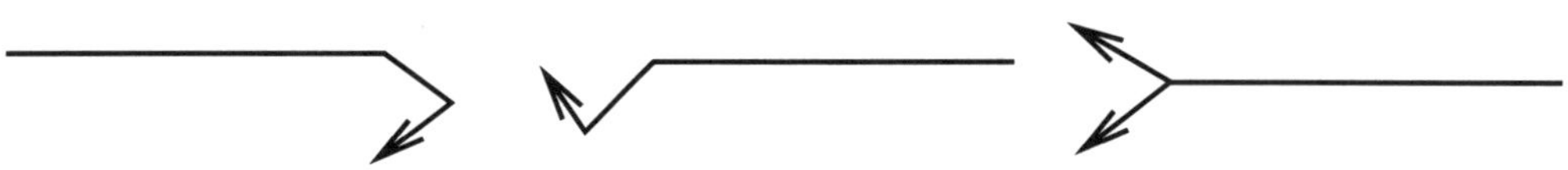

그림 12.2 다양한 화살표 표기법

용접기호는 그림 12.3에 볼 수 있는 바와 같이 기본 용접기호(basic welding symbols)와 보조 기호(supplementary symbols)가 있다. 기본 용접기호는 이음부 형태, 백킹용접, 표면 거칠기 등을 나타내는 기호이며 보조기호는 온둘레 용접, 현장용접, 완전용입용접, 삽입재 사용, 백킹 또는 스페이서, 비드외관을 나타내는 기호를 포함한다.

용접기호를 표시하는 방법은 설명선에 기본 용접기호, 보조 용접기호, 치수 등을 표기하고 규격이나 용접법 및 기타 특별정보를 표기할 경우 꼬리에 나타낸다. 그림 12.4는 용접기호를 표시하는 방법을 나타내고 있다.

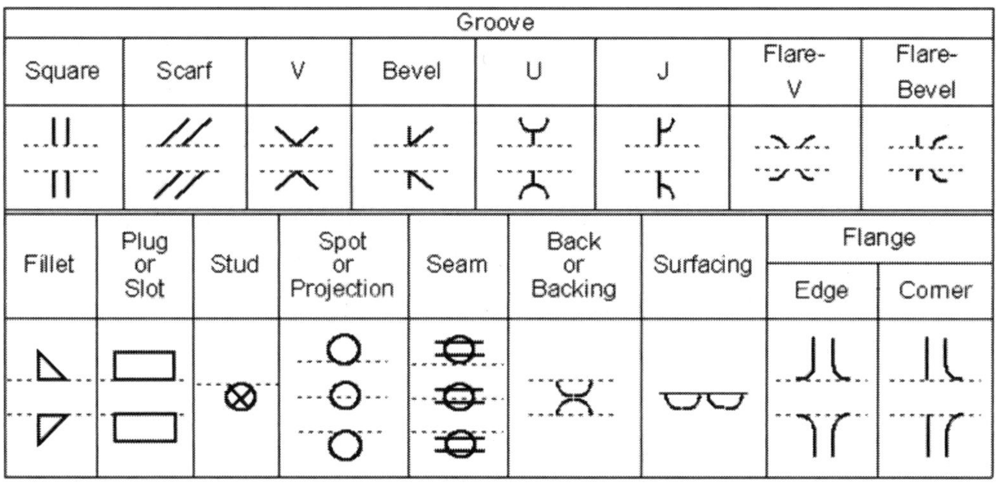

(a) 기본 용접기호

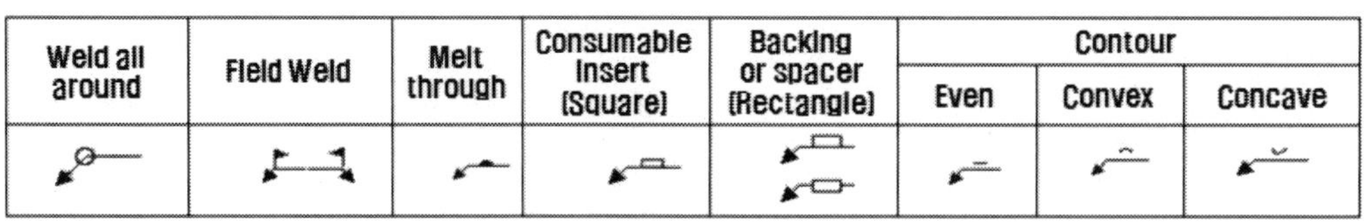

(b) 보조 기호

그림 12.3 기본 용접기호와 보조기호

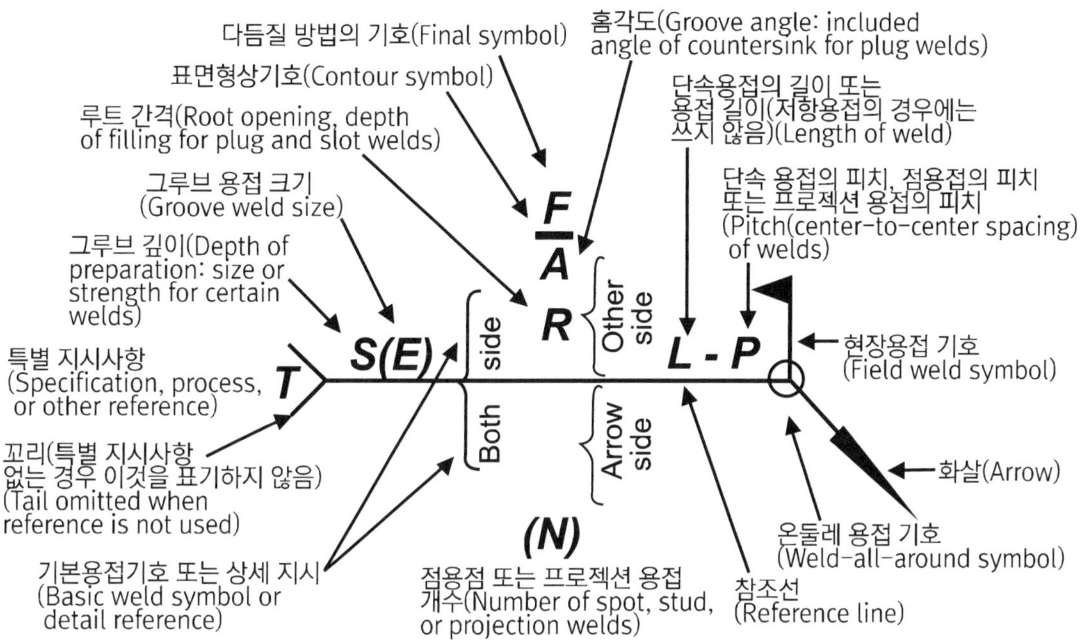

그림 12.4 용접기호 표기방법

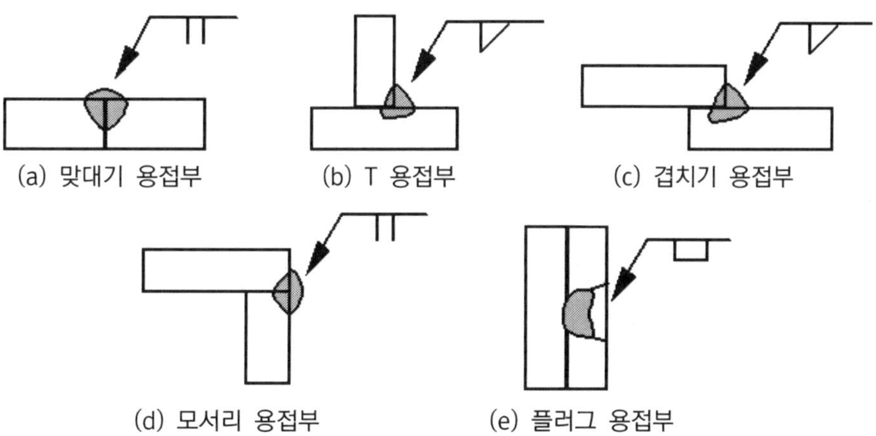

그림 12.5 화살표측 용접부의 용접기호의 예

화살표가 가리키는 곳은 화살표측(arrow side)라고 하며 화살표가 가리키는 곳과 맞은 편에 있는 부분은 반대측(other side)라고 한다. 기선을 중심으로 아래쪽은 화살표측 용접부의 정보를 기재하며 기선의 위쪽은 반대측 용접부의 정보를 기재한다. 그림 12.5와 그림 12.6은 다양한 용접이음부에 대한 화살표측 용접부와 반대측 용접부의 용접정보를 표기한 용접기호의 예를 보여주고 있다.

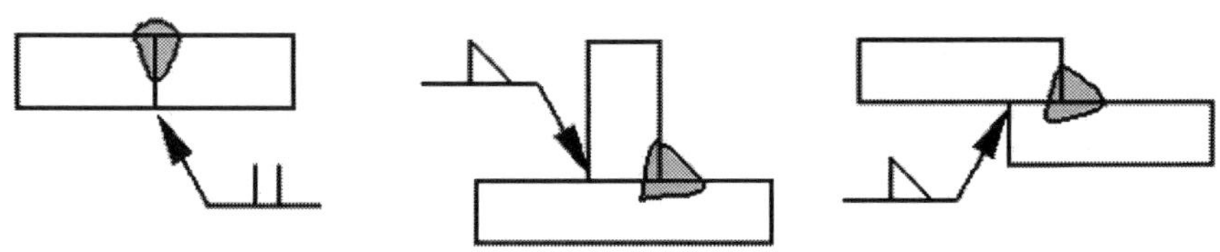

(a) 맞대기 용접부 (b) T 용접부 (c) 겹치기 용접부

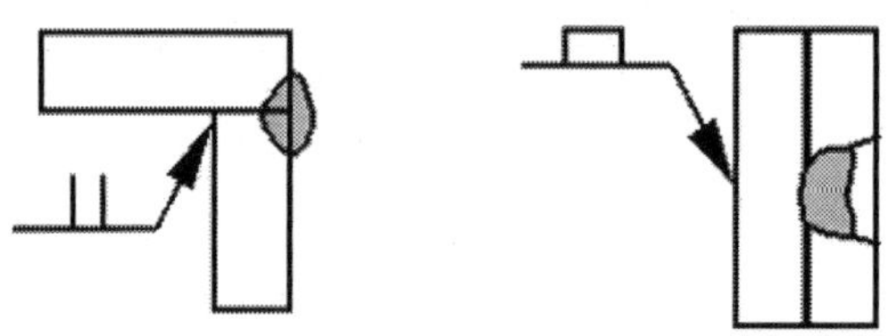

(d) 모서리 용접부 (e) 플러그 용접부

그림 12.6 반대측 용접부의 용접기호의 예

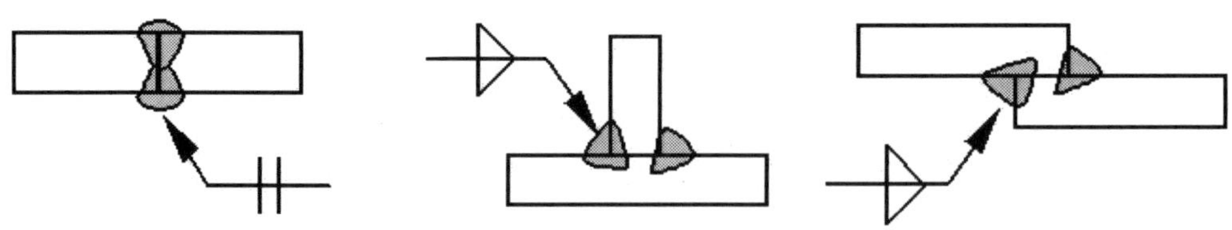

(a) 맞대기 용접부 (b) T 용접부 (c) 겹치기 용접부

그림 12.7 양면 용접기호의 예

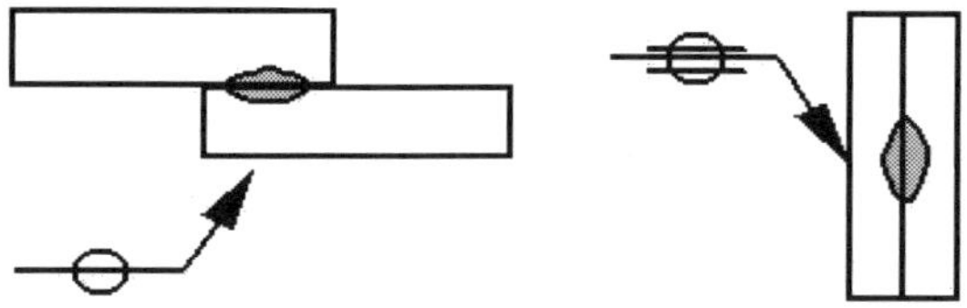

그림 12.8 저항 점용접부의 용접기호의 예

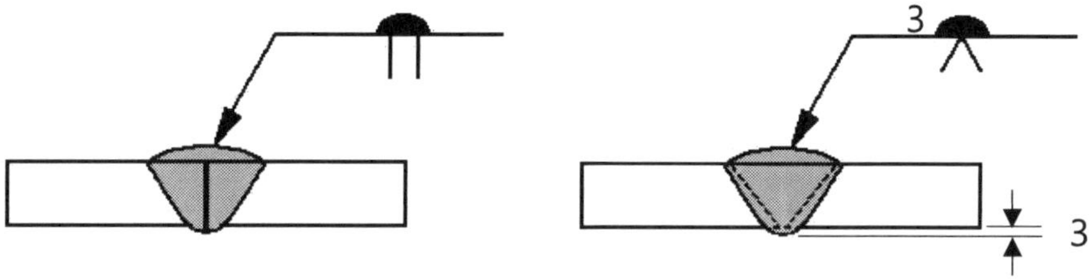

그림 12.9 완전용입 용접부의 용접기호

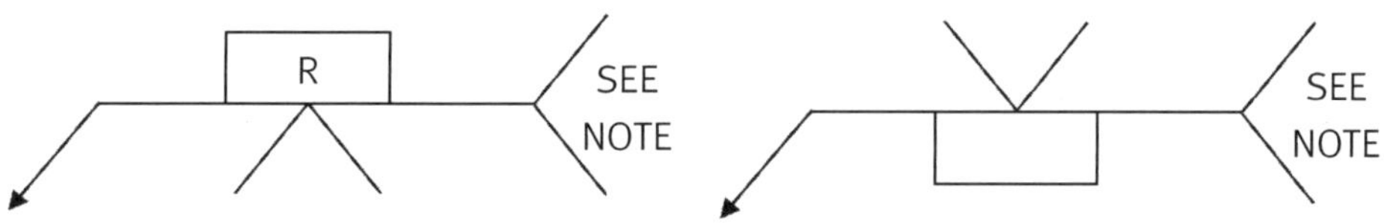

R- Backing removed after welding

NOTE : Materials and dimensions of backing as specified

(a) 백킹 기호

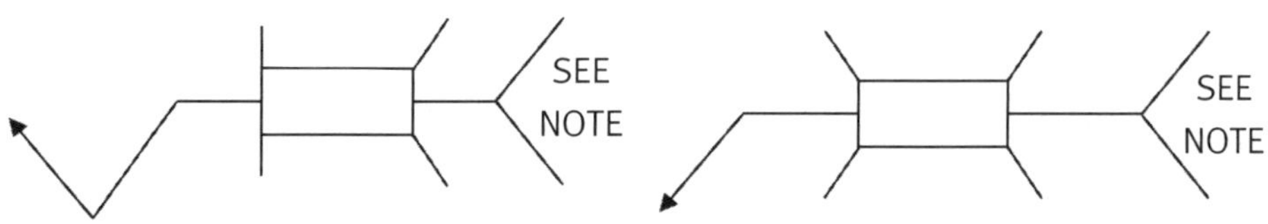

양면 베벨 그루브(Double-bevel-grove)

양면 V 그루브(Double-V-groove)

(b) 스페이서 기호

그림 12.10 백킹과 스페이서 표기

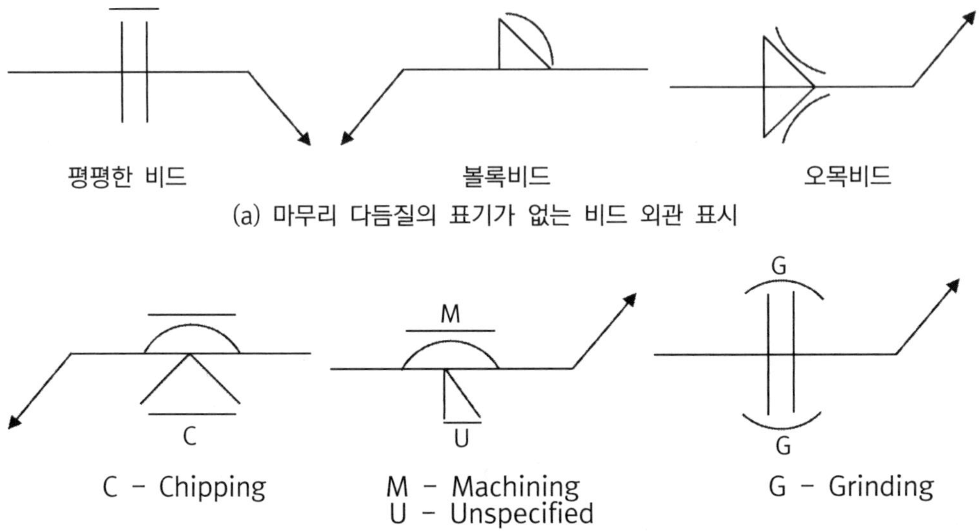

(b) 마무리 다듬질을 표기한 비드 외관 표시

그림 12.11 비드의 외관 및 마무리 다듬질 기호

그림 12.7은 양면 용접부에 대한 용접기호를 보여주고 있다. 이 경우 기선 아래쪽 부분은 화살표측 용접부의 정보를, 기선 위쪽은 반대측 용접부의 정보를 나타낸다.

그림 12.8은 저항 점용접부에 대한 기호로 화살표측과 반대측의 구분이 없으므로 화살표의 위치가 어디에 위치하든 상관이 없다.

그림 12.9는 완전용입 용접부를 표기하는 용접기호의 예를 보여준다.

백킹 및 스페이서 기호는 그림 12.10과 같이 나타내며 특이사항이나 설명이 필요할 경우 꼬리부에 특이사항이 있음을 표시한다.

비드의 외관 및 마무리 다듬질에 대한 정보는 그림 12.11과 같이 표기한다.

한 부재의 끝부분을 다른 부재의 중심이나 일부에 용접할 경우 온둘레 용접이 적용되는 경우가 많다. 온둘레 용접에 대한 용접기호 표기는 그림 12.12와 같다.

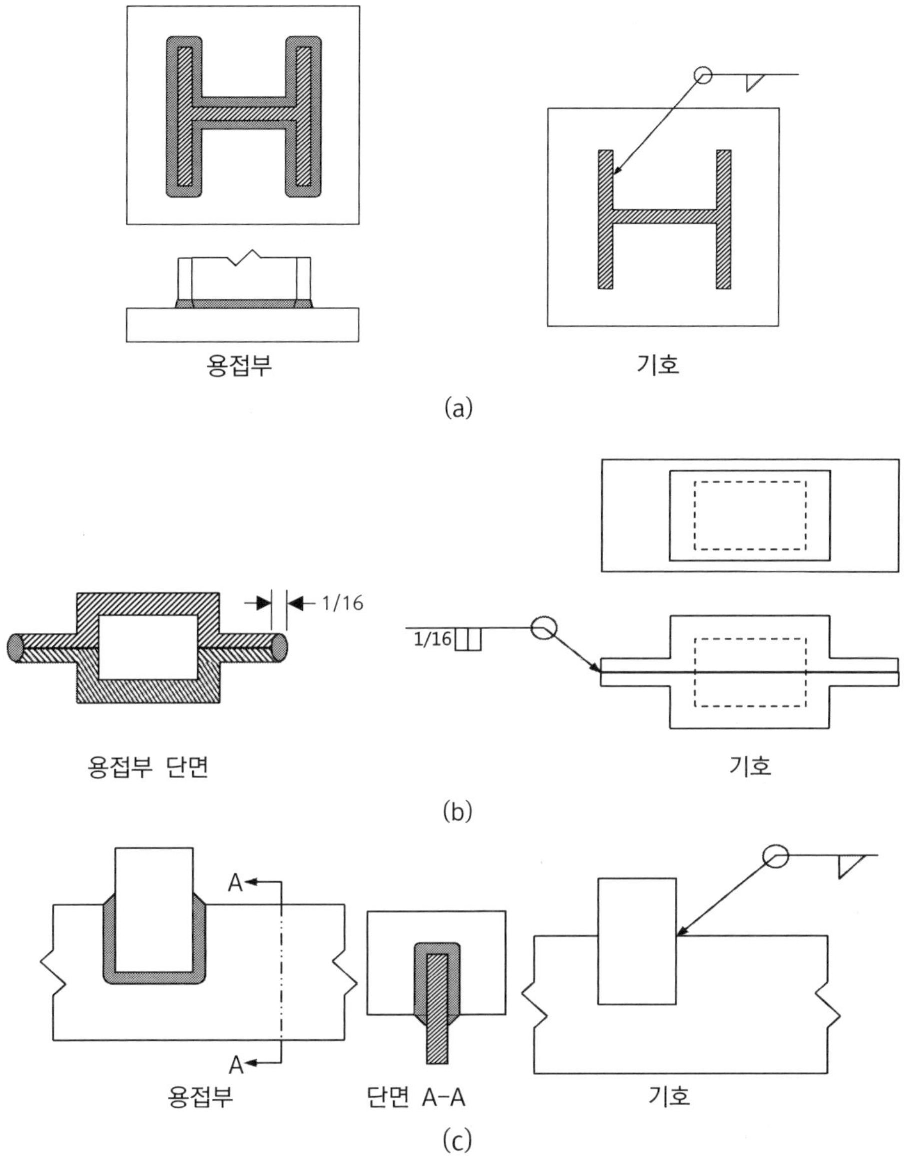

그림 12.12 온둘레 용접 표기

12.2 용접기호 예(Examples of Welding Symbols)

12.2.1 필릿 용접부(Fillet Welds)

필릿 용접부는 편면과 양면 필릿, 등각장과 부등각장 필릿 용접부, 연속과 단속 필릿 용접부 등이 있으며 각장, 용접길이, 피치 등을 표기한다.

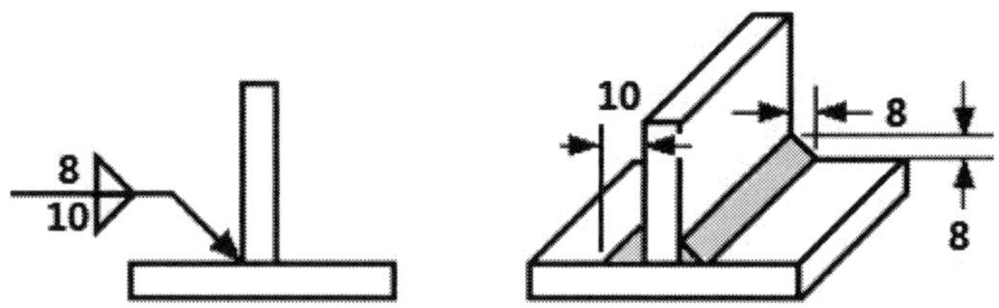

(a) 등각장 양면 필릿 용접부

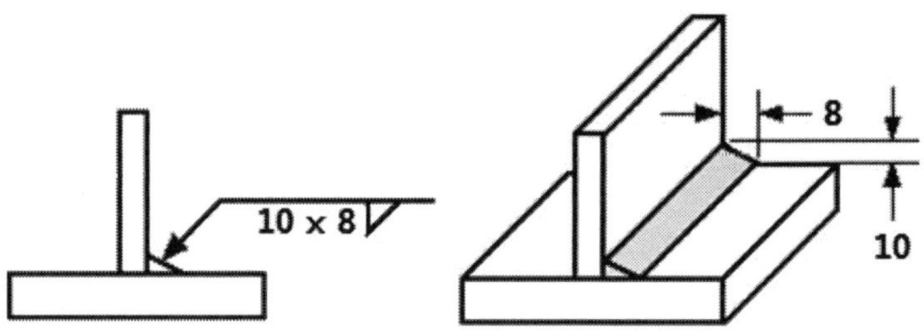

(b) 부등각장 편면 필릿 용접부

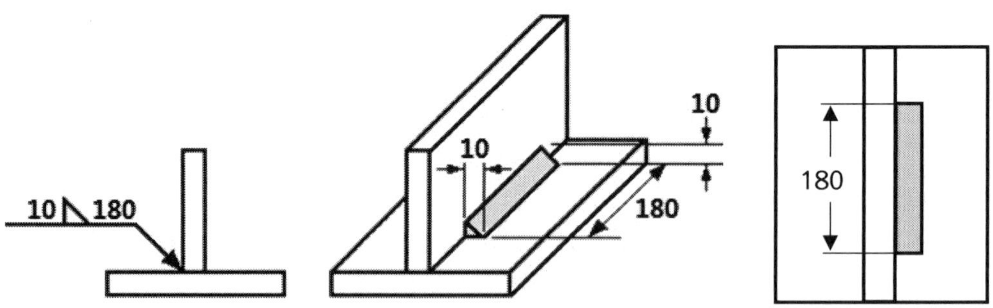

(c) 용접길이가 표시된 필릿 용접부

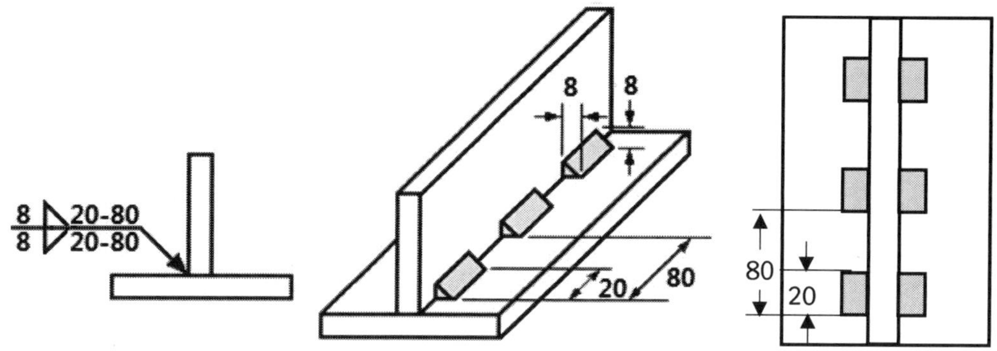

(d) 단속(Intermittent) 필릿 용접부

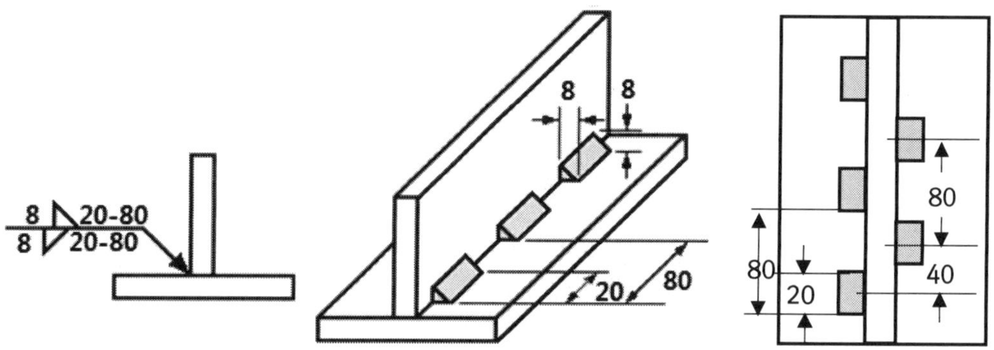

(e) 지그재그 단속(Intermittent) 필릿 용접부

그림 12.13 필릿 용접부의 용접기호

12.2.2 그루브 용접부(Groove Welds)

그루브 용접부는 각종 그루브 이음부에 대한 형태 및 치수를 표기하며 강도의 기준이 되는 용접부의 크기, 즉 용입깊이도 나타낸다.

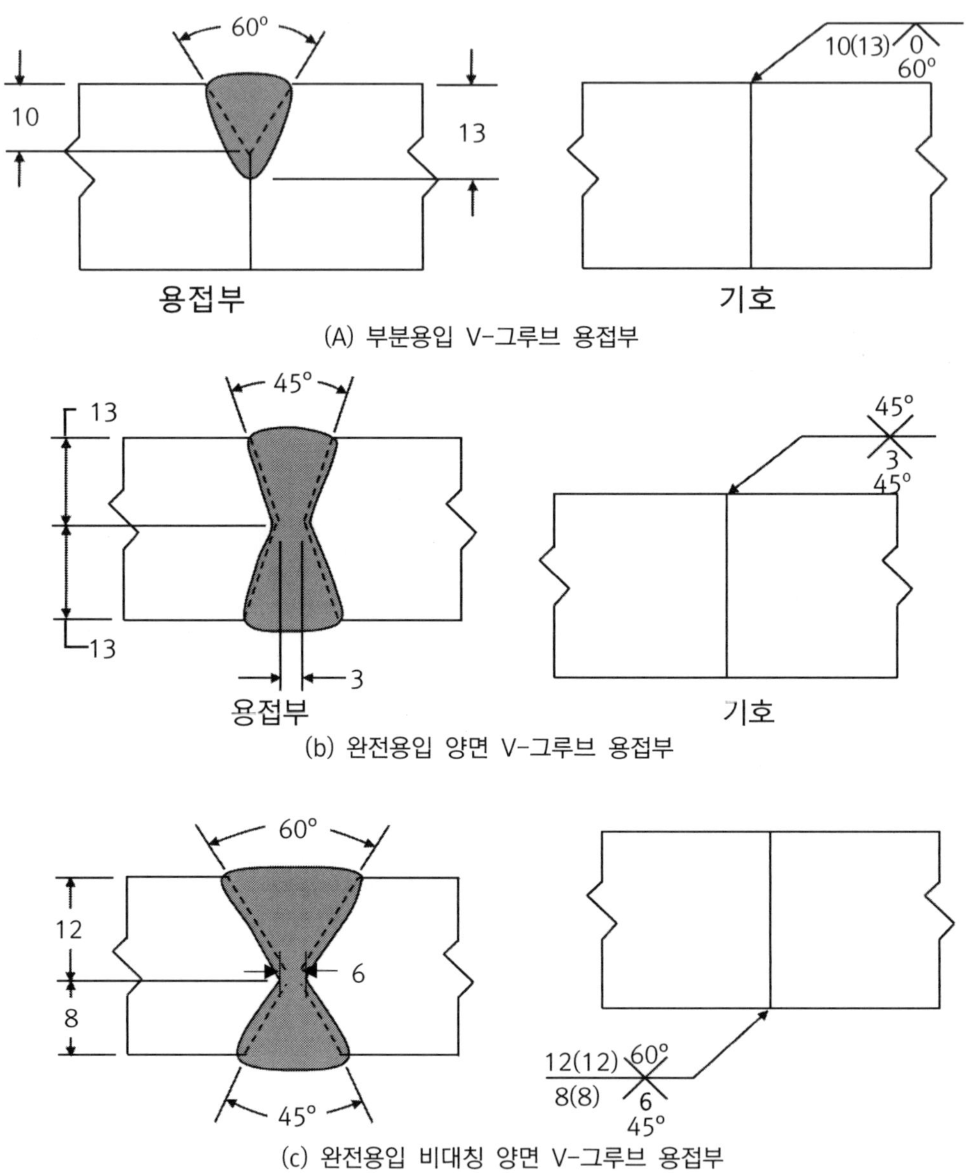

그림 12.14 그루브 용접부의 용접기호

12.2.3 복합 용접부(Combined Welds)

복합 용접부는 T 이음부 및 모서리 이음부에 주로 적용되며 그루브 용접부와 필릿 용접부가 동시에 적용되는 경우에 나타난다.

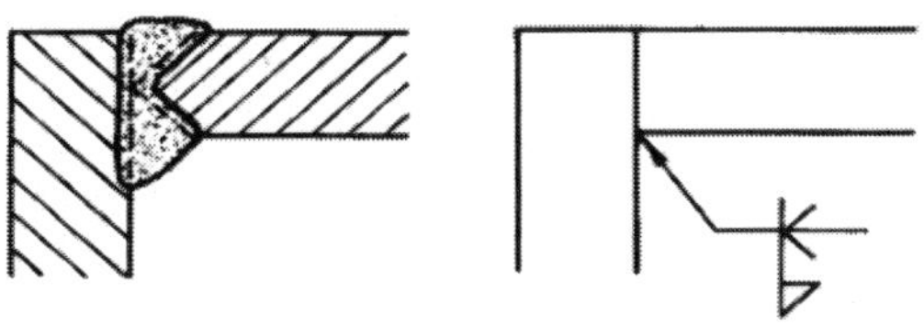

(a) 양면 베벨 그루브+필릿 용접부

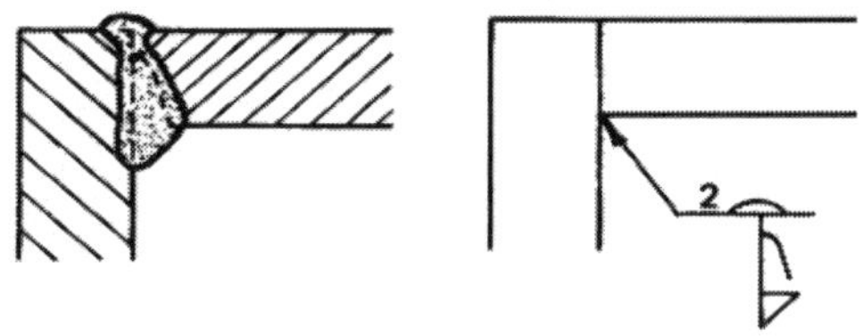

(b) 편면 J-그루브+필릿 용접부

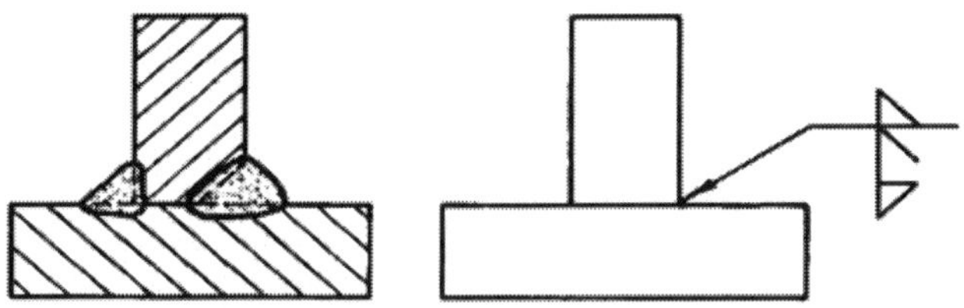

(c) 편면 베벨 그루브+필릿 용접부

그림 12.15 복합 용접부의 용접기호

부 록

A.1 선체 부위별 적용 용접법 (Welding Map of Ships)

* 여기에 제시된 것은 한 예이며 조선소별로 적용 용접법이 다를 수 있음

(1) 52K Bulk Carrier

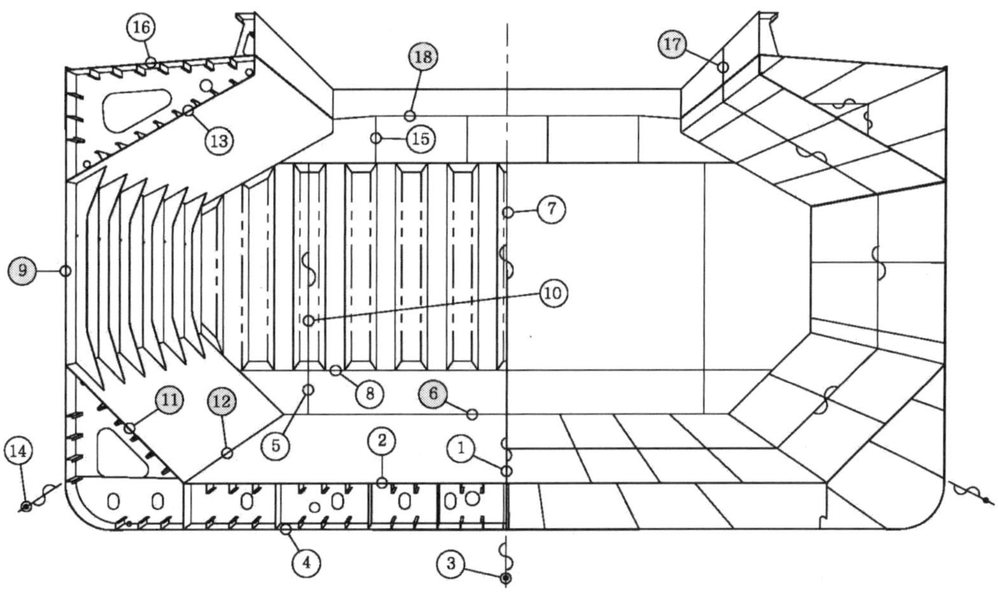

No.	적용위치	조립/ 선행탑재	탑재
1	Double Bottom Tank Top	FCAW+ SAW	FCAW+ SAW
2			
3	Double Bottom Shell	FCAW	FCAW
4			
5	Double Bottom Stool	FCAW	EGW
6		-	FCAW
7	Transverse Bulkhead	FCAW+ SAW	EGW
8		FCAW	FCAW
9	Side Shell	FCAW	EGW

No.	적용위치	조립/ 선행탑재	탑재
10	Transverse Bulkhead	-	EGW
11	Hopper Top	FCAW	EGW
12		-	FCAW
13	Saddle Bottom	EGW	FCAW
14	Side ShellL	-	FCAW
15	Upper Stool	-	FCAW
16	Deck	EGW	FCAW+ SAW
17	Hatch Coaming	-	FCAW
18		-	FCAW

(2) 2800 TEU Container

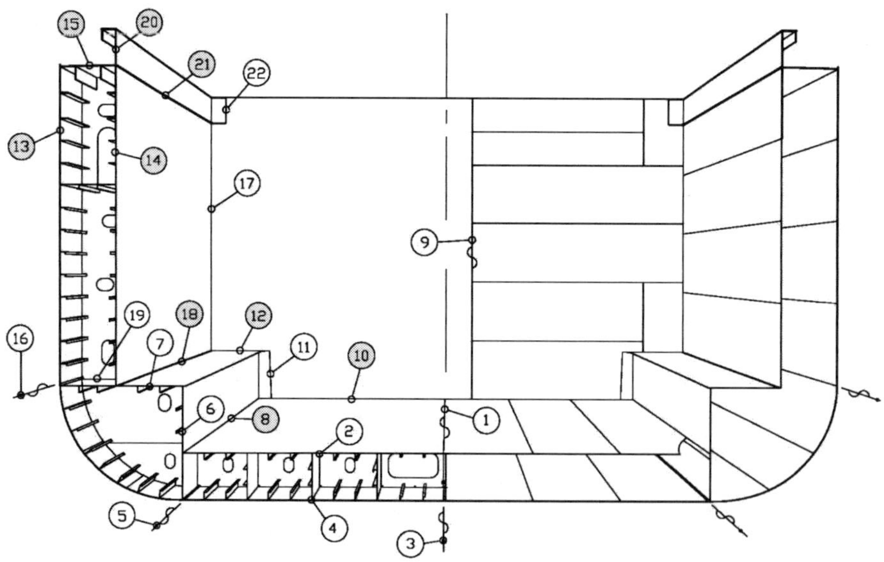

No.	적용위치	조립/ 선행탑재	탑재
1	Double Bottom Tank Top	FCAW+ SAW	FCAW+ SAW
2			
3	Double Bottom Shell	FCAW	FCAW
4			
5			
6	Bench Joint	FCAW	FCAW
7			
8		-	
9	Transverse Bulkhead	FCAW+ SAW	EGW
10		-	FCAW
11		-	
12		-	

No.	적용위치	조립/ 선행탑재	탑재
13	Side Shell	FCAW	EGW
14	Side Longitudinal Bulkhead	FCAW+ SAW	
15	Deck	FCAW	FCAW
16	Side Shell	-	FCAW
17	Side Longitudinal Bulkhead	-	FCAW
18		-	
19		-	
20	Hatch Coaming	-	FCAW
21		-	
22		-	

(3) 47K Product Carrier

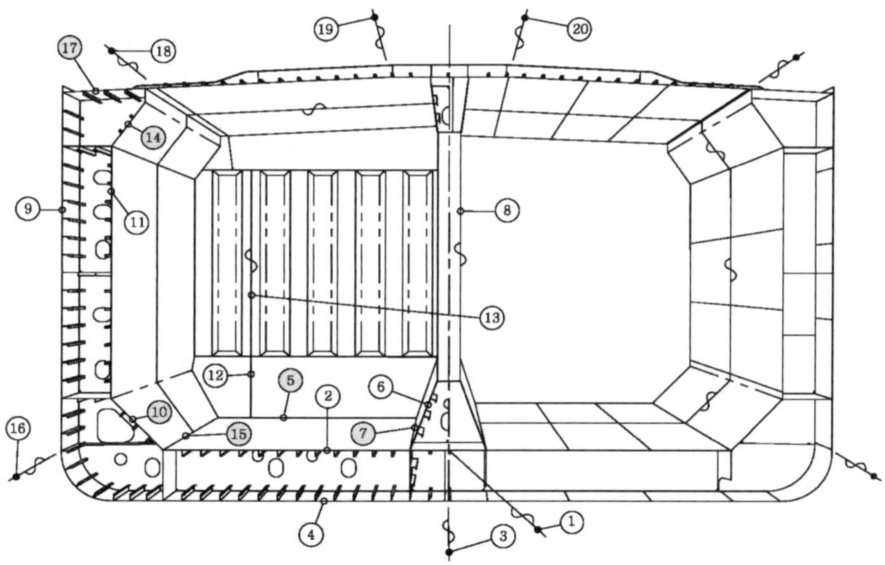

No.	적용위치	조립/선행탑재	탑재
1	Double Bottom Tank Top	FCAW+SAW	FCAW+SAW
2			
3	Double Bottom Shell	FCAW	FCAW
4			
5	Transverse Bulkhead Stool	-	FCAW
6	Longitudinal Bulkhead Stool	FCAW	EGW
7		-	FCAW
8	Center Longitudinal Bulkhead	FCAW+SAW	EGW
9	Side Shell	FCAW	
10	Hopper Top	FCAW	

No.	적용위치	조립/선행탑재	탑재
11	Side Longitudinal Bulkhead	FCAW+SAW	EGW
12	Transverse Bulkhead Stool	-	
13	Transverse Bulkhead	-	EGW
14	Saddle Bottom	FCAW	FCAW
15	Hopper	-	FCAW
16	Side Shell	-	FCAW
17	Deck	FCAW	FCAW
18		-	
19		-	
20		-	

A.2 WPS(Welding Procedure Specification) 와 PQR(Procedure Qualification Records)

(1) AWS 추천 WPS/PQR양식

WELDING PROCEDURE SPECIFICATION (WPS) YES ☐
PREQUALIFIED____________QUALIFIED BY TESTING________
or PROCEDURE QUALIFICATION RECORDS (PQR) YES ☐

Identification # ____________________
Revision ______ Date______ By __________
Authorized by____________ Date _________
Type - Manual☐ Semi-Automatic☐
Machine☐ Automatic☐

Company Name ____________________
Welding Process(es) __________________
Supporting PQR No.(s) ________________

JOINT DESIGN USED	POSITION
Type: Single☐ Double Weld☐ Backing: Yes☐ No☐ Backing Material: Root Opening___ Root Face Dimension____ Groove Angle:_______ Radius(J-U)________ Back Gouging: Yes☐ No☐ Method______	Position of Groove:__________________ Fillet:_ Vertical Progression: Up☐ Down☐
BASE METALS Material Spec. ____________________ Type or Grade ____________________ Thickness: Groove_______ Fillet __________ Diameter (Pipe)____________________	**ELECTRICAL CHARATERISTICS** ________________ Transfer Mode (GMAW) Short-Circuiting☐ Globular☐ Spray☐ Current: AC☐ DCEP☐ DCEN☐ Pulsed☐ Other ____________________ Tungsten Electrode(GTAW) Size________________ Type________________
FILLER METALS AWS Specification____________________ AWS Classification____________________	**TECHNIQUE** Stringer or Weave Bead ______________ Multi-pass or single Pass(per side) __________ Number of Electrodes ______________ Electrode Spacing Longitudinal _________ Lateral __________ Angle __________ Contact Tube to Work Distance Peening ____________________ Initial/Interpass Cleaning ______________
SHIELDING Flux______________ Gas ______________ Composition _________ Electrode-Flux(Class)_____ Flow Rate __________ _______________ Gas Cup Size _______	
PREHEAT Preheat Temp., Min____________________ Interpass Temp., Min______ Max _________	**POSTWELD HEAT TREATMENT** Temp. ____________________ Time ____________________

WELDING PROCEDURE

Pass or Weld Layer(s)	Process	Filler Metals		Current		Volts	Travel Speed	Joint Details
		Class	Diam.	Type & Polarity	Amp or Wire Feed Speed			

Form E-1(Front)

Procedure Qualification Recoat(PQR)#_______

Test Results

TENSILE TEST

Specimen NO.	Width	Thickness	Area	Ultimate Tensile Load, lb	Ultimate Unit Stress, psi	Character of Failure and Location

GUIDED BEND TEST

Specimen No.	Type of Bend	Result	Remarks

VISUAL INSPECTION

Appearance_______

Undercut_______

Piping porosity_______

Convexity_______

Test data_______

Witnessed by_______

Other Tests

Radiographic-ultrasonic examination

RT report no: _______ Result_______

UT report no: _______ Result_______

FILLET WELD TEST RESULTS

Min. size multiple pass Macroetch

Macroetch

1. _______ 3. _______

1. _______ 3. _______

_

2. _______

Max. size single pass

Macroetch

1. _______ 3. _______

2. _______

All-weld-metal tension test

Tensile strength, psi_______

Yield point/strength, psi_______

Elongation in 2 in., %_______

Laboratory test no. _______

Welders name _______ Clock no._______ Stamp no._______

Tests conducted by_______ Laboratory

Test number _______

Per ______________________________

We, the undersigned, certify that the statements in this record are correct and that the test welds were prepared, welded, and tested in accordance with the requirements of section 4 of AWS D1.1, (________) Structural Welding Code-Steel.
(year)

Signed ______________________________
manufacturer or Contractor

By ______________________________

Title ______________________________

Date ______________________________

Form E-1(Back)

(2) ISO 추천 WPS/PQR양식

Welding Procedure Specification (WPS)

Welding Procedure Specification:
WPQR No. :
Manufacturer :
Mode of metal transfer :
Joint Type and Weld Type:
Weld Preparation Details (Sketch)*

Method of Preparation and Cleaning :
Parent Material Designation :
Material thickness (mm) :
Outside Diameter (mm) :
Welding Position :

Joint Design	Welding Sequences

Welding Details

Run	Welding Process	Size of Filler Material	Current A	Voltage V	Type of current/ Polarity	Wire Feed Speed	Run out length/Travel Speed*	Heat input*

Filler material designation and make:
Any Special Baking or Drying :
DesignationGas/Flux : - Shielding :
- Backing :
Gas Flow Rate - Shielding :
- Backing :
Tungsten Electrode Type/Size :
Details of Back Gouging/Backing :
Preheat Temperature :
Interpass Temperature :
Post-heating:
Pre-heat maintenance temperature :
Post-Weld Heat treatment and/or Ageing :
(Time, Temperature, Method :
Heating and Cooling Rates*):

Other information*, e.g.:
Weaving (maximum width of run) :
Oscillation : amplitude, frequency, dwell time :
Pulse welding details :
Distance contact tube/work piece :
Plasma welding details :
Torch angle :

....
Manufacturer
(name, signature, date)

(3) 국내 조선소 사용 WPS/PQR 양식 예

Welding Procedure Qualification Record form (WPQR)

Welding procedure qualification - Test certificate

Manufacturer's WPQR No.:
Manufacturer :
Address :
Code/Testing Standard :
Date of Welding :

Examiner or examining body
Reference No. :

Range of qualification
Welding Process(es) :
Type of joint and weld:
Parent material group(s) and sub group(s):
Parent Material Thickness (mm) :
Weld Metal Thickness (mm) :
Throat Thickness (mm)
Single run/Multi run:
Outside Pipe Diameter (mm) :
Filler Material Designation:
Filler Material Make:
Filler Material Size
Designation of Shielding Gas/Flux :
Designation of Backing Gas:
Type of Welding Current and Polarity:
Mode of Metal Transfer:
Heat Input:
Welding Positions :
Preheat Temperature:
Interpass Temperature:
Post-Heating :
Post-Weld Heat-Treatment:
Other Information (see also 8.5) :

Certified that test welds prepared, welded and tested satisfactorily in accordance with the requirements of the code/testing standard indicated above.

....	....	....
Location	Date of issue	Examiner or examining body Name, date and signature

Name of Company	WEDLING PROCEDURE SPECIFICATION	DATE : 0000. 00. 00

W.P.S NO. : WPS-XXX-01		SUPPORTING PQR NO. : PQR-XXX-01	
WELDING PROCESS : FCAW		WELDING TYPE : SEMI-AUTO	
WEDLING POSITION : V-up (3G)		REFERENCE : D-XX	

JOINT PREPARATION	SPECIAL PROCEDURE LIMITATIONS & APPLICATIONS

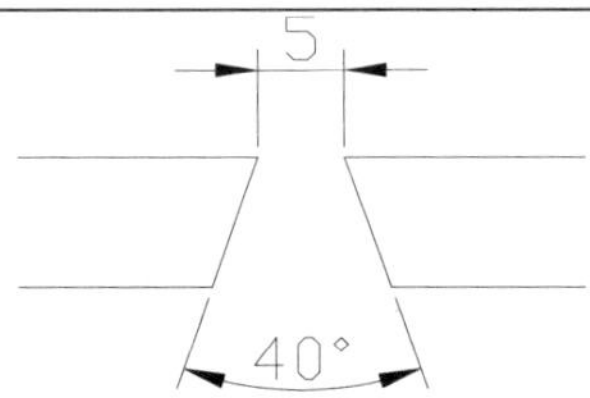

TOLERANCE : GAP -1.6 mm~+8.4

ANGLE - 5° ~ +10°

BASE METAL

TEST GRADE : DH-36 APPLICABLE GRADE : A ~ DH36

TEST THICK : 25 mm APPLICABLE THICK : UNLIMITED

CONSUMABLE

	CASE A	CASE B	CASE C	CASE D	CASE E	CASE F
WIRE	SF-1	DW-100	DW-55L	DS7100	SF-71	81-K2
BACKING	BS-1	BS-1	BS-1	BS-1	BS-1	BS-1
GAS	CO_2	CO_2	CO_2	CO_2	CO_2	CO_2
GRADE	2YSA	2YSA	3YSA	2YSA	2YSA	3YS
MAKER	NITTETSU	KOBE	KOBE	ALLOY ROD	HUNDAI	ALLOY ROD

OTHER INFORMATIONS

PRE-HEATING TEMP' : X ℃ POST-HEATING TEMP' : X ℃ CLEANING : X

INTERPASS TEMP' : 250 ℃ BACK GOUGING : X

• MACHINE SPEC'

BRAND NAME	TYPE	POLARITY	MAKER (NATIONALITY)	REMARKS
MIG-650 A	SEMI-AUTO	DCRP	HOBART(USA)	

• WELDING PARAMETER	PROCESS	SIDE	PASS NO.	WIRE ¢	AMP	VOLT	SPEED CPM
	FCAW	FACE	1	1.2	190	21	10
			2-4	1.2	210	24	8-12
			5-6	1.2	190	22	13-15

KR	ABS	BV	DNV	GL	LR	NK

Name of Company	PROCEDURE QUALIFICATION RECORD	DATE : 0000. 00. 00

P.Q.R. NO. : PQR-XXX-01 SUPPORTING WPS NO. : WPS-XXX-01
WELDING PROCESS : FCAW WELDING TYPE : SEMI-AUTO
WEDLING POSITION : VERTICAL UP (3G) REFERENCE : D-XX

*NON DESTRUCTIVE TESTING

1. VISUAL INSPECTION ; ACCEPT
2. RADIOGRAPHIC EXAMINATION ; ACCEPT
3. OTHER EXAMINATION ; X

*MECHANICAL TESTING

1. TENSILE TEST : SPECIFIED Y. S. MIN. X SPECIFIED U.T.S.MIN. 50 kg/mm^2

TEST NO	DIMENSION (W x T) mm	AREA mm^2	GAUGE LENGTH	YIELD LOAD	Y.S kg/mm^2	U.T.S LOAD	U.T.S kg/mm^2	ELONG' %	FRACTURE LOACTION
1	26X26	647.7	-	-	-	37000	57.1	-	BASE METAL
2	26X26	655.3	-	-	-	37300	56.9	-	BASE METAL

2. BEND TEST : SPECIFIED 180° FORMER DIA. 38 mm

TYPE	DIMENSION (WxT)	RESULTS	TYPE	DIMENSION (WxT)	RESULTS
SIDE BEND	26X9.5X250	ACCEPT	SIDE BEND	26X9.5X250	ACCEPT
SIDE BEND	26X9.5X250	ACCEPT	SIDE BEND	26X9.5X250	ACCEPT

3.IMPACT TEST ; SPECIFIED TYPE CVN TEST TEMP 0 ℃

NOTCH LOCATION	RESULT 1 (kg-m)	RESULT 2 (kg-m)	RESULT 3 (kg-m)	AVERAGE (kg-m)	REMARKS
WELD METAL	7.0	6.6	6.4	6.6	TAKE POSITION ; 2 mm FROM SURFACE
FUSION LINE					
HAZ (mm)					
HAZ (mm)					
HAZ (mm)					

4. MACRO EXAMINATION ; ACCEPT

5. HARDNESS TEST ; X

	POINT(S)	1	2	3	4	5	6
	WELD METAL						
	H.A.Z						
	BASE METAL						
	-	-	-	-	-	-	-

6.NICK BREAK TEST ; X

TEST NO	RESULT	TEST NO	RESULT	TEST NO	RESULT	TEST NO	RESULT
-	-	-	-	-	-	-	-

7. OTHER TESTS ; TYPE X RESULT X

KR	ABS	BV	DNV	GL	LR	NK

A.3 단위변환

(1) 일반 단위 변환

양(Quantity)	변환전 (To Convert From)	변환후(To)	변환계수
각가속도 acceleration(angular)	Revolution/min^2	rad/s^2	1.745329×10^{-3}
선가속도 acceleration(linear)	in./min^2	m/s^2	7.055556×10^{-6}
	ft/min^2	m/s^2	8.466667×10^{-5}
	in./min^2	mm/s^2	7.055556×10^{-3}
	ft/s^2	m/s^2	3.045000×10^{-1}
각 angle, plane	º	rad	1.745329×10^{-2}
	min	rad	2.908882×10^{-4}
	sec	rad	4.848137×10^{-6}
면적 area	$in.^2$	m^2	6.451600×10^{-4}
	ft^2	m^2	9.290304×10^{-2}
	yd^2	m^2	8.361274×10^{-1}
밀도 density	lb/$in.^2$	kg/m^3	2.767990×10^4
	lb/ft^2	kg/m^3	1.601846×10
에너지, 일, 열, 충격에너지 energy, work, heat, and impact energy	erg	J	1.0×10^{-7}
	ft lbf	J	1.355818×10
	cal	J	4.186800
	Wh	J	3.600000×10^3
	eV	J	1.60219×10^{-19}
힘 force	dyn	N	1.0×10^{-5}
	kgf	N	9.806650
	lbf	N	4.448222

길이 length	in.	m	2.540000×10^{-2}
	ft	m	3.048000×10^{-1}
	yd	m	9.144000×10^{-1}
	mile	m	1.609344×10^{3}
질량 mass	lb	kg	4.535924×10^{-1}
	ton	kg	1.000000×10^{3}
	slug	kg	1.459390×10
일률 power	hp	kgf·m/s	75
	hp	ft lbf/s	550
	hp(550 ft lbf/s)	W	7.456999×10^{2}
	hp(metric)	W	7.3549875×10^{2}
	cal/min	W	6.976333×10^{-2}
	ft lbf/min	W	2.259697×10^{-2}
압력 pressure	kgf/mm^2	kPa	9.80665×10^{3}
	psi	kPa	6.894757
	bar	kPa	1.000000×10^{2}
	atm	kPa	1.013250×10^{2}
	Torr(=mmHg)	kPa	0.133322×10^{-3}
온도 Temperature	°C	K	$T_K = t_C + 273.15$
	°F	K	$T_K = (t_F + 459.67)/1.8$
	°F	°C	$t_C = (t_F - 32)/1.8$
	K	°C	$t_C = T_K - 273.15$
인장응력 tensile strength (stress)	ksi	MPa	6.894757
토크 torque	lbf/in.	N·m	1.129848×10^{-1}
	lbf/ft	N·m	1.355818
각속도 velocity (angular)	revolution/min	rad/s	1.047198×10^{-1}
	°/min	rad/s	2.908882×10^{-4}
	revolution/min	°/min	3.600000×10^{2}

선속도 velocity(linear)	in./min	m/s	4.233333×10^{-4}
	ft/min	m/s	5.080000×10^{-3}
	mi/h	km/h	1.609344
부피 volume	$in.^3$	m^3	1.638706×10^{-5}
	ft^3	m^3	2.831685×10^{-2}
	yd^3	m^3	7.645549×10^{-1}
	$in.^3$	L	1.638706×10^{-2}
	ft^3	L	2.831685×10
	gallon(U.S.)	L	3.785412

(2) 용접관련 단위 변환

양(Quantity)	변환전 Inch-Pound (To Convert From)	변환후 SI (To)	변환계수
면적 area dimensions	$in.^2$	mm^2	6.451600×10^2
전류밀도 current density	$A/in.^2$	A/mm^2	1.550003×10^{-3}
용착속도 deposition rate	lb/h	kg/h	4.535924×10^{-1}
전기저항 electrical resistivity	W·cm	W·m	1.000000×10^{-2}

찾아보기

T

X

ㄱ

ㅁ

ㅂ

ㅅ

ㅇ

ㅈ

ㅊ

ㅋ

ㅌ

ㅍ

저자약력 : 박주용(Park, Ju Yong, 朴 珠 用)

1980 서울대학교 공과대학 조선공학과 (공학사)
1982 서울대학교 대학원 조선공학과 (공학석사)
1993 독일 아헨대학교 기계공학부 용접공학과 (공학박사)
1982-1989 한국기계연구원 용접연구부 근무
1994-현재 한국해양대학교 조선해양시스템공학부 교수
1991 유럽용접전문기술자

용접생산공학(수정판)

2010년 8월 25일 초판 인쇄
2024년 8월 25일 5 쇄 발행

저 자 박주용
발 행 인 송기수
발 행 처 도서출판 GS인터비전
편 집 처 도서출판 GS인터비전
인 쇄 처 대명프린팅
등록번호 제 25100-2016-000050호
I S B N 978-89-93668-57-5 (92550)

주 소 서울 은평구 증산로 15길 69 2층
전 화 02-976-7898, 02-3272-7898
팩 스 02-6468-7898
이-메일 gsinter7@gmail.com
홈페이지 www.gsintervision.kr

정 가 35,000원